中国科学院科学出版基金资助出版

全分布式光纤传感技术

张旭苹　著

科学出版社

北　京

内 容 简 介

本书以全分布式光纤传感器为核心，详细介绍了光纤中的瑞利散射、拉曼散射、布里渊散射等散射效应；结合作者多年来在传感器领域的研究成果和经验，对全分布式光纤传感器的原理、结构和技术等方面进行了深入细致的阐述，并列举了大量应用实例。

本书可供理工科院校电子、信息、光电和自动化等专业从事传感器研究的高年级本科生、研究生以及相关领域的研究人员参考阅读。

图书在版编目（CIP）数据

全分布式光纤传感技术/张旭苹著. —北京：科学出版社，2013
ISBN 978-7-03-036381-7

Ⅰ.①全…　Ⅱ.①张…　Ⅲ.①光纤传感器　Ⅳ.①TP212.14

中国版本图书馆 CIP 数据核字（2012）第 319043 号

责任编辑：杨　锐/责任校对：包志虹
责任印制：赵　博/封面设计：许　瑞

科学出版社 出版
北京东黄城根北街 16 号
邮政编码：100717
http://www.sciencep.com

北京富资园科技发展有限公司印刷
科学出版社发行　各地新华书店经销
*
2013 年 1 月第　一　版　开本：720×1000 1/16
2024 年 7 月第四次印刷　印张：20 1/4
字数：400 000

定价：99.00 元
（如有印装质量问题，我社负责调换）

前　言

传感器作为信息获取的首要和关键部件，在信息科学技术中占有十分重要的地位。随着信息技术和自动化技术的发展，传感器技术已成为重要的基础性技术，掌握并合理应用传感器技术已经成为工程技术人员的基本素养要求。

与机电等传统型传感器相比，全分布式光纤传感器具有光纤传感器绝缘、抗电磁场干扰、损耗低、抗腐蚀、体小易埋入等独特的优势；而与传统点式或分立式光纤传感器相比，全分布式光纤传感因不需制作传感器（只需采用裸光纤）并可同时测量获得沿光纤路径上的时间和空间连续分布信息，完全克服了点式传感器（如光纤光栅传感器）难以对被测场进行全方位连续监测的缺陷，且具有损耗低、信号数据可多路传输等传统传感器所不具备的优越性能，因而在能源、电力、航空航天、建筑、通信、交通、安防、军事等诸多领域的故障诊断及事故预警中显示出十分诱人的应用前景。

虽然目前国内各高校相关专业均已开设了传感器技术课程，但光纤传感技术还只是其中的一个章节，而全分布式光纤传感器更是一带而过，这与缺乏系统专业的相关教材有关。随着物联网技术的推进，特别是国防和民生大型工程建设的飞速发展，从事光纤传感研究的队伍不断壮大，研究人员和研究生迫切需要一本系统介绍全分布式光纤传感技术的书籍。

基于此现状，本书着重介绍光纤中各种散射效应的物理机制，省略了光纤光学和波导光学等内容。对基于光纤中各种散射效应的全分布式光纤传感技术［包括基于光纤中瑞利散射的光时域反射（OTDR）技术、相干光时域反射（COTDR）技术、偏振光时域反射（POTDR）技术等，基于拉曼散射的拉曼光时域反射（ROTDR）技术、拉曼光频域反射（ROFDR）技术，基于布里渊散射的布里渊光时域反射（BOTDR）技术、光时域分析（BOTDA）技术，等］的研究现状和发展趋势、传感器设计方法以及应用领域进行了详尽的阐述。

本书第1、3、5章由南京大学张旭苹教授负责组稿撰写，其中南京大学王如刚、王峰、胡君辉分别参与了第1、3、5章的撰写，加拿大渥太华大学鲍晓毅教授撰写了5.2节和5.5节的部分内容；第2章由加拿大渥太华大学陈亮教授撰写；第4章由中国计量学院张在宣教授组稿撰写。南京大学光通信工程研究中心的全体同仁及研究生为本书的创作提供了许多资料和实验数据等，特别是路元刚、宋跃江、梁浩、吕立冬、王祥传、杨刚等为本书的整理、图表制作提供了很多的帮助。本书还大量引用了国内外同行的研究成果。在此，一并表示衷心的感谢。若参考文献有漏标之处，敬请海涵。

在书稿撰写过程中还得到了中国工程院院士、中国仪器仪表学会理事长庄松林教授以及中国科学院院士姚建铨教授的指导与支持。

传感器技术已经由零散研究转为集中研究、由军用走向军民两用并举、由少量应用进入大面积开发、由单点传感步入全分布式网络化传感。可以预见，传感技术特别是全分布式光纤传感技术的发展将会像光网络的发展一样迅猛。本书结合了作者多年来在该领域的研究成果和经验，并列举了大量的应用实例。希望本书的出版，对相关领域的工作者了解光纤传感领域的前沿动态、启发创新思维有较高的参考价值。

本书得到了国家自然科学基金项目"新型连续分布式光纤应变/温度实时监测仪"（61027017）、"光栅阵列与 POTDR 融合传感系统的机理与技术研究"（61107074），国家重点基础研究发展计划（973 计划）项目"新一代光纤智能传感网与关键器件基础研究"的第三课题"基于布里渊效应的光纤传感网基础研究"（2010CB327803）和第四课题"基于非线性效应融合原理的光纤拉曼光子传感网基础研究"（2010CB327804）的资助。此外，本书的出版得到了中国科学院科学出版基金的资助。

由于作者水平有限，时间仓促，错误之处在所难免，恳请读者批评指正。

作　者

2012 年 8 月

目　　录

第1章　光纤传感技术

1.1　光纤传感技术概述

光纤传感技术是 20 世纪 70 年代伴随着光纤技术和光纤通信技术的发展而兴起的一种新型传感技术。它以光波为传感信号,以光纤为传输介质,感知和探测外界被测信号,在传感方式、传感原理以及信号的探测与处理等方面都与传统的电学传感器有很大差异。

光纤本身不带电、体积小、质量轻、易弯曲、抗电磁干扰、抗辐射性能好,特别适合在易燃、易爆、空间受严格限制及强电磁干扰等恶劣环境下使用。因此,光纤传感技术一经问世就受到了极大重视,在各个重要领域得到了研究与应用。

1.1.1　光纤传感技术原理与特点

1. 光纤传感器的工作原理

光纤传感器的基本工作原理可以用图 1-1 表示。在受到应力、温度、电场、磁场等外界环境因素的影响时,光纤中传输的光波容易受到这些外在场或量的调制,因而光波的表征参量如强度、相位、频率、偏振态等会发生相应改变,通过检测这些参量的变化,就可以获得外界被测参量的信息,实现对外界被测参量的"传"和"感"

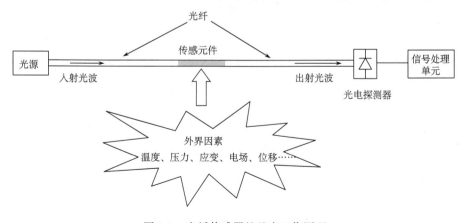

图 1-1　光纤传感器的基本工作原理

的功能。

光纤传感系统的工作原理简单描述如下：

由光源发出光波，通过置于光路中的传感元件，将待测外界信息如温度、压力、应变、电场等叠加到载波光波上；承载信息的调制光波通过光纤传输到探测单元，由信号探测系统探测，并经信号处理后检测出随待测外界信息变化的感知信号，从而实现传感功能。

2. 光纤传感器的基本结构组成

根据光纤传感器的工作原理，光纤传感系统主要包括光源、传输光纤、传感元件、光电探测器和信号处理单元等。

1）光源

光源就是信号源，用以产生光的载波信号。光纤传感器常用的光源是光纤激光器和半导体激光器等。一般要求其体积小，以便减小与光纤的耦合损失；输出波长与光纤相匹配，减小在光纤中的传输损耗；在室温下可以连续工作以及寿命长和功率稳定；输出模式与传感光纤匹配等。其主要技术参数包括激光线宽、中心波长、最大输出功率、暗电流和相位噪声等。

2）传输光纤

光纤作为传输介质担负信号的传输。光纤的分类方式有很多种，主要是按照材料、折射率分布和传输模式进行分类。按照制作光纤的材料分为石英光纤、塑料光纤和液芯光纤等；按照光纤折射率分布分为阶跃折射率光纤和渐变折射率光纤等；按照传输模式分为单模和多模光纤。光纤通信系统及光纤传感系统用的传输光纤主要是石英制作的阶跃折射率单模光纤。

3）传感元件

传感元件是感知外界信息的器件，相当于调制器。传感元件可以是光纤本身，这种光纤传感器被称为功能型光纤传感器，这里光纤不仅起传光作用，它还是敏感元件，即光纤本身同时具有"传"和"感"两种功能；传感元件也可以是其他类型的可以感知被测参量并将被测参量转为光信号的敏感元件，这种光纤传感器被称为非功能型或传光型光纤传感器，其中光纤仅作为光的传输介质。

4）光电探测器

光电探测器是把传送到接收端的探测光信号转换成电信号，将电信号"解调"出来，然后进行处理，获得传感信息。常用的光探测器有光敏二极管、光敏三极管和光电倍增管等。其主要技术参数包括灵敏度、量子效率、等效噪声功率、放大倍数和带宽等。

5）信号处理单元

信号处理单元用以还原外界信息，与光电探测器一起构成解调器。

3. 光纤传感器的特点

与传统的电类或机械类传感器相比，它具有以下诸多优点。

1）抗电磁干扰、绝缘性能好、耐腐蚀

作为传感介质的光纤或光纤器件，其材料主要成分为二氧化硅，是本质安全的。因此光纤传感器具有抗电磁干扰、防雷击、防水防潮、耐高温、耐腐蚀等特点，可在条件比较恶劣的环境中（如强辐射、高腐蚀、易燃易爆等场所）使用。

2）体积小、质量轻、可塑性强

光纤作为传感器的主要组成部分，其体积小、质量轻，而且可以进行一定程度的弯曲，因此可以随被测物体形状改变走向，能最大限度地适应被测环境，既可以埋入复合材料内，也可以粘贴在材料的表面，与待测材料有着良好的相容性。

3）带宽大、损耗低、易于长距离传输

光纤的工作频带宽且光波在光纤中的传输损耗小（如 1550nm 光波在标准单模光纤中损耗只有 0.2dB/km），适合长距离传感和远程监控。

4）可测参量多、对象广

通过不同的调制和解调技术，光纤传感器可以实现多种参量的传感。除了应力、温度、振动、电流、电压等传统传感领域，还被应用在测量速度、加速度、转速、转角、振动、弯曲、扭绞、位移、折射率、湿度、pH、溶液浓度、液体泄漏等新型传感领域[1]。因此，光纤传感器的测量对象十分广泛，可感知的参量已经达到了 100 多种，包括但不限于图 1-2 所示的传感参量。

5）灵敏度高

有效设计的光纤传感器（如利用光纤干涉技术）可以使光纤传感器实现非常高的灵敏度。

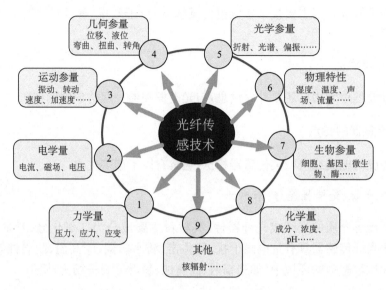

图 1-2　光纤传感技术传感参量示意图

6) 便于复用、成网

由于光波间不会相互干扰,可利用通信中的波分复用技术在同一根光纤中同时传输很多波长的光信号,而且光纤本身组网便利,有利于与现有光通信设备组成遥测网和光纤传感网络。

基于以上原因,光纤传感器受到了人们广泛的关注,并得到了飞速的发展。同时,具有新的机制和面向新的应用对象的光纤传感器也在不断涌现。

1.1.2　光纤传感技术的分类

光纤传感器的种类繁多,有多种分类方法。往往同一种被测参量可以用不同类型的传感器来测量,而同一原理的传感器又可以测量多种物理量。因此,了解光纤传感器的分类可以加深对传感器的理解,便于合理选用光纤传感器。常用的分类方法如下。

1. 按照光在光纤中被调制的原理分类

光纤传感器的关键技术就是检测光受到外界参数的调制,按照光在光纤中被调制的原理可以分为强度调制型、相位调制型、频率调制型、波长调制型和偏振态调制型五种类型光纤传感器。

1) 强度调制型光纤传感器

强度调制型光纤传感器通过测量光纤中发光强度受外界因素影响导致的变化来感知外界被测参量,主要有反射式强度调制型光纤传感器、透射式强度调制型光纤传感器、迅逝场耦合型强度调制型光纤传感器和物理效应型强度调制型光纤传感器等。

2) 相位调制型光纤传感器

相位调制型光纤传感器通过被测能量场的作用,使光纤内传播的光波相位发生变化,再利用干涉测量技术把相位变化转换为发光强度变化,从而检测出待测的参量。

目前各类光探测器都不能直接感知光波相位的变化,必须采用光的干涉技术将相位变化转换为发光强度的变化,才能实现对外界参量的感知。常用的光纤干涉仪有迈克耳孙(Michelson)光纤干涉仪、马赫-曾德尔(Mach-Zehnder)光纤干涉仪、萨奈克(Sagnac)光纤干涉仪和法布里-珀罗(Fabry-Perot)光纤干涉仪等。

3) 频率调制型光纤传感器

频率调制型光纤传感器利用多普勒效应,通过测量光受外界因素影响而发生频率变化来感知外界被测参量。

4) 波长调制型光纤传感器

光纤中光能量的波长分布或光谱分布受外界因素影响而改变,波长调制型光纤传感器通过检测光谱分布来测量被测参量。由于波长与颜色直接相关,因此波长调制也叫颜色调制。

5) 偏振态调制型光纤传感器

偏振态调制型光纤传感器利用外界因素引起光偏振态的变化来检测各种物理量。在光纤传感器中,偏振态调制主要基于人为旋光现象和人为双折射,如法拉第旋光效应、克尔电光效应和弹光效应等。

2. 按照光纤在传感器中的作用分类

按照光纤在传感器中的作用,光纤传感器分为功能型和非功能型传感器两种。

功能型光纤传感器也称为传感型或探测型传感器,光纤不仅起传光作用,它还是敏感元件,即光纤本身同时具有"传"和"感"两种功能。但是这类传感器的缺点是技术难度大、结构复杂、调整较困难,典型的例子有光纤电压/电流传感器、光纤液位传感器等。

非功能型光纤传感器也称为传光型传感器。非功能型光纤传感器中,光纤不是敏感元件,而是在光纤的端面或者在两根光纤中间放置光学材料、机械式或光学式的敏感元件等来感受被测参量的变化,从而使敏感元件的光学特性随之发生变化。在此过程中,光纤只是作为光的传输回路。为了得到较大的受光量和传输的光功率,使用的光纤主要是数值孔径和纤芯大的多模光纤。这类传感器的特点是结构简单、可靠、技术上易于实现,但是其灵敏度、测量精度一般低于功能型光纤传感器。典型的例子有光纤速度传感器、光纤辐射温度传感器等。

3. 按照测量对象分类

按照被测量的对象可以分为光纤压力传感器、光纤温度传感器、光纤图像传感器、光纤液位传感器等。

光纤压力传感器利用压力使光纤变形,进而影响光纤中传输光的强度,构成强度调制型光纤压力传感器。

光纤温度传感器的原理是当传感光纤的温度变化时,光纤的折射率会发生变化,而且因光纤的热胀冷缩其长度发生改变等。

光纤图像传感器是采用光纤传像束来完成的。

光纤液位传感器是基于全内反射原理制成的,其结构特点是在光纤的检测头端有一个反射器;当检测头置于空气中没有接触到液面时,由于液体的折射率与空气的折射率不同;全内反射被破坏,将部分光投射入液体内,使返回到探测器的发光强度变弱,返回发光强度是液体折射率的线性函数,就可以获得待测液面的情况。

4. 按照传感机制分类

按照传感机制可分为光纤光栅传感器、干涉型光纤传感器、偏振态调制型光纤传感器、光纤瑞利传感器、光纤布里渊传感器、光纤拉曼传感器等。对后面三种传感器本书将作重点介绍,这里不再赘述。

1) 光纤光栅传感器

光纤光栅是利用掺有锗等离子的光纤纤芯材料的光敏性,通过紫外光等照射光纤,在纤芯内形成的折射率周期性变化的空间相位光栅。

当一定谱宽的光束进入光栅时,由于光纤光栅只反射入射光中满足布拉格衍射的光,其余光将被透射出去。如图 1-3 所示。

光纤光栅反射波的中心波长受光栅周期 Λ 和折射率 n 变化的影响。当光纤受外界应变和温度影响时,通过弹光效应和热光效应影响光纤折射率 n,通过光纤长度变化和热膨胀影响光栅周期 Λ,因此光栅对光纤轴向应变和温度变化非常敏感。所以光纤光栅传感器的基本原理就是利用光纤光栅有效折射率 n 和周期 Λ

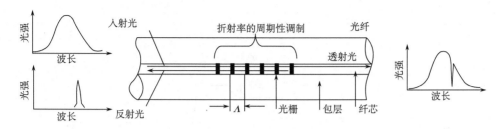

图 1-3　光纤光栅的工作原理

的空间变化对外界参量的敏感特性,将被测参量的变化转化为中心波长的移动,再通过检测该中心波长的移动来实现传感。

光纤光栅具有高的反射特性、选频特性和色散特性,波长移动响应快,线性输出动态范围宽,能够实现被测参量的绝对测量,不受发光强度影响,对于背景光干扰不敏感、小巧紧凑、易于埋入材料内部,并能直接与光纤系统耦合,它的出现极大地推动了光纤传感技术的进步。典型的光纤光栅传感器的结构如图 1-4 所示。

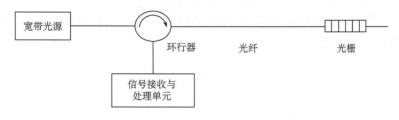

图 1-4　光纤光栅传感器结构

2) 干涉型光纤传感器

干涉型光纤传感器即相位调制型光纤传感器,基本传感机制是在待测场能量的作用下,光纤中传播的光波发生相位变化,再以干涉测量技术把相位变化转化为振幅变化,实现对待测参量的检测。

根据传感器的光学干涉原理,目前已研制成有迈克耳孙(Michelson)光纤干涉仪、马赫-曾德尔(Mach-Zehnder)光纤干涉仪、法布里-珀罗(Fabry-Perot)光纤干涉仪以及萨奈克(Sagnac)光纤干涉仪等光纤传感器。图 1-5 为马赫-曾德尔光纤干涉仪传感器的简要示意图。

由于光纤中光波相位对外界参量极其敏感,相位调制型光纤传感器通常具有极高的检测灵敏度。但另一方面,也因为光波相位的极端敏感特性,外界干扰的影响也很容易被引入系统,从而增大了系统的随机噪声并降低其稳定性。

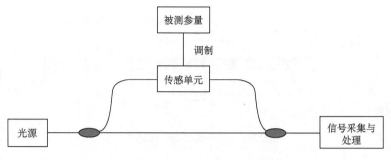

图 1-5　马赫-曾德尔光纤干涉仪传感器示意图

3) 偏振态调制型光纤传感器

在许多光学系统中,光波的偏振特性起着重要的作用,许多物理效应都会影响或改变光的偏振状态。在偏振态调制型光纤传感器中普遍采用的物理效应有旋光效应、磁光效应、泡克耳斯效应、克尔效应及弹光效应等。

典型的例子有光纤电流传感器、单模光纤偏振态调制型温度传感器。基本的光纤电流传感器结构如图 1-6 所示。

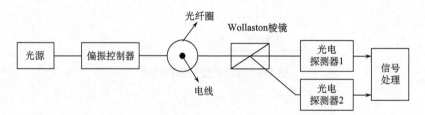

图 1-6　偏振态调制型光纤电流传感器示意图

光纤电流传感器的优点:没有磁饱和现象,也没有磁共振和磁滞效应;频率响应宽,动态范围大;体积小,能适应电力系统数字化、智能化和网络化的需求等。

5. 按照测量范围分类

按照传感的感知范围,光纤传感可以分为点式光纤传感器和全分布式光纤传感器两大类,如图 1-7 所示。

1) 点式光纤传感器[2~5]

点式光纤传感器也称为分立式光纤传感器。按所使用传感单元数量的不同,

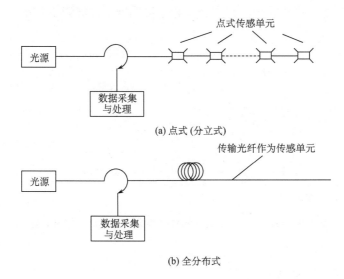

图 1-7　两种类型的光纤传感系统

点式光纤传感技术又可分为单点式和多点式光纤传感技术。单点式光纤传感技术通过单个传感单元来进行传感,可以用来感知和测量预先确定的某一点附近很小范围内的参量变化。通常使用的点式传感单元有光纤布拉格光栅、各种干涉仪等为测量某一特征物理量专门设计的传感器。如果是需要测量特定的某个位置,点式传感器可以出色地完成任务。

多点式光纤传感技术通过布置多个传感单元,组成传感单元阵列[4,5],可以实现多点传感。这类光纤传感系统是将多个点式传感单元按照一定的顺序连接起来,使之组成传感单元阵列或多个复用的传感单元,利用时分复用、频分复用和波分复用等技术共用一个或多个信息传输通道构成分布式系统。该系统既可以认为是点式传感器,也可以认为是分布式传感器,所以称之为准分布式光纤传感器。

尽管准分布式的光纤传感技术可以同时测量多个位置处的信息,但它也只能够测量预先布设的传感器所在位置处的信息,其余光纤与点式传感器一样不参与传感,仅用于传输光波。而且当传感单元较多时,不但使施工复杂化,也使信号的解调更加困难。对点式光纤传感技术来说,光纤只作为信号的传输介质,大多数情况下不是传感介质。

传感器的复用是光纤传感器所独有的技术,其典型代表是复用光纤光栅传感器。光纤光栅通过波长编码等技术易于实现复用,复用光纤光栅的关键技术是多波长探测解调,常用解调的方法包括:扫描光纤 F-P 滤波器法、基于线阵列 CCD 探测的波分复用技术、基于锁模激光的频分复用技术和时分复用与波分复用技术等。

扫描光纤 F-P 滤波器法的准分布式光纤光栅传感器结构如图 1-8 所示。

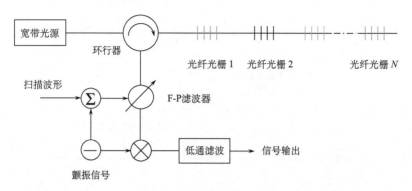

图 1-8　扫描光纤 F-P 滤波器法的准分布式光纤光栅传感器

2）全分布式光纤传感器[6~9]

有些被测对象往往不是一个点或者几个点，而是呈一定空间分布的场，如温度场、应力场等，这一类被测对象不仅涉及距离长、范围广，而且呈三维空间连续性分布，此时点式甚至多点准分布式传感已经无法胜任传感检测，全分布式光纤传感系统应运而生。在全分布式光纤传感系统中，光纤既作为信号传输介质，又是传感单元。即它将整根光纤作为传感单元，传感点是连续分布的，也有人称其为海量传感头，因此该传感方法可以测量光纤沿线任意位置处的信息。随着光器件及信号处理技术的发展，全分布式光纤传感系统的最大传感范围已达到几十至几百公里，甚至可以达到数万公里。为此，全分布式光纤传感技术受到了人们越来越多的重视，成为目前光纤传感技术的重要研究方向。

全分布式光纤传感器的工作原理主要基于光的反射和干涉，其中利用光纤中的光散射或非线性效应随外部环境发生的变化来进行传感的反射法是目前研究最多、应用最广也是最受瞩目的技术，其简要的结构示意图如图 1-9 所示。

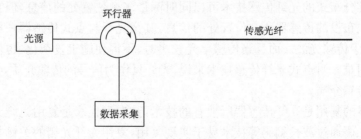

图 1-9　全分布式光纤传感器结构示意图

根据被测光信号的不同,全分布式光纤传感器可以分为基于光纤中的瑞利散射、拉曼散射和布里渊散射三种类型;根据信号分析方法,可以分为基于时域和基于频域的全分布式光纤传感技术。

1.2　国内外光纤传感技术的发展历史和现状

1.2.1　国际光纤传感技术的发展历史和现状

自 20 世纪 70 年代美国康宁公司研发出第一根低损耗光纤以来,光纤通信技术迅速发展,各种新型光器件、光电器件也相继被研制出来。与此同时,光纤传感技术也开始萌芽。1977 年,美国海军研究所(NRL)开始执行由查尔斯·M. 戴维斯(Charles M. Davis)博士主持的 Foss(光纤传感器系统)计划[10],这通常被认为是光纤传感器问世的里程碑。从此,光纤传感器的概念在全世界的许多实验室里变为现实。由于光纤传感器应用的广泛性及其广阔的市场,其研究和开发在世界范围内引起了高度的重视。同年,已经有数篇关于光纤传感的论文发表,如 J. Bucaro 利用马赫-曾德尔干涉仪的结构通过调相的方法实现了对声波的传感[11],M. K. Barnoski 提出了光时域反射(OTDR)技术,利用光纤中瑞利散射光的强度变化来测量光纤沿线各个位置的损耗情况[12]等。此后,有关光纤传感的论文数和专利数逐年增加[13,14]。图 1-10、图 1-11 和图 1-12 分别给出了 20 世纪 80 年代~90 年代初国际上关于光纤传感的论文数和专利数的递增情况以及在各个国家的分布情况。

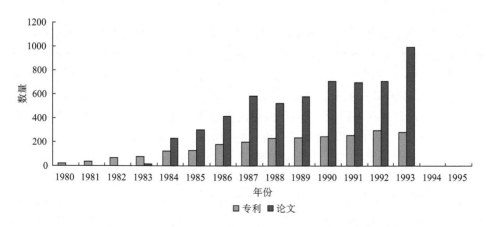

图 1-10　20 世纪 80 年代~90 年代初关于光纤传感的论文数和专利数

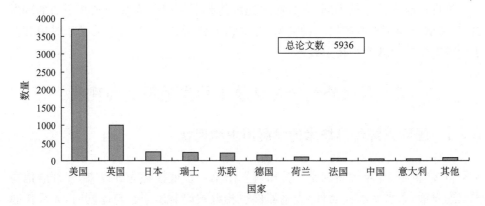

图 1-11　图 1-10 中论文数的不同国家分布情况

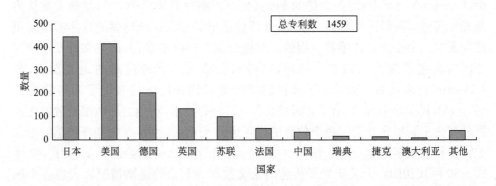

图 1-12　图 1-10 中专利数的不同国家分布情况

在光纤传感领域,最著名的国际会议之一是国际光纤传感器学术会议(International Conference on Optical Fiber Sensors,OFS)。该会议于 1983 年首次在英国举办,此后,该会议约 18 个月左右举办一届,迄今已经在美洲、欧洲、亚洲等地召开了 21 届,逐渐成为国际上光纤传感的标志性会议[15]。第 22 届 OFS 会议于 2012 年 10 月首次在中国(北京)召开,会议主题涉及光纤传感理论、技术和实验等各方面的内容,及时报道和交流了光纤传感领域的最新进展。

20 世纪 90 年代,东芝、日本电气等 15 家公司和研究机构,研究开发出 12 种具有一流水平的民用光纤传感器。西欧各国的大型公司也积极参与了光纤传感器的研发和市场竞争,其中包括英国的标准电讯公司、法国的汤姆逊公司和德国的西门子公司等。目前世界上已有光纤传感器近百种,新的光纤传感的原理及应用不断出现,传感用特殊光纤、专用器件以及技术的不断问世,使许多新型光纤传感器被研制出的同时,其性能指标也不断地(常常是大幅度地)提高。随着光纤技术的迅猛发展,光纤传感技术以其独特的技术优势,在与传统的传感技术竞争中日益显示出其强大的生命力。

1.2.2　我国光纤传感技术的发展历史和现状

我国在 20 世纪 70 年代末就开始了光纤传感器的研究,几乎与国际同步。我国光纤传感技术的发展历程大致可以分为三个阶段[16~18]。

1. 20 世纪 70 年代末到 80 年代中期

在这个时期,我国光纤传感技术的研究发展迅速,形成一个小高潮。20 世纪 70 年代末,国际上光纤传感技术发展迅速,新的理论研究和应用领域不断开拓,学术活动十分频繁,相关产值每年以 30% 的速度增长,开始显现出新技术的生命力。当时这些情况已引起我国学术界和产业部门的重视,很多科研机构、高等院校和产业部门纷纷行动起来,从不同方面进行了多种光纤传感技术的研制,并试图推广应用。在此基础上,当时的国家科委新技术局于 1983 年 6 月在杭州召开了"光纤电流、电压传感器方案论证会"。此后,在国家科委和经贸委等的组织下,陆续召开了多次有关光纤传感的会议,表 1-1 给出了其中一些主要的会议。

表 1-1　早期有关光纤传感的主要国内会议

会议时间	会议名称	会议地点	论文数	会议主办单位
1983.06	光纤电流、电压传感器方案论证会	杭州	3	国家科委新技术局
1983.09	光纤传感器及其应用发展预测座谈会	扬州	11	国家科委新技术局
1984.05	全国传感器学术交流会	武汉	10	国家经贸委、科委、中国仪器仪表学会
1984.08	光纤传感器规划座谈会	北京	—	电子工业部
1984.10	中国光学学会纤维光学和集成光学专业委员会成立暨学术交流大会	西安	15	中国光学学会
1984.10	电工行业光纤技术座谈会工程光纤传感器规划座谈会	天津	5	机械工业部电工局
1984.11	光纤传感器学术交流会	南京	11	机械工业部仪表局 中国仪器仪表学会
1984.12	光纤传感器学术交流会	合肥	20	机械工业部仪表局 中国仪器仪表学会
1985.01	全国光纤传感技术"七五"规划座谈会	北京	27	国家科委新技术局
1985.11	光纤传感技术情报网成立及学术交流会	南京	—	机械工业部仪表局 中国仪器仪表学会

2. 20 世纪 90 年代

20 世纪 90 年代,我国光纤传感事业的发展进入第二阶段。随着光纤通信的迅速发展和光通信市场需求的急剧增长,国家的规划和投资部门以及光纤技术研究单位纷纷转向了光纤通信领域的研制、开发和应用。相比之下,光纤传感还处于发展初期,技术、工艺以及元器件的研制受到冷遇,走进低谷。光纤传感的研究进入发展缓慢的阶段,其可能原因主要如下。

(1) 技术不成熟。光纤传感由于技术、工艺以及元器件等多方面原因,不仅成品率低,而且使用环境干扰因素多,致使光纤传感尚不能在实际应用中得到认可。

(2) 元器件价格高。元器件是光纤传感技术和系统的关键,光纤传感所用的元器件往往有特殊的制作要求,而在研制初期,元器件的性能、质量都还达不到使用标准,并且大多由研究者自己研制,制作批量少、成本高,也制约了元器件的性能质量的提高和价格的降低。

(3) 特色不突出。光纤传感技术具有一些传统传感技术不能比拟的优点,但早期还是对其性能的预测与估计,在实际中没有显现比传统传感技术优越之处,其诸多优点特色还没有体现出来。例如,光纤传感灵敏度高,但信噪比、稳定性低;光纤传感抗环境干扰强,但因技术还不够成熟而受限制;加之使用还不太方便、性价比较低等,影响了对其优点的认识。

(4) 市场无急需。由于国内当时生产技术水平还不够高,自动化水平也低,因此对光纤传感这一新型的安全、高精度检测系统缺乏市场需求。例如,由于国内的油库管理水平较低、人工检测成本低以及其他一些社会因素,光纤油罐检测系统虽已满足技术指标但难于推广使用。

3. 21 世纪以来

进入 21 世纪以来,随着光纤通信走进低谷,我国光纤传感技术的发展进入了第三阶段,又开始了蓬勃发展的新时期。许多光纤和相关元器件的生产单位将目光纷纷转向光纤传感,很多投资机构也看好这一市场;与此同时,光器件和电子技术的发展,使光纤传感技术本身有了很大的提高,不少光纤传感系统已可满足市场实用的要求,而更主要的则是市场的需求急剧增长,光纤传感的发展充满了机遇和挑战。国内已经有相当数量的研究成果具有很高的实用价值,达到了世界先进水平。

光纤传感技术经过 30 余年的发展已获得长足的进步,出现了很多实用性的产品,也基本形成了一个独立的体系。然而随着社会的发展和技术的进步,对光纤传感器的需求不仅数量上快速增长,而且性能参数上也呈现了多样化、高标准的趋势,可以说,光纤传感技术的现状仍然远远不能满足实际的需要,还有大量的研究开发工作尚待完成。

　　总之,随着光纤传感技术的快速发展,光纤传感技术正逐步成为继光纤通信产业发展之后又一大光纤技术应用产业。

1.3　全分布式光纤传感技术

1.3.1　全分布式光纤传感技术的特点

　　全分布式光纤传感技术是应用光纤几何上的一维特性进行测量的技术,它把被测参量作为光纤位置长度的函数,可以在整个光纤长度上对沿光纤路径分布的外部物理参量进行连续的测量,提供了同时获取被测物理参量的空间分布状况和随时间变化状态的手段。

　　与传统测量仪器相比,全分布式光纤传感器除了具有 1.1 节所述普通光纤传感器的特点外,其最显著的特点就是能够进行连续分布式测量,具体表现如下。

1. 全尺度连续性

　　全尺度连续性是全分布式光纤传感器最有代表性也是分立式传感器不具备的独特优势,即全分布式光纤传感器可以准确地感知光纤沿线上任一点的信息,是一种连续分布式的监测,解决了传统点式监测漏检的问题。此外,光纤的柔韧性还可以使全分布式光纤传感技术应用到非标准待测物体表面或待测环境中。如图1-13所示。

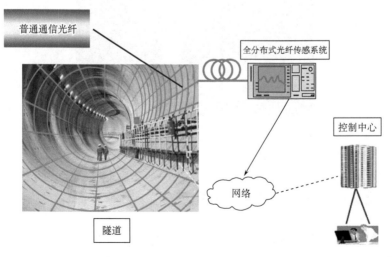

图 1-13　全分布式光纤传感对隧道进行全分布式网络化监测示意图

2. 网络智能化

由于传感器本身就是光纤,因此,全分布式光纤传感系统可以与光通信网络实现无缝连接或者自行组网,通过与计算机网络连接,实现自动检测、自动诊断的智能化检测以及远程遥测和监控。如果将光纤纵横交错铺设成网状,还可构成具备一定规模的监测网,实现对监测对象的三维立体全方位监测,如图 1-13 所示。

3. 长距离、大容量、低成本

由于全分布式光纤传感技术利用光纤感知并传输测量信号,光波在光纤中传输损耗低于 0.2dB/km,因而,特别适合长距离连续性传感。此外,信号数据还可以实现多路传输,极大地提高了传感容量,可大大降低传感器的成本。因而,在长距离大范围监测的应用中,它具有其他传感技术无法比拟的高性价比。

4. 嵌入式无损监测

光纤体积小、质量轻,将作为传感单元的光纤嵌入被测物体内,由于光纤的直径不足一百微米,嵌入后不影响材料的性能,也不增加材料的质量。如在制备飞机材料时,将光纤直接嵌入复合材料内并形成网络(图 1-14 所示),就可以实现对机翼、机身、支撑杆、电机、电路等各部位应力、应变、温度、位移等全方位、全程无损监测。

图 1-14　飞机材料中植入光纤进行全分布式监测的示意图

1.3.2　全分布式光纤传感技术的主要参数

由于传感机制不同,各种全分布式传感技术除具有共性的一些参数外,还有表示自身特点的参数,所以全分布式光纤传感技术涉及的参数较多,本节只介绍全分布式光纤传感技术主要的性能参数,其他的参数将在各相关章节中介绍。

1) 灵敏度

传感器将待测信号 X 转换为输出信号(通常是电信号)V_0,灵敏度 S 是传感系统输出信号与输入信号的比例,其表达式是 $V_0 = SX$。理想情况下,灵敏度在整个工作范围内应保持为一常数,而与温度等环境因素无关。

2) 噪声

噪声存在于所有的传感器中,因为即使是电子在电阻中的随机波动也会引入噪声(热噪声)。传感器的带宽越宽,其输出信号的噪声往往越大,所以对噪声的分类通常是和频率相关的。

3) 信噪比

信噪比定义为传感器输出的信号强度与噪声强度的比值。

4) 分辨率

分辨率是可观测到的被测参量的最小变化量。若由被测参量变化带来的传感器输出电压的变化量与噪声电压有效值相等,则被测参量的变化量即定义为该传感器的分辨率。

全分布式光纤传感器中一个重要的性能参数是空间分辨率。它表征测量系统能区分开传感光纤上相邻最近两个事件点的能力。因为每一时刻传感光纤上获得的信息实际上是某一段传感光纤上信号的积累,所以,不是传感光纤上任意无穷小段上的信息都能区分开,即传感光纤上小于空间分辨率的所有点的信息在时间上互相叠加。实际测量中,空间分辨率一般被定义为被测信号在过渡段的 $10\%\sim90\%$ 上升时间所对应的空间长度[19]。

空间分辨率主要由传感系统的探测光脉冲宽度、光电转换器件的响应时间、A/D 转换速度和放大电路的频带宽度等决定。

若探测光脉冲为矩形,脉冲宽度为 τ,光纤中光的群速度为 V_g,忽略光脉冲在传感光纤中的色散,认为光电探测器及放大器的频带足够宽,那么由探测光脉冲决定的空间分辨率 R_{pulse} 为

$$R_{pulse} = \frac{\tau V_g}{2} \tag{1-1}$$

若真空中的光速为 c,普通单模光纤的纤芯折射率为 n,那么光纤中光的群速度为

$$V_g = \frac{c}{n} = \frac{3 \times 10^8}{1.46} = 2.05 \times 10^8 (\mathrm{m/s}) \tag{1-2}$$

由式(1-1)和(1-2)可以得出在普通单模光纤中的空间分辨率 R_{pulse} 表示为

$$R_{pulse} \approx \frac{\tau(\text{ns})}{10} \tag{1-3}$$

A/D 转换速度 f 确定的空间分辨率 $R_{A/D}$ 可以估算为

$$R_{A/D} \approx \frac{100}{f(\text{MHz})} \tag{1-4}$$

若放大器的频带宽度为 B(含探测器上升时间的影响),那么由其确定的空间分辨率 R_{amp} 可以估算为

$$R_{amp} \approx \frac{100}{B(\text{MHz})} \tag{1-5}$$

全分布式光纤传感系统的空间分辨率 R 可以表示为

$$R = \max\{R_{pulse}, R_{A/D}, R_{amp}\} \tag{1-6}$$

式(1-3)~(1-5)中,R_{pulse}、$R_{A/D}$ 和 R_{amp} 的单位均为米(m)。

5)动态范围

动态范围有两种定义方式:双程动态范围和单程动态范围。双程动态范围指探测光在光纤中一个来回获得的探测曲线从信噪比等于 1 至最大信噪比的信号功率范围。单程动态范围的定义是取双程动态范围(单位 dB)的一半。

1.3.3　全分布式光纤传感技术的应用

随着大型基础工程设施(特别是大型国防基础工程设施)如桥梁、隧道、大坝、大型建筑物以及公路铁路、电力通信网络、油气管道等的不断建设和普及使用,对它们进行安全健康监测以及时发现故障、确保国家和人民生命财产安全显得越来越重要。应变和温度变化是物体特性发生改变的最主要和直接的表现,因此,应变和温度的监测成为最主要和最重要的手段。但是对这些大型基础工程设施的结构故障诊断、事故预警等安全健康监测具有监测距离长(数十公里以上)、精度要求高(米量级以下)、部位隐蔽(不便于或难以测量)、实时性(瞬态变化)、分布式(连续性)等要求,使得传统监测手段难以胜任。全分布式光纤传感因不需制作传感器(只需采用裸光纤)并可同时测量沿光纤路径上时间和空间的连续分布信息,完全克服了点式传感器(如光纤光栅传感器)难以对被测场进行全方位连续监测的缺陷,且具有损耗低、耐腐蚀、易埋入、抗电磁场干扰、信号数据可多路传输等传统传感器所不具备的优越性能,从而成为目前能源、电力、航空航天、建筑、通信、交通、安防等诸多领域最为理想的大型设施无损监测技术,显示出十分诱人的应用前景[20]。图 1-15 给出了全分布式光纤传感技术应用前景示意图。

图 1-15　全分布式光纤传感技术应用前景示意图

　　目前,全分布式光纤传感技术的研究已经取得了较大进展,并在大型土木工程、石油石化、隧道交通、高压输电线等领域得到了应用。现有的应用主要如下。

1. 在土木工程等领域中的应用

　　环境侵蚀、材料老化和荷载的长期效应等不利因素的影响,土木工程等结构将不可避免地产生损伤积累和抗力衰减等,从而导致其抵抗自然灾害甚至正常环境下的能力下降,可能引发灾难性的突发事故。因而,对它们进行长期实时的无损健康自动监测和诊断,及时发现结构的损伤,并评估其安全性非常重要,关系到一个国家的经济、军事乃至人民生命财产的安全。

　　全分布式光纤传感器的测量精度高,且具有很好的可靠性,可以采用分布式埋入,已经广泛应用于大型土木工程如建筑物、桥梁、大坝、隧道、河堤等结构的健康监测。从 20 世纪 90 年代开始,其在土木工程等领域的应用研究已经取得了很大的进展和较好的效果。如 2002 年,K. Komatsu 等将全分布式光纤传感系统用于土木工程领域中的应变测量[21]。2005 年和 2006 年,南京大学将全分布式光纤传感系统用于隧道的健康诊断[22,23]。2009 年,J. Ge 将全分布式光纤传感系统用于海堤沉降的安全检测[24]等。

　　同时,全分布式光纤传感技术也非常适合用于交通领域和重要场所周界的安防监测系统,以最低限度避免它们遭到破坏。例如,全分布式光纤传感技术早在1988 年就成功地在航空航天领域中用于无损检测。将光纤传感器埋入飞行器或者发射塔结构中,构成全分布式智能传感网络,可以对飞行器及发射塔的内部机械性能及外部环境进行实时监测。图 1-16 为全分布式传感技术在土木工程和交通领域中的几个应用实例。

图 1-16　全分布式光纤传感技术在土木工程和交通领域中的应用实例

2. 在通信领域中的应用

通信是现代信息传输的重要手段,光纤通信网是信息传输的基础网络,但是光缆线路往往会由于一些人为因素(如施工挖断、盗割等)或自然灾害(如滑坡、塌方、地基沉降、洪水等)而造成线路中断。光缆线路一旦中断,将影响其承载的各业务网(如电话网、电视网、数据网等)的通信。特别是海底光缆,其承担了洲际通信90%以上的业务量,已经成为现代洲际通信的主力。海底光缆主要应用在沿海大陆架、内地江河湖泊等一些复杂恶劣的环境中。近几年,由于渔业活动愈发频繁,海底光缆在近海区域常常遭到不同程度的损坏,在大陆架地区海底光缆阻断事故的数量也急剧上升。为了保证通信畅通,维护部门采取了一系列措施以降低海底光缆故障发生的次数,但仍不能有效地抑制海底光缆被损坏的严重局面。在维护过程中,海缆海上故障点位置的探测与定位,是其工作中最为关键的技术之一。它关系到是否能在复杂的海上环境中快速地找到故障点,打捞故障海缆以完成修复工作。鉴于通信光缆距离长,且自身含有光纤,全分布式光纤传感技术成为通信光缆最合适的监测技术。如光时域反射(OTDR)技术被用来检测光纤熔接点的质量(防止熔接损耗过大)、光纤微弯、断裂和光器件性能老化等造成的光衰减、光纤断裂等故障点定位;布里渊光时域反射(BOTDR)技术被用来对海底光缆进行防窃听、对海缆施工过程进行监理等。

2004 年起,南京大学多次成功地利用全分布式光纤传感系统对海军某部海缆线路以及上海到嵊泗的宝钢海缆供电系统的故障进行了诊断和精确定位[25,26]。2007 年,南京大学光通信工程研究中心与华为技术有限公司合作,研制出了单跨测量距离分别为 70km、100km,总测量长度大于 10 000km 的基于相干检测的全分布式光纤传感系统(COTDR)。2010 年,南京大学研制出国内首台全分布式布里渊光纤传感系统的样机。图 1-17 所示为全分布式光纤传感技术在通信领域中的几个应用实例。

图 1-17　全分布式光纤传感技术在通信领域中的应用实例

3. 在石油化工等危险场合的应用

石油化工、燃气存储罐区等场合存在大量的有害物质,因此海上石油勘探、运输、储存和加工等各个环节都存在非常危险的事故隐患,如果不能及时探测、定位和排除,可能造成严重的环境污染甚至是灾难性后果。而且,石油勘探及运输管道等地处野外,环境条件复杂,一旦发生事故,就会造成重大的经济损失和严重的环境污染。

永久连续的井下传感有利于油田的管理、优化和发展。目前只有少数的油井使用了连续井下油田监控系统,且主要是电类传感器,高温操作和长期稳定性的要求限制了电类传感器的使用,电类传感器用于诸如油气罐、油气井、油气管等易燃易爆领域的测量时存在不安全的因素。因此,利用光纤传感技术对石油管道的安全运行情况进行实时监测非常必要。

全分布式光纤传感器因其抗电磁干扰、耐高温、长期稳定并且抗辐射,非常适合用于井下传感。由于能够获得被测物理场沿空间和时间上的连续分布信息,它非常适合用于长距离管道泄漏检测等。利用铺设在管道附近的光纤传感器,可以获取管道由于泄漏、附近机械施工和人为破坏等事件产生的压力和振动等信号,再进一步通过相关技术检测管道泄漏等事件并能够对其进行准确的定位。此外,针对石油管道在出现泄漏、钻孔和盗油等事故时会产生振动及应变波动等变化信息,采用全分布式光纤传感技术可以对管道的安全运行进行监测,而且"边钻边测"的系统对钻井作业也是非常有利的。图 1-18 为全分布式传感技术在石油化工等领域应用的几个实例。

图 1-18　全分布式光纤传感技术在石油化工等领域的应用实例

4. 在电力工业中的应用

电网规模的迅速扩大和电压等级的不断提高,对电力设备的可靠性和安全运行提出了更高要求,常规检测设备已不能满足当前的需要。此外,电力工业中的设备大都处在强电磁场中,需要测量的地方常常处在高压中,如高压开关的在线监测,高压变压器绕组、发电机定子等地方温度和位移等参量的实时测量,这些地方的测量需要传感器具有很好的绝缘性能、体积要小,而且是无源器件,一般电类传感器无法使用。此外,有一些电力设备经常位于难以到达的地方,如荒山野岭、沙漠荒原中的长距离传输电缆和中继变电站。

国家电网公司指出:中国的智能电网包含电力系统的发电、输电、变电、配电、用电和调度等六个环节,应具有信息化、数字化、自动化、互动化的"智能"技术特征。智能电网首要作用应是有效保证电力的安全可靠性,较传统电网更加坚强,且可以有效地抵御自然灾害、外力破坏等各类突发事件给电力系统造成的影响,并具有强大的"自愈"功能。这就需要通过远程设备在线监视和进行系统信息分析,更加及时、准确地预测和处置各类系统故障。而且智能电网建设中,明确要求将目前电网的"故障报警"机制提升至"故障预测"机制,以减少因电网故障给国民经济带来的损失。

目前,全分布式光纤传感器是较为理想的一种检测技术,在高压电力系统的安全监控中有着重要应用。例如,它可以用于电缆温度和电缆导体载流量的监控,实时监测长距离输电线路表面的温度,计算导体温度许用负载和载流量,进而为输电线路的故障监测和负荷管理提供全面而有效的解决方案,保障输电线路的安全,提高资产利用率,发现潜在故障,实现预防性维护。因此,全分布式光纤传感技术是这些测量的最佳选择,在电力工业中具有很好的应用前景。

在国内的电力系统应用中,上海长江隧桥工程中的"220kV 高压电缆越江桥隧"采用了全分布式光纤传感技术进行电缆温度与火灾报警;在 2010 年上海世博会企业馆地下的"110kV 超高压地下变电站"中,都安装了全分布式光纤传感系统[27]。图 1-19 为全分布式光纤传感技术在电力传输等领域的几个应用实例。

从法国戴高乐机场到国内桥梁接二连三的坍塌,从中美海底光缆的阻断到国内不断发生的矿难,从雪灾到地震带来的灾害,已经足以说明工程基础设施结构健康监测、灾害预警与评估的重要性。因此,长距离连续全分布式光纤传感技术的研究与应用具有重要的科学和经济意义。

1. 3. 4　全分布式光纤传感技术的发展方向

全分布式光纤传感器由于其具有连续分布式传感的独特性能,已成为光纤传感

图 1-19　全分布式光纤传感技术在电力传输等领域的应用实例

技术中最具潜力的发展方向。今后全分布式光纤传感技术的发展方向主要如下。

（1）提高信号接收和处理的能力，以进一步提高传感系统空间分辨率、测量精度、灵敏度、系统的测量范围，减少测量时间，降低成本。

（2）探索新型全分布式光纤传感机制，研发新型全分布式光纤传感器。

（3）设计全分布式光纤传感器用特殊光纤材料和器件，开发可用于全分布式光纤传感的新型光纤和光缆。

（4）目前全分布式光纤传感技术的研究还只是基于单根光纤并在光纤轴向上探测信息的一维传感，随着探测范围和信息量的增大，其局限性将会增大。研究多维的全分布式光纤传感网络，使全分布式光纤传感技术阵列化、网络化，以快速准确地传感大范围内的信息。

（5）多用途，即一种光纤传感器不仅只针对一种待测物理量，还要能够对多种物理量进行同时测量，解决测量中的交叉敏感问题。

（6）全分布式光纤传感器的实用化和工程化。在现有的科研成果基础上，大力开展应用研究，包括实时动态感知、传感光纤光缆的布设方式、自然环境变化对传感系统的影响等。

（7）混合组网技术是未来光纤传感技术发展的关键方向之一。随着传感单元数量和传感参量类型的不断增加，对网络容量、结构和管理提出了新的挑战，如何充分发挥光纤传感网宽频带、高速率、抗电磁干扰、大容量、长距离传输等本质优点也成为研究和应用的关键。

（8）信息的快速智能处理及其安全可靠性。光纤传感网中数量巨大的各种光纤传感器会产生海量的传感信息。这些传感信息由光纤传感网沿线各个位置处的多种外部参量所产生，包含了外部参量的位置、类型、大小、频率等多种信息。它们相互交织，以十分复杂的方式混叠在一起。所以，对光纤传感网中的海量传感信息进行快速解调和处理，智能并可靠地分辨出光纤传感网所检测到的各种外部参量，是光纤传感网可靠高效工作的基础。此外，由于光纤传感网中大量的光纤传感单元通过多种方式相互连接在一起，组成了十分复杂的拓扑结构，所涉及的信号处理手段和算法种类非常多样，光纤传感网的工作过程也可能会面临各种极端环境和状况，对其进行可靠性研究是光纤传感网稳定可靠运行的保障。

因此，面对光纤传感网的多传感器协调工作、海量传感信息快速处理、多传感参量智能识别、传感网稳定可靠等需求，对其进行快速信息处理与可靠性研究是解决上述问题的必需手段，也是实现大容量、长距离、高精度光纤传感网的关键支撑。

参 考 文 献

[1]　Lee B. Review of the present status of optical fiber sensors. Optical Fiber Technology, 2003, 9(2):57-79

[2]　Blin S, Digonnet M J F, Kino G S. Noise analysis of an air-core fiber optic gyroscope. IEEE Photonics Technology Letters, 2007, 19(19):1520-1522

[3]　Bohnert K, Gabus P, Nehring J, et al. Temperature and vibration insensitive fiber-optic current sensor. Journal of Lightwave Technology, 2002, 20(2):267-276

[4]　Ren L, Song G, Conditt M, et al. Fiber Bragg grating displacement sensor for movement measurement of tendons and ligaments. Applied Optics, 2007, 46(28):6867-6871

[5]　Liu W, Guan Z G, Liu G, et al. Optical low-coherence reflectometry for a distributed sensor array of fiber Bragg gratings. Sensors and Actuators A:Physical, 2008, 144(1):64-68

[6]　Ozeki T, Seki S, Iwasaki K. PMD distribution measurement by an OTDR with polarimetry considering depolarization of backscattered waves. Journal of Lightwave Technology, 2006, 24(11):3882-3888

[7]　Wuilpart M, Ravet G, Megret P, et al. Polarization mode dispersion mapping in optical fibers with a polarization-OTDR. Photonics Technology Letters, 2002, 14(12):1716-1718

[8]　Dong H, Shum P, Gong Y D, et al. Distributed measurement of polarization mode dispersion in optical fibers by using P-OTDR. Proceedings of the Asia-Pacific Optical Communications, Beijing, China, 2004:5625

[9]　Kim B, Park D, Choi S. Use of polarization-optical time domain reflectometry for observation of the Faraday effect in single-mode fibers. Journal of Quantum Electronics, 1982, 18(4):455-456

[10]　Doebling S W, Farrar C R, Prime M B, et al. Damage identification and health monitoring of structural and mechanical systems from changes in their vibration characteristics: a literature review. Los Alamos

National Laboratory,Tech. Rep. 1996:LA-13070-MS

[11] Bucaro J,Dardy H,Carome E. Fiber-optic hydrophone. Acoustical Society of America Journal,1977, 62:1302-1304

[12] Barnoski M K,Rourke M D,Jensen S M,et al. Optical time domain reflectometer. Applied Optics, 1977,16(9):2375-2379

[13] Rogers A J. Polarization optical time domain reflectometry. Electronics Letters,1980,16(13): 489-490

[14] Dakin J P,Pratt D J,Bibby G W,et al. Distributed optical fiber Raman temperature sensor using a semiconductor light source and detector. Electronics Letters,1985,21(13):569,570

[15] http://ofs-22. org/site/

[16] 廖延彪. 中国光纤传感发展回顾与展望. 第五届光纤传感器的发展与产业化论坛,广州,2010.06

[17] 廖延彪. 我国光纤传感的发展. 光子学报,1996,25(z1):35-40

[18] 廖延彪. 我国光纤传感技术现状和展望. 光电子技术与信息,2003,16(5):1-6

[19] Bao X,Chen L. Recent progress in distributed fiber optic sensors. Sensor,2012,12:8601-8639

[20] Annamdas K K K,Annamdas V G M. Review on developments in fiber optical sensors and applications. Proc. SPIE 7677,Fiber Optic Sensors and Applications VII,2010,76770R

[21] Komatsu K,Fujihashi K,Okutsu M. Application of optical sensing technology to the civil engineering field with optical fiber strain measurement device(BOTDR). Proceedings of SPIE 4920,2002

[22] 施斌,徐学军,王镝,等. 隧道健康诊断 BOTDR 分布式光纤应变检测技术研究. 岩石力学与工程学报,2005,24(15):2622-2628

[23] 丁勇,施斌,孙宇,等. 基于 BOTDR 的白泥井 3 号隧道拱圈变形检测. 工程地质学报,2006,14(5): 649-653

[24] Ge J. Application of BOTDR to monitoring sea dyke subsidence. Rock and Soil Mechanics,2009, 30(6):1856-1860

[25] http://ocer. nju. edu. cn/cn/NewsDetail. asp? id=224

[26] 董玉明. 自发布里渊散射分布式光纤传感技术及其应用研究. 南京:南京大学博士学位论文,2007

[27] 吴海生. 分布式光纤拉曼温度传感器在上海智能电力传感网的应用. 第五届光纤传感器的发展与产业化论坛,广州,2010.06

第 2 章　光纤中的光散射

2.1　光纤中的自发散射谱

众所周知,光波是一种电磁(EM)波[1]。当电磁波入射到诸如光纤这样的介质中时,入射电磁波将与组成该材料的分子或原子相互作用,从而产生散射谱。入射光强相对较低时,则可以观察到自发散射现象。当角频率为 ω_0 的光入射到介质中时,其散射谱示意图如图 2-1 所示。

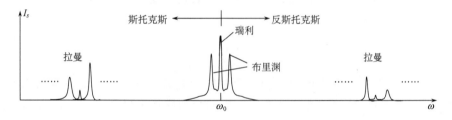

图 2-1　固态物质典型的自发散射示意图

其中,瑞利散射光与入射光频率相同,均为 ω_0,即整个散射过程前后光子能量守恒,因此瑞利散射也称为弹性散射。而其他频率与入射光子频率不同的散射称为非弹性散射。当散射光的频率高于入射光频率时,称其为反斯托克斯光;低于入射光频率时则称为斯托克斯光。非弹性散射过程可进一步分为布里渊散射和拉曼散射。布里渊散射描述光子与声学声子的能量转换,形式上,声子是散射材料中一种包括相应的核子运动的集体振动。拉曼散射则是由于入射光与独立的分子或原子的电子结构的能量转换引起的[2]。在凝聚态物理学中,拉曼散射被描述为光学声子的光散射[2]。特别值得强调的是,分子的电子结构有两个重要的特征:一是分子的旋转有几个波数(cm^{-1});二是有较大能量的分子振动。然而,在光纤中很少能观察到分子的转动能量,这是由于邻近的分子堆积得非常密集,其旋转自由度受到限制。分子重构过程中存在着激发,但由于重构分子的激发态能量范围更小,从而与之相关联的主要的振动谱出现不均匀展宽。所以,拉曼散射谱含有许多窄谱带,各谱带间隔对应电子振动,其带宽源于分子旋转或重构的激发态。有时,人们认为拉曼散射是固态物质中的光学声子引起的。需要提出的是,上述自发散射是在入射光强不高时所产生的散射,若使用极高强度的激光作用于物质,所得到的散射谱则截然不同。

2.2　宏观麦克斯韦方程组

为了进一步研究上一节中提到的光散射现象的物理机制,我们需要回顾一下微观麦克斯韦方程组到宏观麦克斯韦方程组的经典推导过程[3]。首先,宏观麦克斯韦方程组可表示为

$$
\left.
\begin{aligned}
\nabla \cdot B = 0, &\quad \nabla \times E + \frac{\partial B}{\partial t} = 0 \\
\nabla \cdot D = \rho, &\quad \nabla \times H - \frac{\partial D}{\partial t} = J
\end{aligned}
\right\}
\tag{2-1}
$$

其中,E 和 B 分别为宏观的电场强度和磁场强度;D 和 H 为衍生场(derived fields)量,它们分别通过材料的极化强度 P 和磁化强度 M 与 E 和 B 对应。

$$
\left.
\begin{aligned}
D &= \varepsilon_0 E + P \\
H &= \frac{1}{\mu_0} B - M
\end{aligned}
\right\}
\tag{2-2}
$$

同样地,ρ 和 J 分别是宏观的(自由)电荷密度和电流密度;ε_0 和 μ_0 分别为真空介电常数和磁导率。对学过电磁学的人来说,这是再熟悉不过的了。然而,从微观的角度来看,也就是把所有的物质都看做由原子构成,原子又由电子和原子核构成,这些方程的推导就不那么显而易见了。在进行讨论之前,需要强调的是可见光的反射和折射现象可以理解为满足宏观麦克斯韦方程组的 X 射线衍射,这说明物质具有原子特性。所以,我们希望散射中所采用的光波长能在研究连续介质或离散原子团组成的物质中起到重要作用。在凝聚态物质中,原子核的间距通常在埃(1Å$=10^{-10}$ m)量级,当波长大于 $L_0 = 10^2$Å$=10^{-8}$m$=10$nm 时,因为在体积 L_0^3 范围内存在着上百万个核子,我们就可以将物质视为连续介质。因此,只要满足宏观条件,宏观麦克斯韦方程就可用于研究统计物理学和热力学(如扩展至 L_0^3 空间范围内)。此外,我们知道原子核的尺度约为 10^{-14}m,这样所有的核子和电子在 L_0 的尺度内均可视为点电荷系统。现在,对于这些点电荷,我们可以写出决定电磁现象的微观麦克斯韦方程组:

$$
\left.
\begin{aligned}
\nabla \cdot b = 0, &\quad \nabla \times e + \frac{\partial b}{\partial t} = 0 \\
\nabla \cdot e = \frac{\eta}{\varepsilon_0}, &\quad \nabla \times b - \frac{1}{c^2} \frac{\partial e}{\partial t} = \mu_0 j
\end{aligned}
\right\}
\tag{2-3}
$$

其中,e 和 b 分别为微观的电场和磁场;η 和 j 分别为微观的电场密度和电流密度。$c = 1/\sqrt{\varepsilon_0 \mu_0}$ 为真空中的光速。这里不存在对应的微观场量 d 和 h,因为所有的电

荷都包含在 η 和 j 里了。物质的任何宏观分量都包含了大量的原子核和电子,且它们都在不停地运动。这些电荷产生的微观电磁场在空间和时间上不断发生剧烈变化。空间上的变化范围在原子间距量级,即埃量级;而时间上的变化范围则从原子核振动时间 $10^{-3}\,\mathrm{s}$(声子周期)至电子轨道运动时间 $10^{-17}\,\mathrm{s}$。宏观器件探测到的电磁波通常是在更大的空间和时间间隔上的统计平均。所有的这些微观涨落被平均后,得到宏观麦克斯韦方程组所表示的相对平滑的、慢变的宏观量。

　　接下来讨论平均过程。通常人们的第一反应是要在时间和空间上作平均。然而仅有空间上的平均是必须的,不必作时间上平均是因为统计力学的各态历经原理,即某个物理量的均值等效于各态历经的平均。当然,为了求均值,空间延伸应取足够大。这里,所需的最小量级为典型的分子尺寸 α,因此,空间平均要求的空间尺度要远大于分子尺寸 α。引入一个归一化的平滑的正权重函数 $w(s)$:

$$\iiint_{-\infty}^{\infty} \mathrm{d}^3 s\, w(s) \equiv 1 \qquad (2\text{-}4)$$

当 $|s| \rightarrow \infty$ 时,$w(s)$ 趋近于 0,且在远大于分子尺寸 α 的初始尺度范围附近存在平坦区域,并且它过渡到 0 区域内的尺度仍远大于分子尺度 α。能满足上述条件的其中一种函数是三维高斯函数,如下所示:

$$w(s) = \frac{1}{(\pi R^2)^{\frac{3}{2}}} \mathrm{e}^{\frac{-s^2}{R^2}}, \quad R \gg \alpha \qquad (2\text{-}5)$$

然而,需要注意的是满足图 2-2 所示特征的函数还有很多。

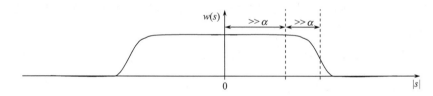

图 2-2　空间平均中所使用的权重函数 $w(s)$ 示意图

　　选定了权重函数 $w(s)$,我们可以定义任意函数 $f(x,t)$ 的空间平均过程:

$$\langle f(x,t) \rangle = \iiint_{-\infty}^{\infty} \mathrm{d}^3 s\, w(s) f(x-s,t) \qquad (2\text{-}6)$$

空间和时间可以作类似的变换:

$$\frac{\partial}{\partial x_i} \langle f(x,t) \rangle = \iiint_{-\infty}^{\infty} \mathrm{d}^3 s\, w(s) \frac{\partial f(x-s,t)}{\partial x_i} = \left\langle \frac{\partial f(x,t)}{\partial x_i} \right\rangle \qquad (2\text{-}7)$$

其中,x_i 为矢量 x 的第 i 阶分量,并且满足:

$$\frac{\partial}{\partial t}\langle f(x,t)\rangle = \iiint\limits_{-\infty}^{\infty} \mathrm{d}^3 s w(s) \frac{\partial f(x-s,t)}{\partial t} = \left\langle \frac{\partial f(x,t)}{\partial t} \right\rangle \tag{2-8}$$

于是宏观电场 E 和磁场 B 可定义为微观场量 e 和 b 的平均：

$$\left.\begin{aligned} E(x,t) &= \langle e(x,t)\rangle \\ B(x,t) &= \langle b(x,t)\rangle \end{aligned}\right\} \tag{2-9}$$

相应地，微观麦克斯韦方程组中两个同性方程的平均可对应得到宏观麦克斯韦方程：

$$\left.\begin{aligned} \langle \nabla \cdot b\rangle &= 0 \to \nabla \cdot B = 0 \\ \left\langle \nabla \times e + \frac{\partial b}{\partial t}\right\rangle &= 0 \to \nabla \times E + \frac{\partial B}{\partial t} = 0 \end{aligned}\right\} \tag{2-10}$$

但这两个式子还不能解释我们所需要的物理本质。我们需要进行电荷密度和电流密度的空间平均。根据前面的描述，微观电荷密度可用 δ 函数表示：

$$\eta(x,t) = \sum_j q_j \delta(x - x_j(t)) \tag{2-11}$$

其中，$x_j(t)$ 表示点电荷 q_j 的位置。在作空间平均之前，设想一下物质中电荷的分布。显然，可以将物质中的电荷大致分为两类：一类是不受任何核子束缚的传导电子（自由电子）；另一类是属于分子的受缚电子，显著特征是它们被紧紧地束缚并且只能在质心附近很小的空间范围 α 内运动。一般情况下，分子中的总电荷几乎是平衡的，比如，单个分子的核电荷和电子电荷几乎相等（分子形成离子时可以有几个电荷的差异）。明确了物理描述后，除了根据传导电子，还可以根据分子系数 l 和它的质心矢量 x_l 来进一步区分电荷，于是得到

$$\begin{aligned} \eta(x,t) &= \sum_{j(ce)} q_j \delta(x - x_j) + \sum_{j(mol)} q_j \delta(x - x_j) \\ &= \sum_{j(ce)} q_j \delta(x - x_j) + \sum_l \sum_{j(l)} q_j \delta(x - x_l - x_{jl}) \end{aligned} \tag{2-12}$$

其中，$x_{jl} = x_j - x_l$ 是电荷 q_j 到分子质心 x_l 的相对坐标。$|x_{jl}|$ 为第 l 个分子的尺寸，根据定义这是一个小量。于是，第 l 个分子的空间平均为

$$\langle \eta_l(x)\rangle = \iiint\limits_{-\infty}^{\infty} \mathrm{d}^3 s w(s) \sum_{j(l)} q_j \delta(x - x_l - x_{jl} - s) = \sum_{j(l)} q_j w(x - x_l - x_{jl})$$

$$\tag{2-13}$$

虽然最后一个表达式非常准确，但它未涉及前面所述的物理表象。由于权重函数是一个平滑函数，且 x_{jl} 是一个小量，于是可以把分子视为质心在 x_l 处的且拥有所有电荷力矩的物体。如果想保留所有的电荷力矩，上述近似是成立的。然而，在实际的物理应用中，四极矩就可以满足精度要求，除非有"全新"的物理现象需要解释

才用到八极矩。通过泰勒级数展开可以将第 l 个分子的平均电荷密度近似为

$$\langle \eta_l(x) \rangle = \sum_{j(l)} q_j w(x-x_l) - \sum_{j(l)} q_j (x_{jl} \cdot \nabla) w(x-x_l) + \frac{1}{2} \sum_{j(l)} q_j (x_{jl} \cdot \nabla)^2 w(x-x_l)$$

$$- \frac{1}{6} \sum_{j(l)} q_j (x_{jl} \cdot \nabla)^3 w(x-x_l) + \cdots + \frac{1}{n!} \sum_{j(l)} q_j (-x_{jl} \cdot \nabla)^n w(x-x_l) + \cdots$$

$$(2\text{-}14)$$

现在我们定义第 l 个分子的电荷力矩。首先,第 l 个分子上的总电荷(零阶矩)为

$$q_l = \sum_{j(l)} q_j \qquad (2\text{-}15)$$

其次,第 l 个分子的偶极矩矢量:

$$p_l = \sum_{j(l)} q_j x_{jl} \qquad (2\text{-}16)$$

第三,四极力矩张量(二阶):

$$\overrightarrow{q_l} = \frac{1}{2} \sum_{j(l)} q_j x_{jl} x_{jl} \qquad (2\text{-}17)$$

第四,八极力矩张量(三阶):

$$\overleftrightarrow{o_l} = \frac{1}{6} \sum_{j(l)} q_j x_{jl} x_{jl} x_{jl} \qquad (2\text{-}18)$$

利用这些力矩,第 l 个分子电荷的空间平均可写为

$$\langle \eta_l(x) \rangle \approx \langle q_l \delta(x-x_l) \rangle - \nabla \cdot \langle p_l \delta(x-x_l) \rangle + \nabla \cdot \nabla \cdot \langle \overrightarrow{q_l} \delta(x-x_l) \rangle$$

$$- \nabla \cdot \nabla \cdot \nabla \cdot \langle \overleftrightarrow{o_l} \delta(x-x_l) \rangle \qquad (2\text{-}19)$$

通过累加所有分子及传导电子的贡献,得到平均电荷密度:

$$\langle \eta(x,t) \rangle \approx \langle \sum_{j(ce)} q_j \delta(x-x_j) \rangle + \langle \sum_l q_l \delta(x-x_l) \rangle - \nabla \cdot \langle \sum_l p_l \delta(x-x_l) \rangle$$

$$+ \nabla \cdot \nabla \cdot \langle \sum_l \overrightarrow{q_l} \delta(x-x_l) \rangle - \nabla \cdot \nabla \cdot \nabla \langle \sum_l \overleftrightarrow{o_l} \delta(x-x_l) \rangle$$

$$(2\text{-}20)$$

定义平均自由电子密度为

$$\rho_F(x) = \langle \sum_{j(ce)} q_j \delta(x-x_j) \rangle + \langle \sum_l q_l \delta(x-x_l) \rangle \qquad (2\text{-}21)$$

平均极化密度矢量:

$$P(x) = \langle \sum_l p_l \delta(x-x_l) \rangle \qquad (2\text{-}22)$$

平均四极矩密度张量(二阶):

$$\overset{\leftrightarrow}{Q}(x) = \langle \sum_l \overset{\rightarrow}{q_l}\delta(x-x_l)\rangle \tag{2-23}$$

平均八极力矩密度张量(三阶):

$$\overset{\leftrightarrow}{O}(x) = \langle \sum_l \overset{\rightarrow}{o_l}\delta(x-x_l)\rangle \tag{2-24}$$

于是,平均微观麦克斯韦方程可写为

$$\langle \nabla \cdot e\rangle = \frac{\langle \eta\rangle}{\varepsilon_0} \rightarrow \nabla \cdot E = \frac{1}{\varepsilon_0}\{\rho F(x) - \nabla \cdot [P(x) - \nabla \cdot \overset{\leftrightarrow}{Q}(x) + \nabla \cdot (\nabla \cdot \overset{\leftrightarrow}{O}(x))]\} \tag{2-25}$$

重新整理上一表达式,得如下形式:

$$\nabla \cdot [\varepsilon_0 E + P(x) - \nabla \cdot \overset{\leftrightarrow}{Q}(x) + \nabla \cdot (\nabla \cdot \overset{\leftrightarrow}{O}(x))] = \rho_F(x) \tag{2-26}$$

接下来研究电流密度的平均。微观电流密度表达式如下:

$$j(x) = \sum_j q_j v_j \delta(x-x_j) \tag{2-27}$$

它可以分为两个部分:一部分属于传导电子;另一部分属于受缚电子。首先分析第 l 个分子的电流密度:

$$\langle j_l(x)\rangle = \iiint_{-\infty}^{\infty} d^3 s w(s) \sum_{j(l)} q_j v_j \delta(x-x_j-s) = \sum_{j(l)} q_j(v_l + v_{jl})w(x-x_l-x_{jl}) \tag{2-28}$$

再利用泰勒级数展开得到

$$\langle j_l(x)\rangle \approx \sum_{j(l)} q_j(v_l + v_{jl})w(x-x_l) - \sum_{j(l)} q_j(v_l + v_{jl})(x_{jl} \cdot \nabla)w(x-x_l)$$

$$+ \frac{1}{2}\sum_{j(l)} q_j(v_l + v_{jl})(x_{jl} \cdot \nabla)^2 w(x-x_l)$$

$$- \frac{1}{6}\sum_{j(l)} q_j(v_l + v_{jl})(x_{jl} \cdot \nabla)^3 w(x-x_l) + \cdots \tag{2-29}$$

为了将上述表达式用已经定义的量表示,首先给出如下可直接证明的恒等式:

$$\frac{d}{dt}[p_l w(x-x_l)] + \nabla \times [p_l \times v_l w(x-x_l)]$$

$$= \frac{dp_l}{dt}w(x-x_l) - v_l(p_l \cdot \nabla)w(x-x_l) \tag{2-30}$$

定义第 l 个分子的磁矩矢量:

$$m_l = \frac{1}{2} \sum_{j(l)} q_j x_{jl} \times v_{jl} \qquad (2\text{-}31)$$

得到如下恒等式：

$$\nabla \times [m_l w(x - x_l)] - \frac{\mathrm{d}}{\mathrm{d}t} [\vec{q_l} \cdot \nabla w(x - x_l)] - \nabla \times \{\nabla \cdot [\vec{q_l} \times v_l w(x - x_l)]\}$$

$$= v_l (\nabla \cdot \{\nabla \cdot [\vec{q_l} w(x - x_l)]\}) - \sum_{j(l)} q_j v_{jl} (x_{jl} \cdot \nabla) w(x - x_l) \qquad (2\text{-}32)$$

接着，引入第 l 个分子的四极磁矩张量（二阶）：

$$\vec{m_{ql}} = \frac{1}{3} \sum_{j(l)} q_j x_{jl} (x_{jl} \times v_{jl}) \qquad (2\text{-}33)$$

根据上述定义式，得到如下恒等式：

$$\frac{\mathrm{d}}{\mathrm{d}t} (\nabla \cdot \{\nabla \cdot [\vec{o_l} w(x - x_l)]\}) + \nabla \times (\nabla \cdot \{\nabla \cdot [\vec{o_l} \times v_l w(x - x_l)]\})$$

$$- \nabla \times \{\nabla \cdot [\vec{m_{ql}} w(x - x_l)]\}$$

$$= \frac{1}{2} \sum_{j(l)} q_j v_{jl} (x_{jl} \cdot \nabla)^2 w(x - x_l) - \frac{1}{6} \sum_{j(l)} q_j v_l (x_{jl} \cdot \nabla)^3 w(x - x_l) \qquad (2\text{-}34)$$

保留三阶项，第 l 个分子的空间平均电流可写为

$$\langle j_l(x) \rangle \approx \langle q_l v_l \delta(x - x_l) \rangle + \frac{\mathrm{d}}{\mathrm{d}t} \langle p_l \delta(x - x_l) \rangle - \frac{\mathrm{d}}{\mathrm{d}t} \nabla \cdot \langle \vec{q_l} \delta(x - x_l) \rangle$$

$$+ \frac{\mathrm{d}}{\mathrm{d}t} \nabla \cdot [\nabla \cdot \langle \vec{o_l} \delta(x - x_l) \rangle] + [\nabla \times \langle m_l \delta(x - x_l) \rangle]$$

$$- \nabla \times [\nabla \cdot \langle \vec{m_{ql}} \delta(x - x_l) \rangle] + \nabla \times \langle p_l \times v_l \delta(x - x_l) \rangle$$

$$- \{\nabla \times [\nabla \cdot \langle \vec{q_l} \times v_l \delta(x - x_l) \rangle]\} + \nabla \times \{\nabla \cdot [\nabla \cdot \langle \vec{o_l} \times v_l \delta(x - x_l) \rangle]\}$$

$$\qquad (2\text{-}35)$$

最后，已知总的电流密度等于传导电子的电流密度与分子的电流密度之和，可以得到空间平均电流密度（三阶近似）：

$$\langle j(x) \rangle = \langle \sum_{j(\alpha)} q_j v_j \delta(x - x_j) \rangle + \sum_l \langle j_l(x) \rangle$$

$$= J_F(x) + \frac{\mathrm{d}}{\mathrm{d}t} [P(x) - \nabla \cdot \vec{Q}(x) + \nabla \cdot \nabla \cdot \overset{\leftrightarrow}{O}(x)]$$

$$+ \nabla \times [M(x) - \nabla \cdot \vec{M_q}(x)] + \nabla \times \langle \sum_l p_l \times v_l \delta(x - x_l) \rangle$$

$$- \nabla \times [\nabla \cdot \langle \sum_l \vec{q_l} \times v_l \delta(x - x_l) \rangle]$$

$$+ \nabla \times \{\nabla \cdot [\nabla \cdot \langle \sum_l \vec{o_l} \times v_l \delta(x - x_l) \rangle]\} \qquad (2\text{-}36)$$

其中，自由电流密度为

$$J_F(x) = \left\langle \sum_{j(ce)} q_j v_j \delta(x - x_j) \right\rangle + \left\langle \sum_l q_l v_l \delta(x - x_l) \right\rangle \tag{2-37}$$

平均磁化（或磁力矩密度）矢量为

$$M(x) = \left\langle \sum_l m_l \delta(x - x_l) \right\rangle \tag{2-38}$$

磁四极矩密度张量为

$$\vec{M_q}(x) = \left\langle \sum_l \vec{m_{ql}} \delta(x - x_l) \right\rangle \tag{2-39}$$

有了上述定义，就可以在微观麦克斯韦方程上进行空间平均：

$$\left\langle \nabla \times b - \frac{1}{c^2} \frac{\partial e}{\partial t} \right\rangle = \mu_0 \langle j \rangle \tag{2-40}$$

整理后，可写为

$$\nabla \times H - \frac{\partial D}{\partial t} = J_F \tag{2-41}$$

其中，电位移矢量 $D(x)$ 记为

$$D(x) = \varepsilon_0 E(x) + P(x) - \nabla \cdot \vec{O}(x) + \nabla \cdot [\nabla \cdot \vec{\vec{O}}(x)] \tag{2-42}$$

磁场矢量 H 记为

$$H(x) = \frac{B(x)}{\mu_0} - M(x) + \nabla \cdot \vec{M_q}(x) - \left\langle \sum_l p_l \times v_l \delta(x - x_l) \right\rangle$$
$$+ \nabla \cdot \left\langle \sum_l \vec{q_l} \times v_l \delta(x - x_l) \right\rangle - \nabla \cdot \left[\nabla \cdot \left\langle \sum_l \vec{\vec{o_l}} \times v_l \delta(x - x_l) \right\rangle \right] \tag{2-43}$$

综上定义，即可得到著名的宏观麦克斯韦方程：

$$\left. \begin{array}{l} \nabla \cdot B = 0 \\[4pt] \nabla \times E + \dfrac{\partial B}{\partial t} = 0 \\[4pt] \nabla \cdot D = \rho_F \\[4pt] \nabla \times H - \dfrac{\partial D}{\partial t} = J_F \end{array} \right\} \tag{2-44}$$

对于没有数学功底的人来说，上述数学表述可能让人头晕。但是，通过该推导过程，至少可让我们明确几个问题。首先，由于宏观麦克斯韦方程是在足够大的空间尺度的平均，因此宏观电磁场的统计特性能代表物质本身性质。这可以解释为什么用诸如折射率等物理参数能有效描述材料的性能，以及为什么能用光散射来获取材料的局部特性如温度和应力。该过程还可以说明传感器能达到的最小空间分辨率为空间平均尺度 $L_0 \approx 10\text{nm}$。此外，我们还可以清楚地知道，与通过空间平

均推导出的场 D 和 H 相比,电场 E 和磁场 B 更能体现物质的本质。场 H 的表达式中有几项与小分子的速率 v_l 成正比。由于其引入的误差很小,通常被忽略不计。但是,当系统作为一个整体移动时,如 $v_l \equiv v$,这些项的影响就不可忽略。此时,可以得到运动电荷对平均电流密度的贡献:

$$\nabla \times (P \times v) - \nabla \times [\nabla \cdot (\overset{\leftrightarrow}{Q} \times v)] + \nabla \times \{\nabla \cdot [\nabla \cdot (\overset{\leftrightarrow}{O} \times v)]\} \quad (2\text{-}45)$$

这一项就是地球自转而产生地磁场的根源。而对于静止的物体,这些项都可以忽略。

这里需要补充说明,平均电荷密度和平均电流密度遵循如下连续方程:

$$\frac{\mathrm{d}}{\mathrm{d}t}\langle \eta(x,t)\rangle + \nabla \cdot \langle j(x)\rangle = 0 \quad (2\text{-}46)$$

在结束本节之前,我们要讨论在麦克斯韦方程的经典描述中被忽略的几个量子效应。第一,电子和原子核由于其本身的量子属性使得它们均具有本征磁矩。因此除了每个分子推导出的轨道磁矩,在磁化强度表达式 M 中应还需要加上电子和原子核的本征量子磁矩。第二,传导电子的运动也可能增强磁化(比如金属中电子的逆磁性)。目前,对传导电子的平均,我们所做的仅仅是将它们作为传导电流的产生原因。实际上,可以用以下方式进一步划分传导电子:

$$\langle \sum_{j(ce)} q_j v_j \delta(x - x_j)\rangle = \nabla \times M_{ce} + 其他项 \quad (2\text{-}47)$$

传导电子的磁化强度 M_{ce} 应该包括分子轨道磁化以及电子和原子核本征磁化的作用。

本节我们讨论了怎样从微观麦克斯韦方程推导出宏观麦克斯韦方程,并且明确了麦克斯韦方程从本质上是场 E、B、D、H 与 ρ_F 和 J_F 之间的相互关系。然而,麦克斯韦方程并没有指明电荷对电磁场的响应,这将在下一节讨论。

2.3　电荷对电磁场的响应

本节将介绍电磁场中电荷的一般响应。理论上在电磁场 E 和 B 中以速度 v 运动的点电荷 q 会受到洛伦兹力的作用:

$$F = q(E + v \times B) \quad (2\text{-}48)$$

很明显,磁力 $qv \times B$ 分量垂直于电荷速度矢量 v,结果按照经典力学原理,这个力不对带电粒子做功。这种磁力仅改变带电粒子的运动轨道,由此形成上一节讨论的磁矩。然而,电场力分量 qE 能将能量输入带电粒子,因此,在电场 E 和带电粒子之间存在着能量的转换。正如前面提到的,大多数带电的基本粒子如电子有本征磁矩 μ,它们也可以通过 $\mu \cdot B$ 耦合与外部磁场 B 进行能量交换。因此,即使洛伦兹力表达式表明基本的带电粒子与磁场 B 间没有能量交换,实际上这种能量交换是可行的。最后,根据经典的电动力学原理,加速运动的带电粒子会辐射电磁波。于是,无论是电场 E 还是磁场 B 都将使带电粒子辐射某种类型的电磁波,甚至前面提到的磁力也会使加速电荷辐射而产生电磁波。

量子力学是唯一能解释电磁场中电荷响应的基本理论。详细的量子力学数学框架超出了本章的范畴。但是,我们将尽可能地用公式推导来描述微观量子力学领域中的电磁波与分子的相互作用。在量子力学中,电子并非点粒子,它们更像围绕原子核运动的电子云。另外,根据量子力学理论,在微观世界中电子云永远振动着,换句话说,在量子力学尺度上,没有任何东西是静止的。分子的振动特征频率取决于其电子云的结构。此外,分子还拥有独一无二的振动特征谱。分子的电子云结构有很多种,任意时刻,分子的电子云结构取决于其所在的环境。当光入射到分子上时,会引起化学键中的电子云的位置弯曲或振荡。电子云的畸变反过来引起光的辐射。这种由光诱导使电子云振荡而产生的二次辐射光称为光散射。现在,我们将从下一节的瑞利散射开始详细地讨论不同的光散射现象。

2.4　瑞　利　散　射

如前所述,瑞利散射是一种弹性散射,其散射光的频率与入射光的频率相同。为了理解瑞利散射的微观机制,我们再次回顾在前面章节中提及的推导出宏观麦克斯韦方程的微观描述。尽管大多数宏观物质呈电中性,但是在微观上,构成普通物质的分子是处在强烈的内部电磁场环境中的。这些强烈的电磁场环境不断地引起分子重新调整它的电子云。通过电子云结构的改变,该分子也会不停地改变其邻近分子所处的环境。因此,在几十个分子尺寸量级的空间范围内,可以观察到局部电荷密度、温度甚至是应力的波动。当不存在入射光时,这种小范围内的波动在远距离处不会产生可测量的宏观效应,因为它们互不相干导致相互抵消。因此,当不存在外部光场时,任何物质内部的宏观电磁场为零。当有外部光入射时,这个外来的电磁场将使本处于随机振动状态的电子云在电磁场的某个小段波长范围内产生一致的响应。这些对电磁场的统一响应将引起一种称为宏观极化的效应,极化强度 P 正比于外部电场强度 E,记为 $P=\varepsilon_0\chi E$。参数 χ 是取决于材料状态、表征集体响应的参数。

特别要注意的是,当利用宏观麦克斯韦方程研究光纤对入射光的响应时,χ 的值包含一个与时间和位置有关的随机振动分量 $\Delta\varepsilon$。该波动的介电参数 $\Delta\varepsilon$ 将在图 2-3 所示的各个方向上产生一种极化导致的波动光散射。一些瑞利散射光被波导捕获并沿背向传输。背向传输瑞利散射光的延迟时间可以用来对事件进行空间位置定位。但背向传输瑞利散射光如果被多次散射,空间位置信息就会丢失,因此若要进行空间定位,必须保证背向传输瑞利散射光不被多次散射。瑞利散射光通常很微弱,在大多数的实际应用中,单次散射的假设条件很容易满足。因此,光时域反射(OTDR)的测试曲线可以用来对网络中的光纤器件进行定位。

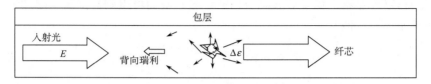

图 2-3　自发瑞利散射过程示意图

对应光纤这类非磁性介质,假设极化为线性的,我们回到宏观麦克斯韦方程。在这种情况下,把电位移场矢量记为

$$D = \varepsilon_0 (1 + \chi) E = (\varepsilon + \Delta\varepsilon) E \qquad (2-49)$$

在上面的表达式中,假设 ε 为一个常数;$\Delta\varepsilon$ 描述的是前面提到过的局部振动的物理机制,这就是自发散射的起因。在瑞利散射情况下,假设 $\Delta\varepsilon$ 只有空间变化。另外,假设是非磁性材料的响应,则磁场 B 和磁化场 H 的关系如下:

$$B = \mu_0 H \qquad (2-50)$$

于是得到简化的麦克斯韦方程组:

$$\left.\begin{array}{l} \nabla \cdot B = 0 \\[2mm] \nabla \times E + \dfrac{\partial B}{\partial t} = 0 \\[2mm] \nabla \cdot D = 0 \\[2mm] \nabla \times H - \dfrac{\partial D}{\partial t} = 0 \end{array}\right\} \qquad (2-51)$$

进一步推导得到关于电场强度 E 的方程,如下所示:

$$\mu_0 \varepsilon \frac{\partial^2 E}{\partial t^2} - \nabla^2 E - \nabla \left[E \cdot \nabla \ln(\varepsilon + \Delta\varepsilon) \right] + \mu_0 \frac{\partial^2 (\Delta\varepsilon E)}{\partial t^2} = 0 \qquad (2-52)$$

上面方程的前两项描述的是常规相干传输过程。理论上,第三项和第四项为空间和时间相关的振动 $\Delta\varepsilon$ 引起的随机自发散射项。为了进一步简化物理过程,假设 $\Delta\varepsilon$ 是时间独立的(即仅考虑瑞利散射的情况),从而可以对偏微分作替换(假设入射光场中 E 的时间变量的复数形式为 $e^{-i\omega t}$):

$$\frac{\partial}{\partial t} \longrightarrow i\omega \qquad (2-53)$$

于是麦克斯韦方程可进一步简化为

$$\nabla^2 E + \nabla \left[E \cdot \nabla \ln(\varepsilon + \Delta\varepsilon) \right] + \mu_0 \varepsilon \omega^2 \left(1 + \frac{\Delta\varepsilon}{\varepsilon} \right) E = 0 \qquad (2-54)$$

根据所研究的材料特性,还可以针对不同条件推导出各种适合的形式。对于

本章所提的光纤,我们可以忽略光纤轴向的响应,仅考虑径向 z 的响应。此外,通过横波近似(即忽略电场 E 在传播方向的分量),我们可得到看似简单的微分方程(即一维平面波近似):

$$\frac{\partial^2 E}{\partial z^2} + \mu_0 \varepsilon \omega^2 \left[1 + \frac{\Delta\varepsilon(z)}{\varepsilon} \right] E = 0 \tag{2-55}$$

上面的方程可以看做如下标量微分方程:

$$\frac{\partial^2 E}{\partial z^2} + \beta^2 \left[1 + \frac{\Delta\varepsilon(z)}{\varepsilon} \right] E = 0 \tag{2-56}$$

其中,$\beta = \omega\sqrt{\mu_0 \varepsilon}$ 是传播常数。于是得到由前向和背向传播的波组成的解[5]:

$$E = E_0 \mathrm{e}^{\mathrm{i}\beta z} + \psi(z, \beta) \mathrm{e}^{-\mathrm{i}\beta z} \tag{2-57}$$

背向瑞利散射光的微分方程可写为

$$\frac{\partial^2 \psi}{\partial z^2} - 2\mathrm{i}\beta \frac{\partial \psi}{\partial z} + \beta^2 \frac{\Delta\varepsilon(z)}{\varepsilon} E_0 \mathrm{e}^{2\mathrm{i}\beta z} + \beta^2 \frac{\Delta\varepsilon(z)}{\varepsilon} \psi = 0 \tag{2-58}$$

考虑到瑞利散射很微弱(即 $|\psi| \ll E_0$),忽略二阶微分项和最后一项,我们可以得到由于介电常数的空间随机波动引起的背向瑞利散射光的近似解:

$$\psi(z, \beta) - \psi(0, \beta) \approx \frac{\beta E_0}{2\mathrm{i}} \int_0^z \frac{\Delta\varepsilon(\zeta)}{\varepsilon} \mathrm{e}^{2\mathrm{i}\beta\zeta} \mathrm{d}\zeta \tag{2-59}$$

多数情况下探测到的信号 $\psi(0, \beta)$ 与端面反射振幅 $\psi(z=L, \beta)$ 相关。所以,背向瑞利散射信号是介电常数随机波动的一种傅里叶变换形式。脉冲形式以及其他变化形式如光频域反射(OFDR),将在本书的其他章节作详述。需要注意的是,通过对上述表达式作替换 $\beta \rightarrow \beta + \mathrm{i}\alpha$,就可很容易得到光纤损耗系数 α。瑞利散射在光纤传感方面的应用较广泛,它不仅可以用于局部温度或应力的传感,还可以用于声子的振动传感。对各种参数传感的具体实现原理将在其他章节讨论。

在结束本节之前,值得一提的是,虽然我们强调了瑞利散射是一种频率不改变的散射,即弹性散射,但像粉尘粒子这样的更大的散射中心也会产生频率不改变的散射。这个散射过程被称为米氏(Mie)散射,它的散射强度由散射粒子的尺寸和相对于散射介质的折射率决定。虽然米氏散射可以用来探测散射粒子的尺寸,但它不能像光纤中的瑞利散射那样用来传感温度。下一节将讨论光纤中的另一温度传感机制,称为拉曼散射。

2.5　自发拉曼散射

为了更好地理解自发拉曼散射机制,我们需要借助量子力学理论。首先仔细观察不同物质状态下散射光的典型散射谱[8]。

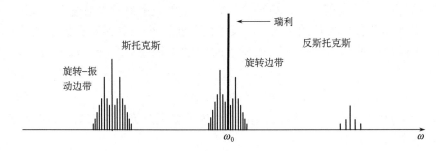

图 2-4　高分辨率气体自发散射谱示意图

　　图 2-4 显示了典型的高分辨率气体自发散射谱。在气态下,分子处于自由状态,每个分子都可以自由旋转和振动,因此在瑞利谱线附近紧密排列着由于分子旋转产生的谱线。因为振动能量比旋转能量高很多,若将瑞利谱线滤除,我们可以观察到旋转-振动边带。每个分子都有其独特的谱线分布。在分析化学中,这类气体拉曼散射谱被用于各种化学成分的鉴别。很显然,高频谱分辨率对化学分析极为重要,可见拉曼散射技术在化学和制药工业中有很好的应用前景。我们在液体的散射谱中得不到由分子旋转产生的清晰谱线,这是因为在液体中,分子的排列更加紧密。虽然在理论上分子仍可以向任意方向旋转,但是这种旋转远不及在气体状态时来得容易。相邻分子的旋转谱互相影响,并且由旋转引起的谱线相互混叠,如图 2-5 所示。在这种条件下,再高的分辨率也不能清晰地分辨出谱线,因为分子的自由旋转很大程度上被抑制住了。因此,在液体状态下仅能观察到本征的振动源谱带。

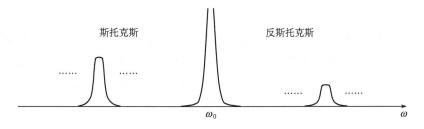

图 2-5　液态散射谱的斯托克斯和反斯托克斯振动谱带

　　在固态物质中,如本书提到的分子晶体和玻璃纤维,所观测到的散射谱由分子内部振动产生的较高的能量转移以及分子间运动产生的较低的能量转移组成,这与分子的转动和平移是对应的。分子间的运动产生一种称为布里渊散射的新散射现象,我们将在下面的章节讨论。固态物质的典型散射谱已由图 2-1 给出。

　　现在开始讨论拉曼散射的原理。与前面类似,我们先从量子力学的经典描述开始,然后再对其进行修正。经典理论认为,分子的光散射可以描述为光波诱导产生电极矩 p 和动态电场 E 的结果。假设单色平面波 E 入射到分子上,诱导产生的总的分子极化场可以写为一系列依赖于时间的电极矩矢量 $p^{(1)}$,$p^{(2)}$,$p^{(3)}$,$\cdots$ 的叠加:

$$p = p^{(1)} + p^{(2)} + p^{(3)} + \cdots \tag{2-60}$$

其中,$p^{(1)} \gg p^{(2)} \gg p^{(3)} \gg \cdots$,并且这是一个快速收敛的序列。它们与入射电场 E 的关系如下所示:

$$\left.\begin{array}{l} p^{(1)} = \varepsilon_0 \chi^{(1)} \cdot E \\ p^{(2)} = \varepsilon_0 \chi^{(2)} : EE \\ p^{(3)} = \varepsilon_0 \chi^{(3)} \vdots EEE \end{array}\right\} \tag{2-61}$$

其中,$\chi^{(1)}$ 为极化张量(二阶);$\chi^{(2)}$ 为超极化张量(三阶);$\chi^{(3)}$ 为二次超极化张量(四阶)。由前面提到的微观世界的量子属性可知,这些张量都是时间相关的。首先,我们来观察极化张量 $\chi^{(1)}$ 的时间相关特性。根据分子固有的振荡模式 ω_M,$\chi^{(1)}$ 可以作如下展开:

$$\chi^{(1)}(t) = \chi^{(1)}_{Ray} + \sum_M \chi^{(1)}_M \cos\omega_M t \tag{2-62}$$

假设入射电场 E 的角频率为 ω_i,有

$$E(t) = E_0 \cos\omega_i t \tag{2-63}$$

我们可以得到电偶极矩矢量为

$$p^{(1)} = \varepsilon_0 \chi^{(1)}_{Ray} \cdot E_0 \cos\omega_i t + \frac{1}{2} \sum_M \chi^{(1)}_M \cdot E_0 [\cos(\omega_i + \omega_M)t + \cos(\omega_i - \omega_M)t]$$

$$\tag{2-64}$$

由电偶极矩与时间的关系式可以看出它包含三个角频率,ω_i、$\omega_i \pm \omega_M$。与入射电场角频率相同的 ω_i 对应瑞利散射谱线,$\omega_i - \omega_M$ 对应斯托克斯谱线,$\omega_i + \omega_M$ 对应反斯托克斯谱线。对超极化张量 $p^{(2)}$ 也可以作相同的推导,推导的最终结果包含以下几个频率分量:0、$2\omega_i$、$2\omega_i \pm \omega_M$。$2\omega_i$ 称为超瑞利谱线(或二次谐波效应),$2\omega_i - \omega_M$ 为超斯托克斯谱线,$2\omega_i + \omega_M$ 为超反斯托克斯谱线。剩下的 0 频率分量对应的是一个恒定极化率,与内部电场恒定位移矢量有关,该现象称为光整流。若对二次超极化张量 $p^{(3)}$ 进行分析,我们还可以得到三次谐波效应 $3\omega_i$(也称为二次超瑞利谱线),二次超斯托克斯谱线 $3\omega_i - \omega_M$,以及二次超反斯托克斯谱线 $3\omega_i + \omega_M$。综上所述,在角频率轴上,我们观察到斯托克斯谱线和反斯托克斯谱线在瑞利谱线左右两端对称分布。对气态分子而言,这种频率分布是固定的。另外,当分子处于液态或固态时,这种频率分布特性还会受到周围环境的影响。拉曼散射之所以可以用来对温度和压力等参量进行传感,就是因为拉曼散射会受到分子周围环境的影响。

在光纤传感应用中,其中一个广泛的应用是基于自发拉曼散射的全分布式温度传感。而在压力传感方面,拉曼散射大多用于高压物理学。

现在我们从量子力学角度对上述过程进行分析。当所施加的外部电场 E 不是特别强时(例如远小于原子核产生的本地电场的情况),我们可以将外部电场看做扰动。于是,得到扰动哈密顿算子:

$$H' = -p \cdot E \tag{2-65}$$

其中, $p = \sum_j q_j x_j$ 是分子电偶极矩。扰动哈密顿函数修正后分子波函数如下:

$$\psi = \psi^{(0)} + \psi^{(1)} + \psi^{(2)} + \psi^{(3)} + \cdots \tag{2-66}$$

其中, $\psi^{(0)}$ 为无扰动的波函数; $\psi^{(1)}$ 为一阶扰动,它与 H' 呈线性关系; $\psi^{(2)}$ 是二阶扰动,它取决于 H' 的平方; $\psi^{(3)}$ 是三阶扰动,它取决于 H' 的立方,以此类推。根据量子力学理论,可以估算出在初始状态 ψ_i 和最终状态 ψ_j 之间跃迁的平均电偶极矩:

$$\begin{aligned}
\langle p \rangle_{ij} &= \langle \psi_i \mid p \mid \psi_j \rangle \\
&= \langle \psi_i^{(0)} \mid p \mid \psi_j^{(0)} \rangle + \langle \psi_i^{(0)} \mid p \mid \psi_j^{(1)} \rangle + \langle \psi_i^{(1)} \mid p \mid \psi_j^{(0)} \rangle + \langle \psi_i^{(1)} \mid p \mid \psi_j^{(1)} \rangle \\
&\quad + \langle \psi_i^{(0)} \mid p \mid \psi_j^{(2)} \rangle + \langle \psi_i^{(2)} \mid p \mid \psi_j^{(0)} \rangle + \langle \psi_i^{(0)} \mid p \mid \psi_j^{(3)} \rangle \\
&\quad + \langle \psi_i^{(3)} \mid p \mid \psi_j^{(0)} \rangle + \langle \psi_i^{(1)} \mid p \mid \psi_j^{(2)} \rangle + \langle \psi_i^{(2)} \mid p \mid \psi_j^{(1)} \rangle \\
&\quad + \cdots
\end{aligned} \tag{2-67}$$

从形式上看,第一项与电场强度 E 无关,第二项和第三项都与电场强度 E 呈线性关系,第四、五、六项都取决于 EE,以此类推。因此,分子极化场的展开式有一个固定的量子力学解。

对于了解原子谱的人来说,初看上去拉曼谱可能有一点"奇怪"。在原子谱分析中,必须有"特定"频率的入射光才能激发原子系统的共振跃迁。然而在拉曼谱中,对入射频率没有特别的要求。虽然拉曼散射对入射光没有严格的选频要求,但是入射光频率会影响拉曼谱线的强度。如果入射光频率与分子固有共振频率相同,它所对应的拉曼散射强度将大大增强。从量子力学中电子云的角度看,我们可以想象有一个外部电场使电子云结构发生改变,入射的一个光子被电子云吸收,使得分子暂时处于一个"虚拟状态"(它的持续时间非常短),然后这个受激的电子云立刻辐射一个斯托克斯光子或反斯托克斯光子使得其回到它的一个低能级状态。我们在图 2-6 中采用了量子力学中常用的能级图来描述这个过程。"虚拟状态"并不是分子的本征状态,它是与角频率为 ω_i 的光子并存的一种集体相干结构的新形态。我们很难构造出一个理想的"虚拟状态",可见拉曼散射的量子效率非常低。直到激光器问世以后,拉曼散射才变成一种被广泛使用的分析工具。若要观察到超拉曼过程如超斯托克斯或超反斯托克斯谱线需要更高能量的激光。目前为止,我们讨论的拉曼散射本质上是一个独立的分子内部物理过程,所以它的谱线特征反映了分子特性。通过上述方法，我们很难将拉曼信号与应变信息联系起来。只有在特别高的压力条件下，相邻的分子振动才会互相影响，因此拉曼散射可以用于高压力传感。除此之外，自发拉曼散射大多用于温度传感。我们接下来将讨论拉曼散射的温度传感原理。

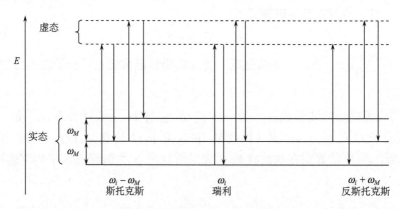

图 2-6　自发瑞利、斯托克斯、反斯托克斯过程的能级示意图

　　为了作定量描述，我们回到经典的电磁波理论所得出的著名的电偶极子辐射结果[7]。设真空中原点处有一个振荡的电偶极子，它的极化密度为 $p\delta(r)\mathrm{e}^{-i\omega t}$，则在辐射区内，即 $r\gg\lambda$ 时，可以得到如下电磁场：

$$\left.\begin{aligned} H(r,t) &= \frac{ck^2}{4\pi r}(\hat{r}\times p)\mathrm{e}^{i(kr-\omega t)}\\ E(r,t) &= \sqrt{\frac{\mu_0}{\varepsilon_0}}H(r,t)\times\hat{r} \end{aligned}\right\} \tag{2-68}$$

其中，$k=\dfrac{\omega}{c}=\dfrac{2\pi}{\lambda}$；$\hat{r}$ 为辐射方向的单位矢量。振荡电偶极子每单位立体角的平均辐射功率为

$$\frac{\mathrm{d}P}{\mathrm{d}\Omega} = \frac{1}{2}\mathrm{Re}[r^2\hat{r}\cdot(E\times H^*)] = \frac{c^2}{32\pi^2}\sqrt{\frac{\mu_0}{\varepsilon_0}}k^4|(\hat{r}\times p)\times\hat{r}|^2 \tag{2-69}$$

上述结果有两个重要的特点：①振荡电偶极子的总辐射功率与波长的四次方倒数 $1/\lambda^4$ 成比例。这就是晴朗的天空呈现蓝色的物理原因。②总的辐射功率正比于电偶极子振幅的平方，即 $|p|^2$。

　　再来回顾一下量子力学以及统计力学的一些结论。首先，振荡频率为 ω_M 的量子力学谐振子具有量子化的能级：

$$E_n = (n+\frac{1}{2})\hbar\omega_M, \quad n = 0,1,2,\cdots \tag{2-70}$$

根据统计力学的理论,如果该量子谐振子处于温度为 T 的环境中,则它处在能级 E_n 的概率 P_n 为

$$P_n = \frac{\exp\left[-\dfrac{(n+\dfrac{1}{2})\hbar\omega_M}{k_B T}\right]}{\displaystyle\sum_{n'=0}^{\infty}\exp\left[-\dfrac{(n'+\dfrac{1}{2})\hbar\omega_M}{k_B T}\right]} \tag{2-71}$$

其中,k_B 为玻尔兹曼常数;$\hbar = h/2\pi$,h 为普朗克常数。此外,根据量子力学原理,电偶极子能级 $E_n \rightarrow E_{n+1}$ 的跃迁能量与量子数 n 呈正比,即 $|p|_{n,n+1} \propto \sqrt{n+1}$。由此,我们可以从 N 个处于温度 T 下的相同谐振子中估算出如下与斯托克斯谱线能量直接相关的因子:

$$N\sum_{n=0}^{\infty}(\sqrt{n+1})^2 P_n = \frac{N}{1-\exp\left(-\dfrac{\hbar\omega_M}{k_B T}\right)} \tag{2-72}$$

与此相反,从能级 $E_{n+1} \rightarrow E_n$ 迁移的电偶极子强度有如下比例关系:$|p|_{n+1,n} \propto \sqrt{n}$。类似地,可以计算 N 个相同谐振子系统的反斯托克斯谱线强度因子:

$$N\sum_{n=0}^{\infty}(\sqrt{n})^2 P_n = \frac{N}{\exp\left(\dfrac{\hbar\omega_M}{k_B T}\right)-1} \tag{2-73}$$

其中,ω_M 由感生电偶极辐射决定。

结合上一段的所有结论,我们可以从相同的量子力学谐振子 ω_M 组获得拉曼斯托克斯谱线 λ_S 的强度:

$$I_S = I_0\left(\frac{l}{\lambda_S}\right)^4 \frac{1}{1-\exp\left(-\dfrac{\hbar\omega_M}{k_B T}\right)} \tag{2-74}$$

其中,l 为长度;I_0 为其正比于入射光强度的强度。与此对应的拉曼反斯托克斯谱线 λ_{AS} 的强度为

$$I_{AS} = I_0\left(\frac{l}{\lambda_{AS}}\right)^4 \frac{1}{\exp\left(\dfrac{\hbar\omega_M}{k_B T}\right)-1} \tag{2-75}$$

然后,可以推导出自发拉曼温度传感器原理的基本公式:

$$\frac{I_{AS}}{I_S} = \left(\frac{\lambda_S}{\lambda_{AS}}\right)^4 \exp\left(-\frac{\hbar\omega_M}{k_B T}\right) \tag{2-76}$$

需要强调的是,上式的推导均基于如下假设:系统中分子是相互独立的,且它们之间的相互作用由统计热参数 T 表征。得到了基本的全分布式自发拉曼散射

温度传感公式,我们需要讨论斯托克斯波 λ_S 和反斯托克斯波 λ_{AS} 在光纤中由衰减系数差异带来的问题。因为两个波长差可能大于 100nm,光纤在两个波段上的衰减系数也不同。在大多数实际应用中,由于光纤状态的改变,斯托克斯和反斯托克斯波段的光纤衰减系数不能预知。因此,对光纤斯托克斯和反斯托克斯波段衰减系数不准确的预置会造成温度测量的误差。本书将介绍三种自动纠错的方法。在全分布式自发拉曼散射光纤温度传感器中,我们需要高强度的光脉冲激发被测斯托克斯和反斯托克斯信号。反射的斯托克斯和反斯托克斯光会经过相同的光纤长度,但是它们的损耗不同。若简单地用它们的强度比来计算温度,而公式中的斯托克斯和反斯托克斯衰减系数用预置的值替代则有可能引入误差。

图 2-7　双端拉曼散射原理图

图 2-7 显示了利用双端拉曼散射的方法自动修正由光纤衰减系数的波长相关特性引起的误差。定义函数 $f(\lambda,z)$ 为波长为 λ 的光经过长度为 z 的光纤的强度衰减:

$$f(\lambda,z) = \exp\left[-\int_0^z \alpha(\lambda,\xi)\mathrm{d}\xi\right] \tag{2-77}$$

其中,$\alpha(\lambda,\xi)$ 为在光纤位置 ξ 处波长为 λ 的光的本地衰减函数。假设入射的激光波长为 λ,在同一位置 z 处其散射的拉曼斯托克斯波长和反斯托克斯波长分别为 λ_S 和 λ_{AS},在位置 $z=0$ 处探测它们的散射信号。假设我们观察到的拉曼散射的振动角频率为 ω_M,则在位置 z 处探测到的拉曼反斯托克斯和斯托克斯谱线的强度比可表示为

$$R(z,T) = \frac{I_{AS}(z)_{\mathrm{detected\,reflection}}}{I_S(z)_{\mathrm{detected\,reflection}}} = \frac{f(\lambda,z)f(\lambda_{AS},z)}{f(\lambda,z)f(\lambda_S,z)}\left(\frac{\lambda_S}{\lambda_{AS}}\right)^4 \exp\left[-\frac{\hbar\omega_M}{k_B T(z)}\right]$$

$$\tag{2-78}$$

很显然,在 $\frac{f(\lambda_{AS},z)}{f(\lambda_S,z)}$ 未知的情况下,不能直接用上式来计算温度 $T(z)$。然而我们注意到,在分子和分母中都出现了相同的因子 $f(\lambda,z)$,这说明激光场在到达位置 z 处产生拉曼斯托克斯和反斯托克斯信号的同时也经历了衰减过程。双端测量方法提出使用相同的激光器在光纤另外一端 $z=L$ 处输入探测光并测量拉曼散射信号[4],得到相似的散射信号强度比,如下所示:

$$\widetilde{R}(z,T) = \frac{I_{AS}(L-z)_{detectedreflection}}{I_S(L-z)_{detectedreflection}} = \frac{f(\lambda,L-z)f(\lambda_{AS},L-z)}{f(\lambda,L-z)f(\lambda_S,L-z)}\left(\frac{\lambda_S}{\lambda_{AS}}\right)^4 \exp\left[-\frac{\hbar\omega_M}{k_B T(z)}\right]$$

$$(2\text{-}79)$$

双端拉曼散射是在同一位置 z 处得到两端测量信号的几何平均：

$$R^{DE}(z,T) = \sqrt{R(z,T)\widetilde{R}(z,T)} = \left(\frac{\lambda_S}{\lambda_{AS}}\right)^4 \exp\left[-\frac{\hbar\omega_M}{k_B T(z)}\right]\sqrt{\frac{f(\lambda_{AS},z)f(\lambda_{AS},L-z)}{f(\lambda_S,z)f(\lambda_S,L-z)}}$$

$$(2\text{-}80)$$

我们可以看到，平方根里面的项几乎为一常数，这是因为它表达的是整条光纤参数的比值，即

$$\sqrt{\frac{f(\lambda_{AS},z)f(\lambda_{AS},L-z)}{f(\lambda_S,z)f(\lambda_S,L-z)}} \equiv \frac{f(\lambda_{AS},L)}{f(\lambda_S,L)} \qquad (2\text{-}81)$$

通过这种方法我们可以校正光纤中任何位置 ξ 处的温度 ϑ，同时得到一个参考比值：

$$R^{DE}(\xi,\vartheta) = \left(\frac{\lambda_S}{\lambda_{AS}}\right)^4 \exp\left(-\frac{\hbar\omega_M}{k_B\vartheta}\right)\sqrt{\frac{f(\lambda_{AS},\xi)f(\lambda_{AS},L-\xi)}{f(\lambda_S,\xi)f(\lambda_S,L-\xi)}} \equiv R^{DE}(\vartheta) \quad (2\text{-}82)$$

于是，就可以求解得到在位置 z 处的温度：

$$T(z) = \left[\frac{1}{\vartheta} - \frac{k_B}{\hbar\omega_M}\ln\frac{R^{DE}(z,T)}{R^{DE}(\vartheta)}\right]^{-1} \qquad (2\text{-}83)$$

　　双端方法能从本质上消除前面所提到的斯托克斯和反斯托克斯信号由于光纤衰减系数的差异而导致的误差。值得一提的是，由于光纤状态不同，在整条光纤上获得的比值 $\frac{f(\lambda_{AS},L)}{f(\lambda_S,L)}$ 也会存在些许差异。因为上述双端方法需要一个参考温度 ϑ，当整体比值也随光纤状态变化而改变时，采用该方法获得的结果也不准确。然而，在大多数温度测量范围内，这个比值几乎是恒定的。双端方法的缺点是必须同时在光纤两端都接入激光器，这会导致光纤传感的有效长度减半。

　　另一种可以校正斯托克斯和反斯托克斯信号在光纤中衰减系数差引起的误差的方法称为双光源方法[10]。图 2-8 显示了两个光源之间的关系。从图中可以看出，如果把波长为 λ_1 的光源称为初始光源，通过常规的分子振动模式 ω_M，它产生波长为 λ_{1S} 的拉曼斯托克斯谱线和波长为 λ_{1AS} 的反斯托克斯谱线。双光源的思想是选择一个波长为 λ_2 的次光源，使其波长 λ_2 与初始光源的斯托克斯光波长相等，即 $\lambda_2 = \lambda_{1S}$。这样，次光源的反斯托克斯谱线 λ_{2AS} 通过相同的分子振动模式 ω_M 与初始光源波长相同，即 $\lambda_{2AS} = \lambda_1$。

　　假设初始光源和次光源从光纤入射端输入的强度分别为 I_{01} 和 I_{02}。我们在被测点位置 z 处，首先需要测量初始光源的斯托克斯光强度，所测到的拉曼散射信号

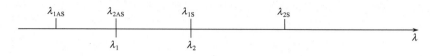

图 2-8 双光源法波长关系示意图

强度如下：

$$I_{1S}(z) = I_{01} f(\lambda_1, z) f(\lambda_{1S}, z) \left(\frac{l}{\lambda_{1S}}\right)^4 \frac{1}{1 - \exp\left[-\dfrac{\hbar\omega_M}{k_B T(z)}\right]} \qquad (2\text{-}84)$$

然后，测量次光源在 z 位置处的反斯托克斯反射强度，其值为

$$I_{2AS}(z) = I_{02} f(\lambda_2, z) f(\lambda_{2AS}, z) \left(\frac{l}{\lambda_{2AS}}\right)^4 \frac{1}{\exp\left[\dfrac{\hbar\omega_M}{k_B T(z)}\right] - 1} \qquad (2\text{-}85)$$

由于都是经历同样的分子振动模式 ω_M，现在可以计算第二光源产生的反斯托克斯线和第一光源产生的斯托克斯光强的比值：

$$R^{DL}(z) = \frac{I_{2AS}(z)}{I_{1S}(z)} = \frac{I_{02} f(\lambda_2, z) f(\lambda_{2AS}, z)}{I_{01} f(\lambda_1, z) f(\lambda_{1S}, z)} \left(\frac{\lambda_{1S}}{\lambda_{2AS}}\right)^4 \exp\left[-\frac{\hbar\omega_M}{k_B T(z)}\right] \qquad (2\text{-}86)$$

由于 $\lambda_1 = \lambda_{2AS}$，$\lambda_2 = \lambda_{1S}$，相关的衰减函数可以互相抵消，即

$$R^{DL}(z) = \frac{I_{2AS}(z)}{I_{1S}(z)} = \frac{I_{02}}{I_{01}} \left(\frac{\lambda_2}{\lambda_1}\right)^4 \exp\left[-\frac{\hbar\omega_M}{k_B T(z)}\right] \qquad (2\text{-}87)$$

很明显，采用上述的双光源方法，通过对已知温度 ϑ 进行校正，可以得到一个参考比值：

$$R^{DL}(\vartheta) = \frac{I_{2AS}}{I_{1S}} = \frac{I_{02}}{I_{01}} \left(\frac{\lambda_2}{\lambda_1}\right)^4 \exp\left[-\frac{\hbar\omega_M}{k_B \vartheta}\right] \qquad (2\text{-}88)$$

经过校正后，得到如下的温度表达式：

$$T(z) = \left[\frac{1}{\vartheta} - \frac{k_B}{\hbar\omega_M} \ln \frac{R^{DL}(z)}{R^{DL}(\vartheta)}\right]^{-1} \qquad (2\text{-}89)$$

与双端法相比，双光源法在原理上适应范围更广，因为它通过巧妙搭配初始光源和次光源的波长使得衰减因子可以完全相消。该方法唯一的不足之处在于对两个光源的稳定性有很高要求，这在实际应用中势必会造成成本增加。但在高精度测量场合，若使用高稳定性的光源，采用双光源法的传感器性能更好。

我们可以看到，双端法和双光源法都需要测量斯托克斯和反斯托克斯谱线。我们下面要讨论的端面反射法[6]只需要一个光源，而且仅对斯托克斯光或反斯托克斯光进行探测。

现在分析只测量斯托克斯光的情况。该方法主要是对两路信号的探测：一是

被测点处反射的拉曼信号 I_{NS}；二是端面反射光引入的拉曼反射在光纤末端面的反射 I_{RS}。从图 2-9 中,可以直观地看到采用单光源的端面反射方法的原理。我们发现从时域上,可以很容易将信号 I_{NS} 和 I_{RS} 分离,因为它们在时间上不重叠。更具体地说,就是信号 I_{NS} 的时延范围为 $0 \leqslant t \leqslant 2Ln/c$,而端面反射拉曼信号 I_{RS} 的时延范围为 $2Ln/c \leqslant t \leqslant 4Ln/c$。

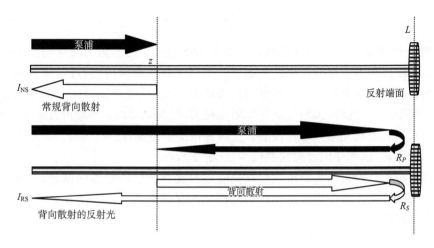

图 2-9　端面反射喇曼散射法示意图

假设波长为 λ 的泵浦光入射强度为 I_0,光纤末端端面对泵浦光的反射系数为 R_P,在位置 z 处拉曼斯托克斯散射(λ_S)强度为

$$I_{NS}(z) = I_0 f(\lambda, z) f(\lambda_S, z) \left(\frac{l}{\lambda_S}\right)^4 \frac{1}{1 - \exp\left[-\dfrac{\hbar\omega_M}{k_B T(z)}\right]} \tag{2-90}$$

对应的光纤末端反射的斯托克斯光在位置 z 处的强度为

$$I_{RS}(z) = I_0 R_P R_S f(\lambda, 2L - z) f(\lambda_S, 2L - z) \left(\frac{l}{\lambda_S}\right)^4 \frac{1}{1 - \exp\left[-\dfrac{\hbar\omega_M}{k_B T(z)}\right]}$$

$$\tag{2-91}$$

我们对这两个反射斯托克斯光能量作几何平均：

$$\bar{I}_S(z) = \sqrt{I_{NS}(z) I_{RS}(z)} = I_0 \sqrt{R_P R_S f(\lambda, 2L) f(\lambda_S, 2L)} \left(\frac{l}{\lambda_S}\right)^4 \frac{1}{1 - \exp\left[-\dfrac{\hbar\omega_M}{k_B T(z)}\right]}$$

$$\tag{2-92}$$

在上述表达式中,我们看到根号内的函数为整段光纤的参数,与双端法一样,我们假设它们与光纤状态无关。由此,我们需要对温度 ϑ 对应的发光强度进行如下初始化：

$$\overline{I}_{S\vartheta}(z) = I_0 \sqrt{R_P R_S f(\lambda, 2L) f(\lambda_S, 2L)} \left(\frac{l}{\lambda_S}\right)^4 \frac{1}{1 - \exp\left(-\dfrac{\hbar\omega_M}{k_B\vartheta}\right)} \qquad (2\text{-}93)$$

则温度 T 可以通过下式获得

$$T(z) = \frac{k_B}{\hbar\omega_M} \ln\left[1 - \frac{\overline{I}_{S\vartheta}}{\overline{I}_S(z)} + \frac{\overline{I}_{S\vartheta}}{\overline{I}_S(z)} \exp\left(-\frac{\hbar\omega_M}{k_B\vartheta}\right)\right]^{-1} \qquad (2\text{-}94)$$

在该方法中，我们仅用了斯托克斯光来获取温度信息。这是因为通常情况下斯托克斯光强度要远大于反斯托克斯光强度。与双光源法类似，我们可以很容易通过分析斯托克斯和反斯托克斯光推导出相似的公式（也需要对反斯托克斯和斯托克斯作几何平均）。此外，虽然反斯托克斯光较弱，但是也可以采用端面反射法，通过只探测反斯托克斯光能量进行传感。这两种情况留给读者进行分析。与双端法和双光源法相比，这种端面反射法的信噪比（SNR）较低。

我们在本节分析了全分布式自发拉曼散射光纤温度传感器的原理，并给出了三种自动校正斯托克斯和反斯托克斯光损耗差异的方法。在下一节中，我们将讨论布里渊散射。

2.6　自发布里渊散射

布里渊散射很大程度上与液体或固体物质的声子共振有关。从微观的角度来看，液体或固体物质中的分子间相互作用使得分子间距趋于一个固定值。当分子间距脱离某个稳定的距离时，就会发生能量的变化。这种平衡分子间距的微观现象产生了一种新的集体运动。想象一下，当一个分子与其相邻分子的间距小于稳定间距时，它会被推向稳定间距的位置上。然而当它到达该位置处时，它不是立即静止而是冲过了这个间距，当它超过一定距离时，它又会被引力拉向稳定位置。然而它还是不会静止，而是朝小于平衡距离的方向运动，如此反复下去。这种循环产生了一种称为声学声子的集体运动。为了描述上述过程，我们需要借助宏观参量，如密度、物质的压力和温度。我们前面提到过，这些参量都是与宏观麦克斯韦方程有关的宏观热力学量。通过宏观麦克斯韦方程的一步步推导，我们知道材料的极化率与材料密度成正比。而且，当局部密度 ρ 发生改变时，局部的压力也会随之发生变化。以下压力波动的方程包含了前面讨论过的声波：

$$\frac{\partial^2 \Delta \tilde{p}}{\partial t^2} - \Gamma' \, \nabla^2 \frac{\partial \Delta \tilde{p}}{\partial t} - v^2 \, \nabla^2 \Delta \tilde{p} = 0 \qquad (2\text{-}95)$$

其中，Γ' 为与物质局部黏度相关的阻尼参数[3]；$\Delta \tilde{p}$ 为局部压力变量；v 为声速。为了理解声波的特性，需要得到如下一阶传输方程的一个简单解：

$$\Delta\tilde{p} = \Delta p \mathrm{e}^{\mathrm{i}(qz-\Omega t)} + c.c. \tag{2-96}$$

其中,$c.c.$ 为复共轭。我们得到如下传输常数 q 和角频率 Ω 的关系式：

$$-\Omega^2 - \mathrm{i}\Gamma' q^2 \Omega + v^2 q^2 = 0 \tag{2-97}$$

它的解为

$$q^2 = \frac{\Omega^2}{v^2 - \mathrm{i}\Gamma'\Omega} \approx \left(\frac{\Omega}{v}\right)^2 \left(1 + \mathrm{i}\frac{\Omega\Gamma'}{v^2}\right) \tag{2-98}$$

　　该结果说明了声波具有一个复数传播常数 q，该常数的物理意义就是衰减量。由能量守恒可知，这个衰减量仅反映了能量的转移过程。光波与系统中的其他模式耦合并产生了另外形式的能量，因此在短时间内，我们发现任何已知的宏观共振（声波只是一个例子）在它传输时都会有能量损耗。然而，在宏观意义上，即使一个已知的共振模式不具有任何能量，它也会从其他与之相关的渠道上获得少许能量。这个看似难懂的定理就是常说的热起伏。由此我们知道，一个系统中的任意模式在热噪声范围内都有非零的能量。在量子力学中，这个现象更加普遍。这种噪声起伏就是自发布里渊散射过程的源。为了量化自发布里渊散射过程，我们假设如下随声波改变的极化率变化形式：

$$\Delta\varepsilon(r,t) = \Delta\bar{\varepsilon}\mathrm{e}^{\mathrm{i}(q\cdot r - \Omega t)} + c.c. \tag{2-99}$$

而且有一个如下所示的平面电磁波：

$$E(r,t) = E_0 \mathrm{e}^{\mathrm{i}(k\cdot r - \omega t)} + c.c. \tag{2-100}$$

然后我们得到相应的偏振变化：

$$\Delta P(r,t) = \Delta\varepsilon(r,t)E(r,t) = \underbrace{\Delta\bar{\varepsilon}E_0 \mathrm{e}^{\mathrm{i}[(k+q)\cdot r - (\omega+\Omega)t]} + c.c.}_{\text{反斯托克斯}} + \underbrace{\Delta\bar{\varepsilon}E_0 \mathrm{e}^{\mathrm{i}[(k-q)\cdot r - (\omega-\Omega)t]} + c.c.}_{\text{斯托克斯}}$$

$$\tag{2-101}$$

　　由此可知，由于声波和入射光的相互作用，我们可以得到一些新的电磁波：反斯托克斯波（上式中的第一项）和斯托克斯波（上式中的第二项）。对于反斯托克斯波，我们有如下动量和角频率关系式：

$$\left.\begin{array}{l} k' = k + q \\ \omega' = \omega + \Omega \end{array}\right\} \tag{2-102}$$

对应的斯托克斯波也有如下关系式：

$$\left.\begin{array}{l} k' = k - q \\ \omega' = \omega - \Omega \end{array}\right\} \tag{2-103}$$

传输常数和角频率之间的光波色散关系用折射率表示：

$$\left.\begin{aligned} |k| &= n(\omega)\frac{\omega}{c} \\ |k'| &= n(\omega')\frac{\omega'}{c} \end{aligned}\right\} \tag{2-104}$$

而声波的色散为

$$|q| = \frac{\Omega}{v} \tag{2-105}$$

为了更好地理解,我们考虑到实际情况下 $\Omega \ll \omega, \Omega \ll \omega'$,因此,斯托克斯和反斯托克斯散射波能量交换非常少。如果仅考虑光纤中的布里渊散射(一维情况下),那么 k' 和 k 符号相反。假设声波沿 z 轴正向传播,在反斯托克斯区域我们得到如下动量守恒方程:

$$n(\omega')\frac{\omega'}{c} = -n(\omega)\frac{\omega}{c} + \frac{\Omega}{v} = n(\omega+\Omega)\frac{\omega+\Omega}{c}$$

$$\approx n(\omega)\frac{\omega}{c} + \frac{\Omega}{c}\frac{\mathrm{d}[n(\omega)\omega]}{\mathrm{d}\omega} \approx n(\omega)\frac{\omega}{c} + \frac{\Omega}{c}n_g(\omega) \tag{2-106}$$

其中,$n_g(\omega)$ 为群折射率。则布里渊角频率为

$$\Omega \approx \frac{2n(\omega)\omega}{\dfrac{c}{v} - n_g(\omega)} \approx 2n(\omega)\omega\frac{v}{c} + 2n(\omega)n_g(\omega)\omega\left(\frac{v}{c}\right)^2$$

$$= 2\pi\frac{2n(\omega)v}{\lambda} + 2\pi\frac{2n(\omega)v}{\lambda}n_g(\omega)\frac{v}{c} \tag{2-107}$$

我们发现反斯托克斯的布里渊角频率与声速 v 成正比,与波长 λ 以及局部折射率在 $\frac{v}{c}$ 的一阶展开成反比。然而对于二阶项 $\left(\frac{v}{c}\right)^2$,我们发现在斯托克斯区域符号相反。因此,布里渊反斯托克斯和斯托克斯的角频移不同。这个差别可以探测出来,并且可以用于测量色散。换句话说,自发布里渊散射的斯托克斯频移与反斯托克斯频移不同,而这个区别至今在其他文献中未见报道。这个例子说明不要照搬任何教科书上的结论,对本书也是如此。

基于布里渊散射的光纤传感器的原理是,布里渊频率与声速和相位折射率等局部热力学特性成正比关系,而声速和相位折射率又与局部温度和应变有关。对大多数光纤而言,在很大温度和应变的范围内,布里渊频移与温度变化量 ΔT 和应变变化量 $\Delta\varepsilon$ 成正比:

$$\Delta\Omega = C_T\Delta T + C_\varepsilon\Delta\varepsilon \tag{2-108}$$

其中,C_T 为光纤温度参数;C_ε 为光纤应变参数。由此可见,温度和应变都会引起布里渊频移的改变,因此只探测布里渊频移并不能区分究竟是温度变化还是应力变化。于是,研究人员提出了各种采用特殊光纤这样很有创意的方法来实现温度

和应变的同时测量,例如,研制出具有多个布里渊共振峰的光纤。

2.7　受激布里渊散射

上一节提到自发布里渊散射源于热噪声。一旦斯托克斯光或反斯托克斯光建立起来,它们会自发地与外部入射光相互作用并通过电致伸缩效应增强。有很多物理机制可以帮助我们理解电致伸缩效应,而我们希望能通过最简单的方式来解释这一过程。在外部电场 E 中,一个具有恒电偶极矩 p 的分子获得的势能如下:

$$U = -p \cdot E \tag{2-109}$$

这个分子会受到一个力的作用,如下所示:

$$F = -\nabla U = \nabla (p \cdot E) \tag{2-110}$$

因此,若一个分子具有恒电偶极矩,那么只要有外部梯度场存在,它会一直受到上述力的作用。另外,即使分子不具有恒电偶极矩,它也会有一个感生电偶极矩,这种情况下,它的势能可以用下式进行计算:

$$U = -\frac{1}{2}\varepsilon_0 \chi E^2 \tag{2-111}$$

此时,分子受到的力如下所示:

$$F = -\nabla U = \frac{1}{2}\varepsilon_0 \chi \nabla E^2 \tag{2-112}$$

不管处于哪种情况,我们都可以确定物质中的分子会随外加电场而改变,根据外加电场的变化,它们在时间和空间上都会进行重新排列。这个效应称为电致伸缩效应。事实上,材料的介电常数 ε 取决于材料的质量密度 ρ。它们之间的关系由电致伸缩常数定义[3]:

$$\gamma_\varepsilon = \rho \left(\frac{\partial \varepsilon}{\partial \rho} \right) \tag{2-113}$$

根据文献[3]的推导可知介电常数的变化导致的常能量密度增加是对每单位体积材料施加收缩压力 p_{st} 的结果:

$$\Delta u = \frac{1}{2}\varepsilon_0 E^2 \Delta \varepsilon = \frac{1}{2}\varepsilon_0 E^2 \left(\frac{\partial \varepsilon}{\partial \rho} \right) \Delta \rho = \Delta w = p_{st} \frac{\Delta V}{V} = -p_{st} \frac{\Delta \rho}{\rho} \tag{2-114}$$

由此得到力学上的收缩压力:

$$p_{st} = -\frac{1}{2}\varepsilon_0 \gamma_\varepsilon E^2 \tag{2-115}$$

这里,要提醒读者慎用上述表达式。根据经验,材料的力学响应比光源的光学周期要慢。因此,电场平方 E^2 的值应该理解为高速光频率的平均,并且在时间上只保

留了力学响应时间量级上的慢变包络。为了理解上述观点,我们分析有两个平面光场在材料中并存的情况:

$$E(r,t) = E_{01}\cos(k_1 \cdot r - \omega_1 t) + E_{02}\cos(k_2 \cdot r - \omega_2 t) \quad (2\text{-}116)$$

然后得到电场平方的表达式:

$$
\begin{aligned}
E^2 = E \cdot E = {}& E_{01} \cdot E_{01}\cos^2(k_1 \cdot r - \omega_1 t) + E_{02} \cdot E_{02}\cos^2(k_2 \cdot r - \omega_2 t) \\
& + 2(E_{01} \cdot E_{02})\cos(k_1 \cdot r - \omega_1 t)\cos(k_2 \cdot r - \omega_2 t) \\
= {}& \frac{1}{2}E_{01} \cdot E_{01}[1 + \cos(2k_1 \cdot r - 2\omega_1 t)] \\
& + \frac{1}{2}E_{02} \cdot E_{02}[1 + \cos(2k_2 \cdot r - 2\omega_2 t)] \\
& + (E_{01} \cdot E_{02})\{\cos[(k_1 + k_2) \cdot r - (\omega_1 + \omega_2)t] \\
& + \cos[(k_1 - k_2) \cdot r - (\omega_1 - \omega_2)t]\}
\end{aligned}
\quad (2\text{-}117)
$$

由于只有包含差频 $\omega_1 - \omega_2$ 的项才可能作为引起动态机械响应的慢变量,因此只保留与之相关的项:

$$\langle E^2 \rangle = \frac{1}{2}(E_{01} \cdot E_{01} + E_{02} \cdot E_{02}) + E_{01} \cdot E_{02}\cos[(k_1 - k_2) \cdot r - (\omega_1 - \omega_2)t]$$

$$(2\text{-}118)$$

其中,尖括号表示对光频率信号的时间平均。现在受激布里渊散射的物理机制更明确了。上述表达式中的慢变项对应一种行波。若这种行波与材料某一声波相同,那么由于电致伸缩效应,这两个光场间的能量交换会通过这种运动的声波增强。这个过程称为受激布里渊散射(SBS)。此时,我们需要给出光场间的偏振态的影响。只有当两个光场的偏振方向一致时,即 $(E_{01} \cdot E_{02})_{max} = |E_{01}||E_{02}|$,受激布里渊散射才会最强。可见受激布里渊散射发生的两个条件:一是两个光场的频率差应与材料的声波频率相同;二是两个光场的偏振态要一致。

现在开始分析受激布里渊散射过程的理论模型。首先,我们需要回顾一下非线性过程下宏观麦克斯韦方程的一般形式。只考虑非磁性材料,即 $B = \mu_0 H$,并假设不存在自由电子和自由电流源,即 $\rho_F = 0$ 且 $I_F = 0$ 的情况。在上述前提下,我们在瑞利散射一节中也获得了相同的无源麦克斯韦方程。但是,现在需要将电位移场矢量分为线性和非线性部分:

$$D = \varepsilon_0 E + P_L + P_{NL} = \varepsilon_0(1 + \chi)E + P_{NL} \quad (2\text{-}119)$$

若进一步假设线性介电值 $\varepsilon = 1 + \chi$ 为一个常数,则无自由电荷的条件可以用下式表示:

$$\nabla \cdot D = 0 = \nabla \cdot (\varepsilon_0 \varepsilon E) + \nabla \cdot P_{NL} \quad (2\text{-}120)$$

则有电场发散为

$$\nabla \cdot E = -\frac{1}{\varepsilon_0 \varepsilon} \nabla \cdot P_{NL} \tag{2-121}$$

对无源宏观麦克斯韦方程进行简单的整理，我们得到如下电场方程：

$$\nabla^2 E - \mu_0 \varepsilon_0 \varepsilon \frac{\partial^2 E}{\partial t^2} = \mu_0 \frac{\partial^2 P_{NL}}{\partial t^2} - \frac{1}{\varepsilon_0 \varepsilon} \nabla (\nabla \cdot P_{NL}) \tag{2-122}$$

上述方程为包括本章节讨论的 SBS 在内的非线性过程的最重要表达式。右边最后一项在很多情况下可以忽略，我们在本章的讨论中也会作这样的近似。质量密度改变引起的电致伸缩效应会影响非线性偏振效应：

$$P_{NL} = \varepsilon_0 \Delta \varepsilon E = \varepsilon_0 \rho_0 \frac{\Delta \varepsilon}{\Delta \rho} E = \frac{\varepsilon_0 \gamma_\varepsilon}{\rho_0} \Delta \rho E \tag{2-123}$$

其中，ρ_0 为材料的平均密度；$\Delta \rho$ 为声波引入的密度变化。以下是从文献[3]中引用的声波方程：

$$\frac{\partial^2 (\Delta \rho)}{\partial t^2} - \Gamma' \nabla^2 \frac{\partial (\Delta \rho)}{\partial t} - v^2 \nabla^2 (\Delta \rho) = \nabla \cdot f \tag{2-124}$$

其中，v 为声速；Γ' 为与切变和晶体黏度相关的阻尼参数。收缩压力引起的力如下所示[3]：

$$f = \nabla p_{st}, \quad p_{st} = -\frac{1}{2} \varepsilon_0 \gamma_\varepsilon \langle E \cdot E \rangle \tag{2-125}$$

为了能够推导出光纤中的 SBS 方程，我们需要作几个简化假设。首先，如前面讨论，当电场偏振方向一致时才能获得最大的 SBS 作用，假设这个条件成立（虽然在现实中，很难在单模光纤中保持偏振方向一致）。由此，我们将电场矢量用标量替代。其次，由上一节可知布里渊频移与入射光波长有关，而这一关系在文献[3]中的简化方程式中并没有特别强调。为了突出布里渊频移与波长相关的特性，同时为读者提供一些"新"的思想，我们基于以下条件来进行公式推导，即要考虑光纤中斯托克斯和反斯托克斯受激布里渊散射同时作用于入射光的情况。在这种条件下，入射光在光纤中将通过两个反向传播的声波同时获得增益（从反斯托克斯光）和损耗（从斯托克斯光）。这个较复杂的 SBS 过程在布里渊传感中的应用将会在后续章节讨论。在做了所有可能的简化假设以后，下面我们重新写出与光纤电致伸缩效应相关联的一维受激布里渊散射模型方程[3]：

$$\frac{\partial^2 (\Delta \rho)}{\partial t^2} - \Gamma' \frac{\partial^3 (\Delta \rho)}{\partial z^2 \partial t} - v^2 \frac{\partial^2 (\Delta \rho)}{\partial z^2} = \frac{\partial^2 \left[-\frac{1}{2} \varepsilon_0 \gamma_\varepsilon \langle E^2(z,t) \rangle \right]}{\partial z^2} \tag{2-126}$$

$$\frac{\partial^2 E}{\partial z^2} - \mu_0 \varepsilon_0 \varepsilon \frac{\partial^2 E}{\partial t^2} = \mu_0 \frac{\varepsilon_0 \gamma_\varepsilon}{\rho_0} \frac{\partial^2 (\Delta \rho E)}{\partial t^2} \tag{2-127}$$

根据折射率 n 的一般定义,可以将真空中光速 c 代入上述方程:

$$\frac{\partial^2 E}{\partial z^2} - \frac{1}{(c/n)^2} \frac{\partial^2 E}{\partial t^2} = \frac{\gamma_\varepsilon}{c^2 \rho_0} \frac{\partial^2 (\Delta \rho E)}{\partial t^2} \tag{2-128}$$

图 2-10 显示了前面讨论的受激布里渊增益和损耗同时发生的过程。

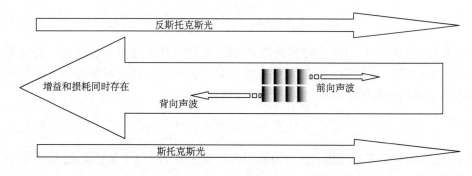

图 2-10　增益和损耗同时发生的受激布里渊散射结构示意图

接下来,我们给出该过程的标量电场:

$$E(z,t) = \underbrace{\left[A_{\mathrm{AS}}(z,t)\mathrm{e}^{\mathrm{i}(k_{\mathrm{AS}}z - \omega_{\mathrm{AS}}t)} + c.c.\right]}_{\text{反斯托克斯}} + \underbrace{\left[A_{\mathrm{S}}(z,t)\mathrm{e}^{\mathrm{i}(k_{\mathrm{S}}z - \omega_{\mathrm{S}}t)} + c.c.\right]}_{\text{斯托克斯}}$$
$$+ \underbrace{\left[A(z,t)\mathrm{e}^{\mathrm{i}(-kz - \omega t)} + c.c.\right]}_{\text{增益和损耗同时存在}} \tag{2-129}$$

假设反斯托克斯和斯托克斯波沿 z 轴正向传播,同时受增益和损耗的光波沿 z 轴反向传播,并且三个光波都满足如下色散关系:

$$k_{\mathrm{AS}}^2 = \left(\frac{n}{c}\omega_{\mathrm{AS}}\right)^2, \quad k_{\mathrm{S}}^2 = \left(\frac{n}{c}\omega_{\mathrm{S}}\right)^2, \quad k^2 = \left(\frac{n}{c}\omega\right)^2 \tag{2-130}$$

我们将沿前向和背向移动的光波表示为质量密度的变化:

$$\Delta\rho(z,t) = \underbrace{\left[Q_f(z,t)\mathrm{e}^{\mathrm{i}(q_f z - \Omega_f t)} + c.c.\right]}_{\text{前向声波}} + \underbrace{\left[Q_b(z,t)\mathrm{e}^{\mathrm{i}(q_b z - \Omega_b t)} + c.c.\right]}_{\text{背向声波}}$$
$$\tag{2-131}$$

因为受激布里渊过程能量守恒,于是有

$$\omega_{\mathrm{AS}} - \omega = \Omega_f, \quad \omega - \omega_{\mathrm{S}} = \Omega_b \tag{2-132}$$

把上面解的形式代入非线性电场方程,将会得到许多随时间变化的项,其中有些项跟三个入射波一样随时间快变,而其他项为新的频率项。在简化的受激布里渊模型中,为了获得物理的本质特性,将时间变化相同项写成一个等式的形式。对于含有时间变化为 $\mathrm{e}^{-\mathrm{i}\omega_{\mathrm{AS}}t}$ 的项,我们得到

$$\frac{\partial^2 A_{\mathrm{AS}}}{\partial z^2} - \frac{1}{(c/n)^2} \frac{\partial^2 A_{\mathrm{AS}}}{\partial t^2} + 2\mathrm{i}k_{\mathrm{AS}} \frac{\partial A_{\mathrm{AS}}}{\partial z} + 2\mathrm{i}\omega_{\mathrm{AS}} \frac{1}{(c/n)^2} \frac{\partial A_{\mathrm{AS}}}{\partial t}$$

$$= \frac{\gamma_\varepsilon}{c^2 \rho_0} \left[\frac{\partial^2 (Q_f A)}{\partial t^2} - 2i\omega_{AS} \frac{\partial (Q_f A)}{\partial t} - \omega_{AS}^2 Q_f A \right] e^{-i(k_{AS}+k-q_f)z} \tag{2-133}$$

类似地,可以得到时间变化为 $e^{-i\omega_S t}$ 的各项系数:

$$\frac{\partial^2 A_S}{\partial z^2} - \frac{1}{(c/n)^2} \frac{\partial^2 A_S}{\partial t^2} + 2ik_S \frac{\partial A_S}{\partial z} + 2i\omega_S \frac{1}{(c/n)^2} \frac{\partial A_S}{\partial t}$$

$$= \frac{\gamma_\varepsilon}{c^2 \rho_0} \left[\frac{\partial^2 (Q_b^* A)}{\partial t^2} - 2i\omega_S \frac{\partial (Q_b^* A)}{\partial t} - \omega_S^2 Q_b^* A \right] e^{-i(k_S+k-q_f)z} \tag{2-134}$$

时间变化为 $e^{-i\omega t}$ 的各项系数为

$$\frac{\partial^2 A}{\partial z^2} - \frac{1}{(c/n)^2} \frac{\partial^2 A}{\partial t^2} + 2ik \frac{\partial A}{\partial z} + 2i\omega \frac{1}{(c/n)^2} \frac{\partial A}{\partial t}$$

$$= \frac{\gamma_\varepsilon}{c^2 \rho_0} \left[\frac{\partial^2 (Q_f^* A_{AS})}{\partial t^2} - 2i\omega \frac{\partial (Q_f^* A_{AS})}{\partial t} - \omega^2 Q_f^* A_{AS} \right] e^{-i(k_{AS}+k-q_f)z}$$

$$+ \frac{\gamma_\varepsilon}{c^2 \rho_0} \left[\frac{\partial^2 (Q_b A_S)}{\partial t^2} - 2i\omega \frac{\partial (Q_b A_S)}{\partial t} - \omega^2 Q_b A_S \right] e^{-i(k_S+k-q_b)z} \tag{2-135}$$

同理,当我们将上述方程的解代入声波方程时,我们也只合并相同时间变化项。对时间变化为 $e^{-i\Omega_f t}$ 的各项系数,我们有

$$(v^2 q_f^2 - \Omega_f^2 - i\Omega_f \Gamma' q_f^2) Q_f + (\Gamma' q_f^2 - 2i\Omega_f) \frac{\partial Q_f}{\partial t} - 2(\Omega_f \Gamma' q_f + iv^2 q_f) \frac{\partial Q_f}{\partial z} + \frac{\partial^2 Q_f}{\partial t^2}$$

$$+ (i\Omega_f \Gamma' - v^2) \frac{\partial^2 Q_f}{\partial z^2} - 2i\Gamma' q_f \frac{\partial^2 Q_f}{\partial z \partial t} - \Gamma' \frac{\partial^3 Q_f}{\partial z^2 \partial t}$$

$$= \varepsilon_0 \gamma_\varepsilon [(k+k_{AS})^2 A_{AS} A^* - 2i(k+k_{AS}) \frac{\partial (A_{AS} A^*)}{\partial z} - \frac{\partial^2 (A_{AS} A^*)}{\partial z^2}] e^{i(k_{AS}+k-q_f)z} \tag{2-136}$$

对时间变化为 $e^{-i\Omega_b t}$ 的项,有

$$(v^2 q_b^2 - \Omega_b^2 - i\Omega_b \Gamma' q_b^2) Q_b + (\Gamma' q_b^2 - 2i\Omega_b) \frac{\partial Q_b}{\partial t} + 2(\Omega_b \Gamma' q_b + iv^2 q_b) \frac{\partial Q_b}{\partial z} + \frac{\partial^2 Q_b}{\partial t^2}$$

$$+ (i\Omega_b \Gamma' - v^2) \frac{\partial^2 Q_b}{\partial z^2} + 2i\Gamma' q_b \frac{\partial^2 Q_b}{\partial z \partial t} - \Gamma' \frac{\partial^3 Q_b}{\partial z^2 \partial t}$$

$$= \varepsilon_0 \gamma_\varepsilon [(k+k_S)^2 A_S A^* + 2i(k+k_S) \frac{\partial (A_S^* A)}{\partial z} - \frac{\partial^2 (A_S^* A)}{\partial z^2}] e^{-i(k_S+k-q_b)z} \tag{2-137}$$

此时,这么多方程可能让读者眼花缭乱,我们第一次推导这些方程的时候也很困惑。与其他任何一个能很好描述物理特性的模型的推导一样,我们需要根据自己对物理特性的理解,去掉那些不重要的项,只留下最能反映物理本质的项。我们接下来要做的事情就是跟其他物理学家一样建立自然界的物理模型。换句话说,我们要进一步简化方程式以获取 SBS 过程的精髓。首先要做的是慢变振幅近似。这个近似的前提是我们已知非线性布里渊散射效应比通常的折射率 n 引起的线性

相互作用低几个量级。因此,非线性相互作用引起的变化可以看做是普通线性传播波幅度上的扰动。确切地说,我们要舍去空间 z 和时间 t 的二阶以上微分项。做了慢变振幅近似后,我们得到以下反斯托克斯波的近似公式:

$$2ik_{AS}\frac{\partial A_{AS}}{\partial z} + 2i\omega_{AS}\frac{1}{(c/n)^2}\frac{\partial A_{AS}}{\partial t} = \frac{\gamma_\varepsilon}{c^2\rho_0}\left[-2i\omega_{AS}\frac{\partial(Q_f A)}{\partial t} - \omega_{AS}^2 Q_f A\right]e^{-i(k_{AS}+k-q_f)z}$$

(2-138)

相应地,斯托克斯波的方程近似为

$$2ik_S\frac{\partial A_S}{\partial z} + 2i\omega_S\frac{1}{(c/n)^2}\frac{\partial A_S}{\partial t} = \frac{\gamma_\varepsilon}{c^2\rho_0}\left[-2i\omega_S\frac{\partial(Q_b^* A)}{\partial t} - \omega_S^2 Q_b^* A\right]e^{-i(k_S+k-q_b)z}$$

(2-139)

同时受到增益和损耗的光波方程变为

$$-2ik\frac{\partial A}{\partial z} + 2i\omega\frac{1}{(c/n)^2}\frac{\partial A}{\partial t} = \frac{\gamma_\varepsilon}{c^2\rho_0}\left[-2i\omega\frac{\partial(Q_f^* A_{AS})}{\partial t} - \omega^2 Q_f^* A_{AS}\right]e^{i(k_{AS}+k-q_f)z}$$
$$+\frac{\gamma_\varepsilon}{c^2\rho_0}\left[-2i\omega\frac{\partial(Q_b A_S)}{\partial t} - \omega^2 Q_b A_S\right]e^{i(k_S+k-q_b)z}$$

(2-140)

前向传播的声波方程为

$$(v^2 q_f^2 - \Omega_f^2 - i\Omega_f\Gamma' q_f^2)Q_f + (\Gamma' q_f^2 - 2i\Omega_f)\frac{\partial Q_f}{\partial t} - 2(\Omega_f\Gamma' q_f + iv^2 q_f)\frac{\partial Q_f}{\partial z}$$
$$= \varepsilon_0\gamma_\varepsilon\left[(k+k_{AS})^2 A_{AS}A^* - 2i(k+k_{AS})\frac{\partial(A_{AS}A^*)}{\partial z}\right]e^{i(k_{AS}+k-q_f)z}$$

(2-141)

对于背向传播的声波,可近似为

$$(v^2 q_b^2 - \Omega_b^2 - i\Omega_b\Gamma' q_b^2)Q_b + (\Gamma' q_b^2 - 2i\Omega_b)\frac{\partial Q_b}{\partial t} + 2(\Omega_b\Gamma' q_b + iv^2 q_b)\frac{\partial Q_b}{\partial z}$$
$$= \varepsilon_0\gamma_\varepsilon\left[(k+k_S)^2 A_S^* A + 2i(k+k_S)\frac{\partial(A_S^* A)}{\partial z}\right]e^{-i(k_S+k-q_b)z}$$

(2-142)

虽然经过慢变振幅近似后上述五个方程得以简化,但是还需要作进一步近似处理。从方程中的右边项会发现空间或时间的一阶微分项远小于方括号中的其他项。于是我们可以忽略方程右边的一阶微分项:

$$2ik_{AS}\frac{\partial A_{AS}}{\partial z} + 2i\omega_{AS}\frac{1}{(c/n)^2}\frac{\partial A_{AS}}{\partial t} = -\frac{\gamma_\varepsilon}{c^2\rho_0}\omega_{AS}^2 Q_f A e^{-i(k_{AS}+k-q_f)z}$$

$$2ik_S\frac{\partial A_S}{\partial z} + 2i\omega_S\frac{1}{(c/n)^2}\frac{\partial A_S}{\partial t} = -\frac{\gamma_\varepsilon}{c^2\rho_0}\omega_S^2 Q_b^* A e^{-i(k_S+k-q_b)z}$$

$$-2ik\frac{\partial A}{\partial z} + 2i\omega\frac{1}{(c/n)^2}\frac{\partial A}{\partial t} = -\frac{\gamma_\varepsilon}{c^2\rho_0}\omega^2 Q_f^* A_{AS}e^{i(k_{AS}+k-q_f)z} - \frac{\gamma_\varepsilon}{c^2\rho_0}\omega^2 Q_b A_S e^{i(k_S+k-q_b)z}$$

$$(v^2 q_f^2 - \Omega_f^2 - \mathrm{i}\Omega_f\Gamma'q_f^2)Q_f + (\Gamma'q_f^2 - 2\mathrm{i}\Omega_f)\frac{\partial Q_f}{\partial t} - 2(\Omega_f\Gamma'q_f + \mathrm{i}v^2 q_f)\frac{\partial Q_f}{\partial z}$$

$$= \varepsilon_0\gamma_\varepsilon(k+k_{\mathrm{AS}})^2 A_{\mathrm{AS}}A^* \, \mathrm{e}^{\mathrm{i}(k_{\mathrm{AS}}+k-q_f)z}$$

$$(v^2 q_b^2 - \Omega_b^2 - \mathrm{i}\Omega_b\Gamma'q_b^2)Q_b + (\Gamma'q_b^2 - 2\mathrm{i}\Omega_b)\frac{\partial Q_b}{\partial t} + 2(\Omega_b\Gamma'q_b + \mathrm{i}v^2 q_b)\frac{\partial Q_b}{\partial z}$$

$$= \varepsilon_0\gamma_\varepsilon(k+k_{\mathrm{S}})^2 A_{\mathrm{S}}^* A \, \mathrm{e}^{-\mathrm{i}(k_{\mathrm{S}}+k-q_b)z} \tag{2-143}$$

遗憾的是,还有一些物理机制我们没有考虑到,比如光的传输损耗。即使不存在非线性效应,由于瑞利散射和材料吸收,光波在传输过程中还是会有强度衰减。为了分析损耗影响,我们将它代入方程中:

$$\left.\begin{aligned}\frac{\partial A_{\mathrm{AS}}}{\partial z} + \frac{n}{c}\frac{\partial A_{\mathrm{AS}}}{\partial t} &= \mathrm{i}\frac{\omega_{\mathrm{AS}}\gamma_\varepsilon}{2nc\rho_0}Q_f A \, \mathrm{e}^{-\mathrm{i}(k_{\mathrm{AS}}+k-q_f)z} - \frac{1}{2}\alpha A_{\mathrm{AS}} \\[4pt] \frac{\partial A_{\mathrm{S}}}{\partial z} + \frac{n}{c}\frac{\partial A_{\mathrm{S}}}{\partial t} &= \mathrm{i}\frac{\omega_{\mathrm{S}}\gamma_\varepsilon}{2nc\rho_0}Q_b^* A \, \mathrm{e}^{-\mathrm{i}(k_{\mathrm{S}}+k-q_b)z} - \frac{1}{2}\alpha A_{\mathrm{S}} \\[4pt] -\frac{\partial A}{\partial z} + \frac{n}{c}\frac{\partial A}{\partial t} &= \mathrm{i}\frac{\omega\gamma_\varepsilon}{2nc\rho_0}Q_f^* A_{\mathrm{AS}}\mathrm{e}^{\mathrm{i}(k_{\mathrm{AS}}+k-q_f)z} + \mathrm{i}\frac{\omega_{\mathrm{S}}\gamma_\varepsilon}{2nc\rho_0}Q_b A_{\mathrm{S}}\mathrm{e}^{\mathrm{i}(k_{\mathrm{S}}+k-q_b)z} - \frac{1}{2}\alpha A\end{aligned}\right\}$$

$$\tag{2-144}$$

在上述三个方程中,α 为强度衰减系数,并且利用了关系式 $\dfrac{\omega}{k} = \dfrac{c}{n}$。为了强调频率的相互关系,把 $\Omega_f = \omega_{\mathrm{AS}} - \omega$ 和 $\Omega_b = \omega - \omega_{\mathrm{S}}$ 代入声波方程:

$$\left[v^2 q_f^2 - (\omega_{\mathrm{AS}}-\omega)^2 - \mathrm{i}(\omega_{\mathrm{AS}}-\omega)\Gamma'q_f^2\right]Q_f + \left[\Gamma'q_f^2 - 2\mathrm{i}(\omega_{\mathrm{AS}}-\omega)\right]\frac{\partial Q_f}{\partial t}$$

$$- 2\left[(\omega_{\mathrm{AS}}-\omega)\Gamma'q_f + \mathrm{i}v^2 q_f\right]\frac{\partial Q_f}{\partial z} = \varepsilon_0\gamma_\varepsilon(k+k_{\mathrm{AS}})^2 A_{\mathrm{AS}}A^* \, \mathrm{e}^{\mathrm{i}(k_{\mathrm{AS}}+k-q_f)z}$$

$$\tag{2-145}$$

$$\left[v^2 q_b^2 - (\omega-\omega_{\mathrm{S}})^2 - \mathrm{i}(\omega-\omega_{\mathrm{S}})\Gamma'q_b^2\right]Q_b + \left[\Gamma'q_b^2 - 2\mathrm{i}(\omega-\omega_{\mathrm{S}})\right]\frac{\partial Q_b}{\partial t}$$

$$+ 2\left[(\omega-\omega_{\mathrm{S}})\Gamma'q_b + \mathrm{i}v^2 q_b\right]\frac{\partial Q_b}{\partial z} = \varepsilon_0\gamma_\varepsilon(k+k_{\mathrm{S}})^2 A_{\mathrm{S}}^* A \, \mathrm{e}^{-\mathrm{i}(k_{\mathrm{S}}+k-q_b)z} \tag{2-146}$$

尽管上面五个方程已经做了很大的简化,在声子动量 q_f 和 q_b 的选择上还存在一些小问题。看上去,这两个量可以选任意值。然而根据 SBS 过程的定义,对声子动量的这种选择应使得对应的声波达到最大。为了更清楚地说明这一问题,我们引入两个动量失配变量,对增益过程,反斯托克斯光、前向传输的动态声波和增益光之间有如下关系:

$$\Delta q_G = q_f - k_{\mathrm{AS}} - k \tag{2-147}$$

则前向声波动量可记为

$$q_f = k_{\mathrm{AS}} + k + \Delta q_G = \frac{1}{c}\left[n(\omega_{\mathrm{AS}})\omega_{\mathrm{AS}} + n(\omega)\omega\right] + \Delta q_G \tag{2-148}$$

上式中包含了折射率 n 与频率的关系,可在色散存在的情况下使用。我们提醒大家这是一个非常重要的因素。它在 SBS 过程中的细微差异仍处于研究阶段。其次,损耗过程的动量失配中,损耗光、反向移动的声波和斯托克斯光有如下关系:

$$\Delta q_L = q_b - k_S - k \tag{2-149}$$

背向的声波动量可写为

$$q_b = k + k_S + \Delta q_L = \frac{1}{c} [n(\omega)\omega + n(\omega_S)\omega_S] + \Delta q_L \tag{2-150}$$

上式同样包含了频率对折射率的影响。最终,我们可以为这个增益和损耗并存的 SBS 过程整理出一个相对完善的模型化的逻辑结构。在实际应用中,可以将两个光波(斯托克斯和反斯托克斯)从光纤的一端同时输入(沿 z 轴正向),并且在光纤另外一端输入另一个光波,该光波的频率等于斯托克斯和反斯托克斯光频率和的一半。这一处于中间频率的光波将通过两个反向传输的声波同时获得增益(从反斯托克斯光)和损耗(从斯托克斯光),这两个声波是由两个独立的 SBS 过程产生的。除了可调的几个参数,如光频率 ω_{AS}、ω 和 ω_S,还有两个建模参数 Δq_G 和 Δq_L,这两个参数的值由相应的声波最优值决定。我们最后一次将慢变振幅近似后的五个模拟方程写出来:

$$\frac{\partial A_{AS}}{\partial z} + \frac{n(\omega_{AS})}{c} \frac{\partial A_{AS}}{\partial t} = \mathrm{i} \frac{\omega_{AS}\gamma_\varepsilon}{2n(\omega_{AS})c\rho_0} Q_f A \mathrm{e}^{t\Delta q_G z} - \frac{1}{2}\alpha A_{AS} \tag{2-151}$$

$$\frac{\partial A_S}{\partial z} + \frac{n(\omega_S)}{c} \frac{\partial A_S}{\partial t} = \mathrm{i} \frac{\omega_S\gamma_\varepsilon}{2n(\omega_S)c\rho_0} Q_b^k A \mathrm{e}^{t\Delta q_L z} - \frac{1}{2}\alpha A_S \tag{2-152}$$

$$-\frac{\partial A}{\partial z} + \frac{n(\omega)}{c} \frac{\partial A}{\partial t} = \mathrm{i} \frac{\omega\gamma_\varepsilon}{2n(\omega)c\rho_0} (Q_f^k A_{AS} \mathrm{e}^{-t\Delta q_G z} + Q_b A_S \mathrm{e}^{-t\Delta q_L z}) - \frac{1}{2}\alpha A \tag{2-153}$$

$$\left([v^2 - t(\omega_{AS} - \omega)\Gamma'] \left\{ \frac{1}{c} [n(\omega_{AS})\omega_{AS} + n(\omega)\omega] + \Delta q_G \right\}^2 - (\omega_{AS} - \omega)^2 \right) Q_f$$

$$+ \left(\Gamma' \left\{ \frac{1}{c} [n(\omega_{AS})\omega_{AS} + n(\omega)\omega] + \Delta q_G \right\}^2 - 2\mathrm{i}(\omega_{AS} - \omega) \right) \frac{\partial Q_f}{\partial t}$$

$$- 2 \left\{ \frac{1}{c} [n(\omega_{AS})\omega_{AS} + n(\omega)\omega] + \Delta q_G \right\} [(\omega_{AS} - \omega)\Gamma' + \mathrm{i}v^2] \frac{\partial Q_f}{\partial z}$$

$$= \varepsilon_0 \gamma_\varepsilon \frac{1}{c} [n(\omega_{AS})\omega_{AS} + n(\omega)\omega]^2 A_{AS} A^k \mathrm{e}^{-t\Delta q_G z} \tag{2-154}$$

$$\left([v^2 - t(\omega - \omega_S)\Gamma'] \left\{ \frac{1}{c} [n(\omega)\omega + n(\omega_S)\omega_S] + \Delta q_L \right\}^2 - (\omega - \omega_S)^2 \right) Q_b$$

$$+ \left(\Gamma' \left\{ \frac{1}{c} [n(\omega)\omega + n(\omega_S)\omega_S] + \Delta q_L \right\}^2 - 2\mathrm{i}(\omega - \omega_S) \right) \frac{\partial Q_b}{\partial t}$$

$$-2\left\{\frac{1}{c}[n(\omega)\omega+n(\omega_S)\omega_S]+\Delta q_L\right\}[(\omega-\omega_S)\Gamma'+\mathrm{i}v^2]\frac{\partial Q_b}{\partial z}$$

$$=\varepsilon_0\gamma_\varepsilon\frac{1}{c}[n(\omega)\omega+n(\omega_S)\omega_S]^2A_S^kAe^{\mathrm{i}\Delta q_L z} \tag{2-155}$$

现在,我们来讨论一下现有的模型与被广泛引用的文献[3]中的模型的区别。①假设反斯托克斯光为零(即不存在前向传输的声波,$Q_f=0$),那么以上五个方程减少为常规 SBS 过程的三波方程。②假设斯托克斯光为零(即不存在背向传输的声波,$Q_b=0$),那么以上五个方程会减少为包含另外三个波的常规 SBS 过程。③文献[3]中的方程还做了近一步的物理近似,就是将 SBS 过程中的声波传输效应忽略,因为声速远远小于光速。换句话说,就是在相应的声波方程中舍去空间的微分项 $\frac{\partial Q_f}{\partial z}$ 和 $\frac{\partial Q_b}{\partial z}$。在很多物理条件下,这个近似是可行的。我们之所以保留这些对空间的微分项,就是想提醒读者在需要研究声速分布的情况下,声波传播也是非常重要的。理论上说,对前向传输的声波,光波的最大值可以通过理想的动量匹配条件 $\Delta q_G=0$ 获得。在这种情况下,我们可以定义一个称为增益布里渊频率的变量:

$$\Omega_B^G=\omega_{AS}-\omega=\frac{v}{c}[n(\omega_{AS})\omega_{AS}+n(\omega)\omega] \tag{2-156}$$

我们注意到,只有特定的反斯托克斯光的角频率 ω_{AS} 和中间频率光的角频率 ω 可以使上式的等号成立,即符合上一章节讨论的动量守恒公式。同理,我们可以定义损耗布里渊频率:

$$\Omega_B^L=\omega-\omega_S=\frac{v}{c}[n(\omega)\omega+n(\omega_S)\omega_S] \tag{2-157}$$

由上面两式可以看出,增益布里渊频率 Ω_B^G 与损耗布里渊频率 Ω_B^L 不一定相等,特别是光纤中存在色散的情况下。值得一提的是,这个差异并不是只有在上述情况下才会产生,但在增益和损耗并存的 SBS 过程中尤为明显。这也给出了一种可利用同时测量 Ω_B^G 和 Ω_B^L 的方法来获取光纤色散的方法。现在我们清楚了,因为布里渊频率是激发声波的两束光的折射率和局部声速 v 的函数,而从物理学上很容易证明声速和折射率都是温度和应变的函数,这就是布里渊频率对局部温度和应变敏感的原因。另外一个特性是布里渊线宽[3]。在这个增益和损耗并存的 SBS 过程中,我们定义布里渊增益谱的线宽为

$$\Gamma_B^G=\Gamma'\left\{\frac{1}{c}[n(\omega_{AS})\omega_{AS}+n(\omega)\omega]\right\}^2 \tag{2-158}$$

同样地,布里渊损耗谱的线宽为

$$\Gamma_B^L=\Gamma'\left\{\frac{1}{c}[n(\omega)\omega+n(\omega_S)\omega_S]\right\}^2 \tag{2-159}$$

　　显然,由于光纤色散的关系,布里渊增益谱线宽与布里渊损耗谱线宽不等。同时我们注意到,普通的布里渊线宽对折射率变化更敏感,因为它与折射率是平方关系。因此,相对布里渊频移而言,布里渊线宽对温度和应变的灵敏度不同。可见,理论上说,我们可以通过同时测量布里渊频率和线宽来区分温度和应变。然而,遗憾的是,布里渊线宽在实验中很难准确测量。因此,用全分布式光纤布里渊传感方法实现普通单模光纤(SMF)温度和应变的同时测量是一个具有挑战性的难题。

　　讨论了这么多关于增益和损耗 SBS 的特性,我们提出它作为全分布式光纤传感器的两个可行方案:一是将反斯托克斯和斯托克斯光调制成脉冲光,对中间频率的连续光进行监测;二是将中间频率光作为脉冲光,监测斯托克斯和反斯托克斯连续光。其他的方案我们将在另外的章节详细讨论。这里给出布里渊共振频率和线宽的关系,如下:

$$\frac{(\Omega_B^G)^2}{\Gamma_B^G} = \frac{v^2}{\Gamma'} = \frac{(\Omega_B^L)^2}{\Gamma_B^L} \tag{2-160}$$

能证明上式的实验将是非常成功的。由于声速 v 和阻尼系数 Γ' 的分布特性,这一等式只在局部范围内成立。换句话说,若光纤状态保持不变,当测量不同频率探测光的局部布里渊共振频率时,布里渊频率的平方和它相应的线宽的比值为与波长无关的常数。

　　在结束本节之前,我们要说明一下,其他的物理机制也可以产生受激布里渊散射。例如,不均匀的激光器加热可以产生热膨胀声波进而引发 SBS 过程,当发光强度超过多光子电离而产生等离子体的阈值时,这个过程就很明显。

2.8　总　　结

　　本章综合讨论了基本的光散射现象,并且着重论述了光纤系统中的光散射;讨论了光纤传感应用中的瑞利散射、拉曼散射和布里渊散射的基本物理理论,主要阐述了它们的全分布式温度和应变测量原理。对一些专业读者来说,许多数学描述过于详细,但是我们并不觉得多余,因为我们知道从其他资料学习基础理论往往很困难,这是我们自己在学习中的切身体会。我们诚挚地希望这种极为详尽的表述方式可以为那些有志于投身光纤光散射研究的初学者减轻学习负担。

参 考 文 献

[1]　Agrawal G P. Nonlinear Fiber Optics. 4th ed. Academic Press,2007

[2]　Ashcroft N W,Mermin N D. Solid State Physics. Philadelphia:Saunders College,1976

[3]　Boyd R W. Nonlinear Optics. 3rd ed. Academic Press,2008

［4］　Fernandez A F,Rodeghiero P,Berghmans B,et al. Radiation-tolerant Raman distributed temperature monitoring system for large nuclear infrastructures. IEEE Transactions on Nuclear Science,2005, 52(6):2689-2694

［5］　Froggatt M,Moore J. High-spatial-resolution distributed strain measurement in optical fiber with Rayleigh scatter. Appl. Opt. ,1998,37:1735-1740

［6］　Hwang D,Yoon D J,Kwon I B,et al. Novel auto-correction method in a fiber-optic distributed-temperature sensor using reflected anti-Stokes Raman scattering. Optics Express,2010,18(10):9747-9754

［7］　Jackson J D. Classical Electrodynamics. 3rd ed. John Wiley & Sons,1999

［8］　Long D A. The Raman Effect. John Wiley & Sons,2002

［9］　Russakoff G. A derivation of the macroscopic Maxwell equations. Am. J. Phys. ,1970,38:1188-1195

［10］　Suh K,Lee C. Auto-correction method for differential attenuation in a fiber-optic distributed-temperature sensor. Optics Letters,2008,33(16):1845-1847

第3章　基于瑞利散射的全分布式光纤传感技术

3.1　基于瑞利散射的光纤传感技术原理

瑞利散射是指线度比光波波长小得多的粒子对光波的散射[1]，例如大气中的灰尘、烟、雾等悬浮微粒所引起的散射。其主要特点有：

(1) 瑞利散射属于弹性散射，不改变光波的频率，即瑞利散射光与入射光具有相同的波长。

(2) 散射光强与入射光波长的四次方成反比，即

$$I(\lambda) \propto \frac{1}{\lambda^4} \tag{3-1}$$

上式表明，入射光的波长越长，瑞利散射光的强度越小。

(3) 散射光强随观察方向而变，在不同的观察方向上，散射光强不同，可表示为

$$I(\theta) = I_0(1 + \cos^2\theta) \tag{3-2}$$

其中，θ 为入射光方向与散射光方向的夹角；I_0 是 $\theta = \pi/2$ 方向上的散射光强。

(4) 散射光具有偏振性，其偏振程度取决于散射光与入射光的夹角。自然光入射到各向同性介质中，在垂直于入射方向上的散射光是线偏振光，在原入射光方向及其反方向上，散射光仍是自然光，在其他方向上是部分偏振光，偏振程度与 θ 角有关。

在光纤中，瑞利散射主要是由于光纤内部各部分的密度存在一定的不均匀性，进而造成光纤中折射率的起伏所引起的。由于光纤对光波的约束，在光纤中的散射光只表现为前向和背向两个传播方向。对于光纤中脉宽为 W 的脉冲光，它的瑞利散射功率 P_R 为[2]

$$P_R = PS\alpha_s W \frac{v}{2} \tag{3-3}$$

其中，P 为脉冲光的峰值功率；$\alpha_s = 0.12 \sim 0.15 \text{dB/km}$，为瑞利散射系数；$S = \frac{1}{4}\left(\frac{\lambda}{\pi nr}\right)^2$，为背向散射光功率捕获因子，$\lambda$ 为光波的波长，n 为光纤纤芯的折射率，r 为光纤的模场半径；v 为光在光纤中的速度。对于 $\lambda = 1550\text{nm}$、$W = 1\mu s$ 的光波，设 $2r = 9\mu\text{m}$，则其瑞利散射的功率比入射光功率低约 53dB[相当于入射光峰值功

率的$(4\sim5)\times10^{-6}$倍]。

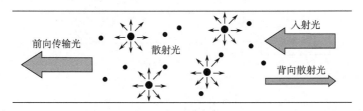

图 3-1　光纤中瑞利散射示意图

　　当光波在光纤中向前传输时,会在光纤沿线不断产生背向的瑞利散射光,如图 3-1 所示。根据式(3-3)可知,这些散射光的功率与引起散射的光波功率成正比。由于光纤中存在损耗,光波在光纤中传输时能量会不断衰减,因此光纤中不同位置处产生的瑞利散射信号便携带有光纤沿线的损耗信息。另外,由于瑞利散射发生时会保持散射前光波的偏振态[3],所以瑞利散射信号同时包含光波偏振态的信息。因此,当瑞利散射光返回到光纤入射端后,通过检测瑞利散射信号的功率、偏振态等信息,可对外部因素作用后光纤中出现的缺陷等现象进行探测,从而实现对作用在光纤上的相关参量如压力、弯曲等的传感。

　　相对于光纤中的布里渊散射和拉曼散射等其他散射,瑞利散射的能量最大,更加容易被检测,因此目前已有很多关于利用光波的瑞利散射来进行全分布式传感的研究及应用。其中最为成熟的技术为光时域反射(OTDR)技术,它主要用来测量光纤沿线的衰减和损耗。其他较为多见的基于瑞利散射的全分布式光纤传感技术主要有相干光时域反射(COTDR)技术、光频域反射(OFDR)技术、偏振光时域反射(POTDR)和偏振光频域反射(POFDR)技术等,本章将对它们作详细的介绍。

3.2　光时域反射(OTDR)技术

3.2.1　OTDR 原理

　　光时域反射技术由 Barnoski 博士于 1976 年提出,该技术利用了激光雷达的概念,用于检测光纤的损耗特性,它是检测光纤衰减、断裂和进行空间故障定位的有力手段,同时也是全分布式光纤传感技术的基础。

　　OTDR 的工作原理如图 3-2 所示,将一束窄的探测脉冲光通过双向耦合器注入光纤中,脉冲光在光纤中向前传输时会不断产生背向瑞利散射光,背向瑞利散射光通过该双向耦合器耦合到光电检测器中。设从光纤发射端面发出脉冲光,到接收到该脉冲光在光纤中 L 处产生的瑞利散射光所需的时间为 t,则在 t 时间内,光

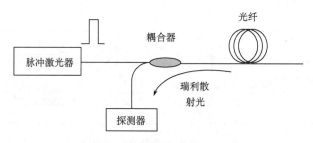

图 3-2　OTDR 的工作原理图

波从发射端至该位置往返传播了一次,因此该位置距起始端的距离 L 为

$$L = vt/2 \tag{3-4}$$

其中, v 是光在光纤中的传播速度; t 为从发出脉冲光到接收到某位置产生的瑞利散射光所需的时间。

设光纤的衰减系数为 α ,则脉冲光传播到光纤 L 位置处时的峰值功率为[4]

$$P(z) = P_0 e^{-\alpha L} \tag{3-5}$$

根据式(3-3)可知在该处产生的瑞利散射功率为

$$P_R(z) = P_0 e^{-\alpha L} S \alpha_s W \frac{v}{2} \tag{3-6}$$

当它返回到光电探测器时,其功率变为

$$P_R(z) = P_0 e^{-2\alpha L} S \alpha_s W \frac{v}{2} = P_0 e^{-\alpha vt} S \alpha_s W \frac{v}{2} \tag{3-7}$$

由式(3-7)可见,OTDR 得到的光纤沿线的瑞利散射曲线为一条指数衰减的曲线,该曲线表示出了光纤沿线的损耗情况。当脉冲光在光纤中传播的过程中遇到裂纹、断点、接头、弯曲、端点等情况时,脉冲光会产生一个突变的反射或衰减,根据式(3-4)可以获得该点的位置,因此可实现对这些状况的检测。图 3-3 显示了光纤上典型的事件点对应的 OTDR 曲线。图中纵轴采用对数单位,因此 OTDR 显示的曲线为直线。

3.2.2　OTDR 系统

OTDR 的系统结构如图 3-4 所示[4],脉冲发生器驱动光源产生探测光脉冲,探测光脉冲经定向耦合器注入被测光纤,其在被测光纤中的背向瑞利散射和(或)反射信号经定向耦合器输出被光电探测器接收,光电探测器输出的电流信号经放大和模数转换后经数字信号处理得到探测曲线。信号控制及处理单元设有时钟,对脉冲发生器和模数转换单元进行触发和计时,实现对光纤各个位置散射点的定位。

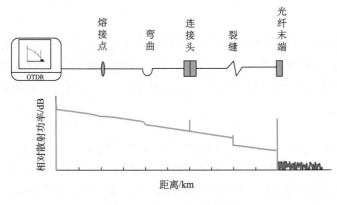

图 3-3　OTDR 探测曲线

另外,通过对接收到的电信号进行处理可得到各个散射位置处的功率信息。

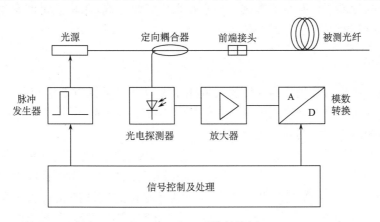

图 3-4　OTDR 系统结构图

由于 OTDR 直接探测背向瑞利散射光的功率,光源输出功率越高,背向散射信号就越强,探测距离越大。因此,OTDR 通常使用带宽为数十纳米的宽带光源。这一方面是为了获得高的测量动态范围,另一方面是为了避免窄线宽的高功率激光脉冲在光纤中传输引起的非线性效应对 OTDR 性能的影响。

3.2.3　OTDR 的性能指标

OTDR 的性能指标包括动态范围、空间分辨率、测量盲区、工作波长、采样点、存储容量、质量、体积等。作为全分布式传感器,其主要性能指标有动态范围、空间分辨率和测量盲区。

1) 动态范围

　　动态范围定义为初始背向散射功率和噪声功率之差,单位为对数单位(dB)。动态范围是 OTDR 非常重要的一个参数,通常用它来对 OTDR 性能进行分类[5]。它表明了可以测量的最大光纤损耗信息,直接决定了可测光纤的长度。

2) 空间分辨率

　　空间分辨率显示了仪器能分辨两个相邻事件的能力,影响着定位精度和事件识别的准确性。对 OTDR 而言,空间分辨率通常定义为事件反射峰功率的 10% ~ 90% 这段曲线对应的距离。空间分辨率通常由探测光脉冲宽度决定,若探测光脉冲宽度为 W,则 OTDR 的理论空间分辨率 $SR = \dfrac{vW}{2}$,其中 v 为探测光在光纤中的传播速度。虽然理论上空间分辨率由探测光脉冲宽度决定,但是实际上系统的采样率对空间分辨率也有重要影响。只有在采样率足够高、采样点足够密集的条件下,才能获得理论的空间分辨率。

3) 测量盲区

　　测量盲区指的是由于高强度反射事件导致 OTDR 的探测器饱和后,探测器从反射事件开始到再次恢复正常读取光信号时所持续的时间,也可表示为 OTDR 能够正常探测两次事件的最小距离间隔。

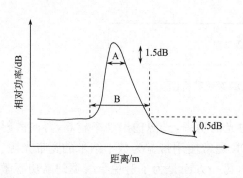

图 3-5　测量盲区示意图

　　测量盲区又可进一步分为事件盲区和衰减盲区。事件盲区指的是 OTDR 在探测连续的反射事件所需的最小距离间隔。衰减盲区指的是 OTDR 在探测到前一个反射事件和能够准确测量该事件损耗所需的最小距离。由于反射事件的能量远大于衰减事件,所以事件盲区要小于衰减盲区,但在事件盲区之内只能测得下一次反射事件,而不能获得事件造成的损耗大小。

如图 3-5 所示为 OTDR 的测量盲区示意图,其中 A 表示的是事件盲区,它是按照反射峰两侧−1.5dB 处的间距来标定的,这是业界一般通用的方法;B 表示的是衰减盲区,它是按照从发生反射事件开始,到反射信号降低到光纤正常背向散射信号后延线上 0.5dB 点间的距离。

3.2.4　OTDR 的应用

OTDR 是最早的全分布式光纤传感技术,也是全分布式光纤传感技术的工作基础,它主要用来测量弯曲、接续、损坏等产生的损耗沿光纤的空间分布,也可用来进行光纤断裂等故障的空间定位。其具体的应用包括以下几点。

1. 通信光纤的性能表征和光通信线路故障定位

在光纤通信系统的故障中,线路故障率要远大于设备故障率。据统计,因光纤线路故障造成的阻断占网络不可运行时间 90% 以上,平均每次阻断时间达 10 小时。对光纤线路实施监测、及时发现和修复故障对于降低损失、提高通信的可靠性非常有意义。

对通信光纤的性能表征和光通信线路故障定位是 OTDR 最早也是目前为止最主要的应用。在 OTDR 出现之前,人们只能够通过切割光纤来测量一段光纤的平均损耗。由于 OTDR 对光纤的测量是一种非损伤的测量,并且能获得整条光纤线路的衰减信息,这相对于截断测量法有不可比拟的优势。光缆线路施工过程中需要熔接光纤,光纤填埋过程中可能导致光纤微弯或光纤断裂等,因此,在施工过程中使用 OTDR 监测光缆线路可确保工程质量。另外,光缆线路的维护和故障的及时修复也离不开 OTDR,通过 OTDR 能快速地确定故障点的位置和类型。因此,一直以来,OTDR 都是测量光通信线路损耗及故障点的主要手段。

随着光纤到户(FTTH)的发展,利用 OTDR 可以及时判断光纤到户情况及各个连接点的连接效果,它对线路的安装和监测起着至关重要的作用。图 3-6 显示了 OTDR 对 FTTH 的用户端进行监测的结果。一般光纤入户端存在强的端面反射,通过反射端的个数及线路的衰减信息可以判断由分束器分出的各路线路的连接情况。高空间分辨率的 OTDR 能识别距离很接近的两个用户端,如图 3-6 中的局部放大图所示。

2. 大型结构的安全健康监测[6]

OTDR 还被用于大型结构如大厦、桥梁、公路等的安全健康监测。其原理主要是利用建筑的应力/应变导致光纤微弯从而使接收到的该处的瑞利散射功率发生改变,于是推断出该处可能发生的事件。图 3-7 显示了 OTDR 在建筑物裂缝监测中的一种应用。将光纤嵌入到混凝土中,建筑结构裂缝导致光纤断裂,断裂处光纤端面产生强的端面反射,于是,通过 OTDR 可以找到裂缝的具体位置。由于断点会完全中断光波向前的传输,因此通过使用耦合器将一部分探测光耦合出来直接跨过被测对象,并接入下一个探测节点,可避免由断点导致的探测光波中断。

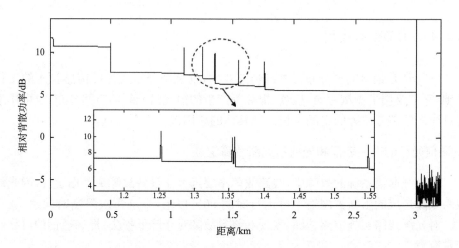

图 3-6　OTDR 在 FTTH 监测中的应用

图 3-7 中串联了多个这样的结构,极大地增加了监测的断点数量。

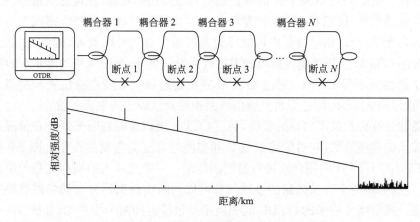

图 3-7　OTDR 在裂缝监测中的应用

3.3　相干光时域反射(COTDR)技术

　　虽然利用 OTDR 在一定程度上能对通信线路进行实时在线监测,但是,通信线路中通常使用光放大器如掺铒光纤放大器(EDFA)来补偿信号光的传输损耗,从而使通信线路延伸至数千甚至上万公里。EDFA 对信号光进行功率放大的同时,也会产生强的自发辐射放大(ASE)噪声。由于 OTDR 采用的是直接功率探测方式,这样,通信线路中 EDFA 产生的 ASE 噪声功率与背向瑞利散射信号功率将无法得到区分,因而系统测量的信噪比会大大降低。而且,在多个 EDFA 级联的通信线路中,ASE 噪声会不断聚集而得到加强从而使 OTDR 无法准确探测到瑞利散射信号,不能对整条通信线路进行测量。在这种情况下,COTDR 凸显出其巨大的优势。COTDR 通过相干检测,可以将微弱的瑞利散射信号从较强的自发散射噪声中提取出来,从而使 COTDR 的传感距离大大延长。而且通过对系统结构进行设计,还使得 COTDR 可以应用于多跨超长距离的光缆线路测量。

3.3.1　COTDR 原理

1. 相干探测原理

图 3-8 所示为相干探测的原理图。相干探测系统中,除了用于探测的信号光,还增加了用来与信号光进行相干探测的参考光(又称为本振光)。信号光与参考光经耦合器耦合到光电探测器中,光电探测器将信号光与参考光混合时产生的拍频信号转换为电信号后,经滤波器滤波、放大器放大,即可得到信号光与参考光的差频信号。

图 3-8　相干探测原理图

设信号光和参考光的频率分别为 ω_S 和 ω_L。信号光和参考光可分别表示为

$$E_S = E_S \exp(i\omega_S t) \qquad (3\text{-}8)$$

$$E_{LO} = E_{LO} \exp(i\omega_L t) \qquad (3\text{-}9)$$

其中,E_S、E_{LO} 分别为信号光和参考光的振幅。当信号光与参考光混合后被光电探测器接收到的光波场为

$$E = E_S + E_{LO} = E_S \exp(i\omega_S t) + E_{LO} \exp(i\omega_L t) \qquad (3\text{-}10)$$

于是从光电探测器输出的光电流 i 可表示为

$$i = kEE^* = k[E_S^2 + E_{LO}^2 + 2E_S E_{LO} \cos(\omega_L - \omega_S)t] \qquad (3\text{-}11)$$

其中,$k = \dfrac{e\eta}{h\omega_0}$ 是探测器的响应度。由式(3-11)可见,探测器产生的电信号包含直流分量 $k(E_S^2 + E_{LO}^2)$ 和交流分量 $2kE_S E_{LO} \cos(\omega_L - \omega_S)t$。通过使用滤波器或使用交流耦合输出的探测器,可得到交流输出为

$$i_S = 2kE_S E_{LO} \cos(\omega_L - \omega_S)t \tag{3-12}$$

从式(3-12)可知,交流输出电流的大小正比于信号光的振幅 E_S。由于信号的功率正比于探测器输出电流的均方值,可表示为

$$\overline{(i_S)^2} = 2k^2 E_S^2 E_{LO}^2 = 2P_S P_{LO} \left(\frac{e\eta}{\hbar\omega} \right)^2 \tag{3-13}$$

其中, P_S 、 P_{LO} 分别为散射光信号和参考光信号的功率; e 为电子电荷; η 为探测器量子效率; $\hbar$ 为约化普朗克常数; ω 为信号光与参考光的平均频率。于是,系统测量的信噪比可表示为[5]

$$\frac{S}{N} = \frac{2P_S P_{LO} \left(\dfrac{e\eta}{\hbar\omega} \right)^2}{2ei_d B + 2eP_{LO} \dfrac{e\eta}{\hbar\omega} B + 2eP_N \dfrac{e\eta}{\hbar\omega} B} \tag{3-14}$$

其中, i_d 为探测器暗电流; B 为探测器带宽; P_N 为探测器其他噪声所具有的等效光功率。式(3-14)右边分母中的各项分别代表暗电流噪声、参考光引起的散粒噪声以及探测器的其他噪声(如热噪声等)。通常情况下,参考光的功率 P_{LO} 远高于其他成分,故其引起的噪声在系统噪声中占主导,所以信噪比可简化为

$$\frac{S}{N} = \frac{2P_S P_{LO}}{2eP_{LO} B} \frac{e\eta}{\hbar\omega} = \frac{\eta P_S}{\hbar\omega B} \tag{3-15}$$

从式(3-15)可以看出,信噪比仅与探测器的量子效率成正比,而与探测器中的噪声无关。因此相干探测在理论上能达到探测器的量子极限,探测器的量子效率越高,它就能达到越高的信噪比。

在 COTDR 系统中,信号光即为探测光波在光纤中传播时产生的背向瑞利散射信号,参考光则由激光光源通过耦合器分出的一部分光波来充当。为了使信号光与参考光存在频率差,通常利用声光调制器(AOM)的衍射效应对信号光进行移频,频移量 $\delta\omega$ 的大小一般为几十兆赫兹。因此,信号光与参考光的频率差为

$$\omega_S - \omega_L = \delta\omega \pm \Delta k \tag{3-16}$$

其中, Δk 为激光器输出光波的线宽。由此,式(3-12)可表示为

$$i_S = 2kE_S E_{LO} \cos(\delta\omega \pm \Delta k)t \tag{3-17}$$

由式(3-17)可见,COTDR 系统中的信号光经相干检测后,瑞利散射信号仅包含在探测器输出的交流分量 $2kE_S E_{LO} \cos(\delta\omega \pm \Delta k)t$ 中,其频率为 $\delta\omega \pm \Delta k$,因此信号的能量集中到了中频 $\delta\omega \pm \Delta k$ 上。为了使信号尽可能地集中于频率 $\delta\omega$,则需要尽可能减少激光器输出光的线宽 Δk ,因此 COTDR 通常使用的是单频窄线宽激光器。这样便可通过使用中心频率为 $\delta\omega$ 的带通滤波器将绝大部分噪声滤除,并使信号几乎没有损失地通过,从而提高了系统的信噪比和探测灵敏度。

上面在讨论信号光与参考光的相干检测时,没有考虑它们偏振态之间的匹配关系。而实际从单模光纤中不同位置产生的信号光的偏振态并不相同,为了避免由于从光纤中某些位置产生的信号光的偏振态与参考光偏振态失配所导致的相干检测失败,在 COTDR 系统中一般需要扰乱信号光或参考光的偏振态,并经多次测量以获得信号光与参考光在不同偏振态匹配条件下的平均相干检测结果。

2. 相干探测的特点

综上所述,与 OTDR 相比,COTDR 具有以下特点:

(1)利用外差方法可以将探测光信号的功率集中在一个中频上,通过解调中频信号就可以得到探测光信号的功率信息,便于对中频信号做窄带滤波以提升探测灵敏度。

(2)理论上探测的信噪比可以达到探测器的量子极限。相对于传统 OTDR 的直接功率探测,它可以在较低探测光功率下获得更高的动态范围。

(3)传统 OTDR 采用宽带光源,宽带光源会占据部分通信信道,因此传统 OTDR 几乎不能用于光通信线路在线监测。为了后续相干中频信号做窄带滤波的需要,COTDR 探测光采用单频窄线宽激光,并且激光频率在通信频段以外,从而避免在线监测时对通信信道的干扰。

(4)COTDR 具有卓越的抗 ASE 噪声的性能。当对多中继超长距离海底光缆进行监测,海底光缆中在数十纳米带宽的范围内分布的 ASE 噪声总功率很强。如果使用传统的 OTDR,ASE 噪声必然会使探测的信噪比急剧恶化。COTDR 将探测光信号的功率集中在外差中频上,即使中频信号被淹没在宽频的 ASE 噪声中,只要在中频位置设置一个窄带滤波器,就可以滤除绝大部分的噪声,而与中频信号同频段的 ASE 噪声功率远小于总的 ASE 噪声,因此窄带滤波后信号的信噪比会得到极大的提升。

相干探测技术与平衡探测方法相结合可以提高测量信号的质量,在 COTDR 中对光电信号的接收通常采用平衡探测方法。如图 3-9 所示,背向散射信号与参

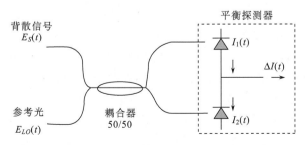

图 3-9　平衡探测方法示意图

考光经一个 2×2 的 3dB 耦合器混合相干后再经耦合器两输出端口进入平衡探测器(BPD)的两端口。BPD 由两个性能几乎一样的雪崩光电二极管组成,其电路设计可以将这两个雪崩光电二极管输出的电流作差,从而获得交流分量输出。利用平衡探测器可以很好地抑制电路中的噪声,获得极高的探测灵敏度和共模抑制比。平衡探测原理的数学描述如下[7]。

设背向瑞利散射信号和参考光功率分别为 $P_S(t)$、$P_{LO}(t)$,其角频率分别为 ω_S、ω_{LO}。于是有

$$E_S(t) = \sqrt{P_S(t)} \cdot \exp[i\varphi_S(t)] \cdot \exp(i\omega_S t) \tag{3-18}$$

$$E_{LO}(t) = \sqrt{P_{LO}(t)} \cdot \exp[i\varphi_{LO}(t)] \cdot \exp(i\omega_{LO} t) \tag{3-19}$$

外差相干过后,耦合器两端输出的电流分别为

$$I_1(t) = \frac{k}{2} \{ P_S(t) + P_{LO}(t) + 2\sqrt{P_S(t)P_{LO}(t)} \cdot \sin[(\omega_S - \omega_{LO}) \cdot t + \varphi_S(t) - \varphi_{LO}(t)] \}$$

$$\tag{3-20}$$

$$I_2(t) = \frac{k}{2} \{ P_S(t) + P_{LO}(t) - 2\sqrt{P_S(t)P_{LO}(t)} \cdot \sin[(\omega_S - \omega_{LO}) \cdot t + \varphi_S(t) - \varphi_{LO}(t)] \}$$

$$\tag{3-21}$$

其中,k 为探测器的响应度。于是,平衡探测器的交流耦合输出为

$$\Delta I(t) = 2k\sqrt{P_S(t)P_{LO}(t)} \cdot \sin[(\omega_S - \omega_{LO}) \cdot t + \varphi_S(t) - \varphi_{LO}(t)] \tag{3-22}$$

从上面的分析可知,利用平衡探测方法得到的探测信号的功率是普通探测方法的 4 倍,而且获得信号的共模抑制比高、失真小,因此,非常适合在 COTDR 系统中使用。

3. 3. 2　COTDR 系统

1. 系统结构组成

COTDR 原理结构如图 3-10 所示。激光器发出的激光经耦合器 1 分成两束,一束经声光调制器调制成探测光脉冲,再经耦合器 2 注入被测光纤,另一束用作参考光。探测光脉冲在被测光纤中的背向瑞利散射光信号经耦合器 2 的一端输出进入一个 3dB 耦合器 3 与参考光混合,二者外差产生中频信号由平衡探测器接收。平衡探测器输出带中频信息的电流信号,最后经放大、模数转换后,由数字信号处理单元解调出中频信号的功率,从而得到探测曲线。COTDR 中激光器使用窄线宽的激光器,一般要求线宽低于 10kHz,频率稳定性好。这是因为激光器线宽越窄,外差得到的中频信号带宽越窄,便于对中频信号做窄带滤波以消除外信号的干

扰。要求激光器频率稳定性好是因为探测光信号在被测光纤中往返需要一定的时间,根据式(3-4)可知对于 10km 的光纤,若光纤的折射率为 1.45,则光纤末端瑞利散射光返回光纤初始端所需的时间约为 $100\mu s$,若在此过程中参考光的频率发生了改变,则外差中频信号就会发生改变,甚至跳到带通滤波器通带以外,从而造成探测光信号功率的部分丢失,这必然会影响测量的精度。

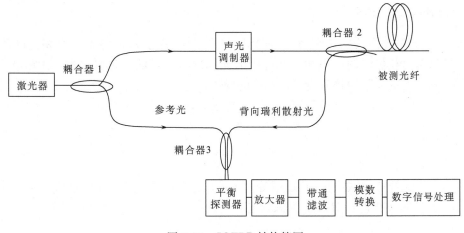

图 3-10　COTDR 结构简图

2. COTDR 性能指标

　　COTDR 系统的性能指标主要有三个[8]:动态范围、空间分辨率和测量时间。动态范围和空间分辨率与 OTDR 的定义相同。在传统的 OTDR 中,因为 OTDR 测量的光纤长度通常在 100km 以内,测量时间常常被忽略。但对 COTDR 而言,其所测量的光缆线路长度可达上万公里,因此需要的测量时间就不能够忽略。如用 COTDR 测量由 EDFA 级联而成的一万公里长的海底光缆线路,则探测光在该光缆线路的往返时间需 0.1s,即在理想情况下 COTDR 做一次测量耗时 0.1s。但在实际测量中往往会通过多次测量取平均来提高测量结果的信噪比,以获得平滑的 COTDR 曲线和高的动态范围。通常进行测量的平均次数为 $2^{16} \sim 2^{18}$ 次,如果测量 2^{18} 次,则所需的测量时间至少为 7.28 小时,因此,COTDR 的测量时间显得相当重要。

3.3.3　超长距离 COTDR 系统中的非线性效应

　　当 COTDR 对长距离线路进行监测时,尽管中继 EDFA 能将探测脉冲光放大,进而增大探测光传输的距离,但是,经过 EDFA 放大的高功率脉冲在单模光纤中会引起光学非线性现象,这些现象可能会极大地降低 COTDR 系统的性能。因此,弄清这些非线性现象对 COTDR 系统性能的影响非常重要。Hisashi Izumita 等的理论计算和实验结果表明,当光脉冲宽度小于 100ns 时,入射光脉冲的宽度受到四波混频的限制;当脉冲宽度大于 1μs 时,入射光功率受自相位调制的限制;如果脉冲宽度更宽,功率更高,受激布里渊散射更加显著[9]。

1. 自相位调制(SPM)

单模光纤在高功率光作用下,其折射率会发生变化,从而导致光学相位的改变,这就是自相位调制。当注入光纤中的光脉冲有一定的功率梯度时,如图 3-11 所示,则传输的光脉冲频率会产生相应的变化:

$$\delta\nu = \frac{n_2 L_{eff}}{\lambda A} \frac{\partial P(t)}{\partial t} \tag{3-23}$$

$$L_{eff} = \frac{1 - \exp(-\alpha L)}{\alpha} \tag{3-24}$$

其中,A 为光纤有效截面积,其近似等于 πa_m^2,a_m 为模场半径;$P(t)$ 为光脉冲的功率;n_2 为纤芯非线性折射率;λ 为入射光波长。

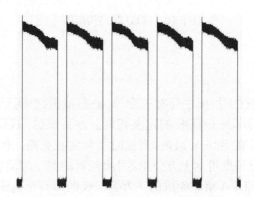

图 3-11　存在功率梯度的探测光脉冲

从式(3-23)可以看出,当探测光脉冲在脉宽范围内存在功率梯度时,探测光的频率将会发生改变。在 COTOR 系统中,利用相干探测的目的就是为了使探测光和参考光产生稳定的中频信号,通过对该中频信号进行带通滤波可以降低噪声,从而提高探测灵敏度。因此,如果探测光脉冲在脉宽范围内存在功率梯度的话,自相位调制和交叉相位调制将使探测光的频率变化,从而导致它与参考光的外差中频发生改变,一旦外差中频信号落在系统的带通滤波器带宽以外,信号的功率将会丢失,从而使得到的探测曲线斜率增大。

因此,要得到准确的探测曲线,一方面要求声光调制器性能良好以获得接近矩形的探测光脉冲,另一方面也要防止非线性效应造成的如图 3-11 所示的脉冲畸变。

2. 交叉相位调制(XPM)

光纤中光波的折射率不仅与自身的强度有关,而且还与共同传输的其他波的强度有关,具体表示如下:

$$\Delta n_j \approx \frac{\varepsilon_j^{NL}}{2n_j} \approx n_2(|E_j|^2 + 2|E_{3-j}|^2) \tag{3-25}$$

于是光波在传输时会获得一个与强度有关的非线性相位:

$$\varphi_j^{NL}(z) = \frac{\omega_j z}{c}\Delta n_j = \frac{\omega_j z}{c}n_2(|E_j|^2 + 2|E_{3-j}|^2) \tag{3-26}$$

其中,$j=1$ 或 2。上式中第一项由自相位调制产生,第二项为与之一起传播的另一光波对这束光波的相位调制,称为交叉相位调制。因此从上式可以看出,同一光纤交叉相位调制引起的相位改变是自相位调制的两倍。事实上,在 COTDR 系统中,只要探测光波长远离通信波长即可消除交叉相位调制。

3. 四波混频(FWM)

四波混频是一种参量的作用过程,结果在泵浦频率两端产生斯托克斯光和反斯托克斯光。泵浦光 ν_0 的部分能量转移给了两个对称的边带 $\nu_0-\nu_s$ 和 $\nu_0+\nu_s$,当相位匹配条件由自相位调制得到满足时,四波混频产生的频移为

$$\nu_s = \frac{1}{2\pi}\sqrt{\frac{2\gamma P_i}{|\beta_2|}} \tag{3-27}$$

其中,$\gamma = \frac{2\pi n_2}{\lambda A}$;$\beta_2 = -\frac{\lambda^2}{2\pi c}D$;带宽 $\Delta\nu_s$ 近似等于 $\frac{\nu_s}{2}$;P_i 为入射光功率;c 为真空中的光速;D 为纤芯的二阶色散参量。入射光脉冲与 ASE 噪声产生四波混频,探测器接收到的瑞利散射信号降低,COTDR 系统性能变差。

4. 受激拉曼散射(SRS)

光纤中的拉曼散射是由于入射光与光纤中做热运动的分子发生非弹性碰撞而引起的一种散射。当入射到介质中的光波功率增高到某一阈值后,拉曼散射光的功率会突然增大,并随着入射光功率的增加呈现出非线性的增长,这种现象称为受激拉曼散射。对于普通单模光纤,受激拉曼散射的临界功率为

$$P_r = 2\frac{16A\alpha}{g_r} \tag{3-28}$$

其中,g_r 为拉曼增益系数。临界功率与光脉冲宽度无关。对于标准的单模光纤,

有效截面积为 $50\mu m^2$，衰减系数为 $4.8\times10^{-5}m^{-1}$，拉曼增益系数 $g_r=6.5\times10^{-14}$ m/W，计算得到 SRS 阈值为 1.18W(30.6dBm)。由于探测光的功率远远低于受激拉曼散射的阈值，因此在 COTDR 系统中可以不考虑 SRS 的影响。

5. 受激布里渊散射(SBS)

光纤中的布里渊散射是光波与声波在光纤中传播时相互作用而产生的非弹性光散射。与受激拉曼散射类似，受激布里渊散射也存在阈值。对于普通单模光纤，受激布里渊散射阈值为

$$P_b = 2\frac{21A}{g_b\left(\dfrac{\tau c}{2n}\right)} \tag{3-29}$$

高功率宽脉冲入射下，脉冲经过 100km 的光纤可能会产生严重的畸变，从而恶化 COTDR 系统的性能。图 3-12 显示了注入光纤的光功率为 16dBm、脉宽为 $50\mu s$ 的光脉冲经过 100km 光纤后，脉冲发生畸变的情况。脉冲畸变的结果使其功率梯度增大，从而引起自相位调制。当脉宽更宽时，脉冲畸变变得更加严重。

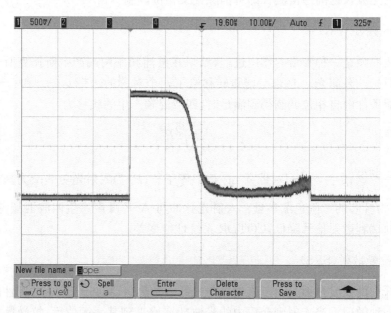

图 3-12　由 SBS 引起的探测光脉冲变形

这种畸变主要是由于受激布里渊散射产生的，因此，寻找一种能有效抑制受激布里渊散射效应的方法来保持探测光脉冲形状，对提升系统的动态范围非常重要。

3.3.4　COTDR 的关键技术

1. COTDR 系统设计

COTDR 通常用于多中继超长距离海底光缆健康监测,EDFA 为海底光缆线路的中继放大器,探测光脉冲在 EDFA 中传输时会引起瞬态效应,从而导致光浪涌现象,这会极大地降低 COTDR 系统的性能[5]。因此必须有针对性地对 COTDR 系统进行设计。

COTDR 系统的总体结构如图 3-13 所示。系统使用单频窄线宽激光器(可采用 DFB、ECLD 或光纤激光器)作探测光,探测光经声光调制器调制成光脉冲。由于声光调制器基于光栅衍射的原理工作,因此探测光脉冲同时具有与驱动信号频率相同的频移。另一路填充光(一般线宽较宽)也经 AOM 调制成与探测光脉冲互补的光脉冲,二者经 DWDM 合成为准连续光,再由 EDFA 放大,并经扰偏器扰偏后通过一 3dB 耦合器注入被测光纤,被测光纤中的背向瑞利散射信号经另一 3dB 耦合器与参考光混合,平衡探测器接收来自该 3dB 耦合器两输出端的信号并输出外差中频信号。外差中频信号经低通滤波、模数转换、数字下变频、数字信号处理后得到探测曲线。

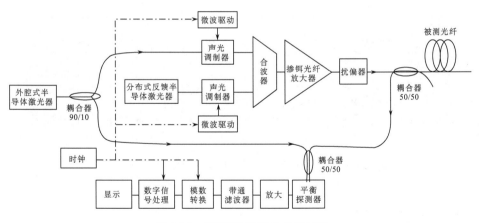

图 3-13　COTDR 系统的总体结构

单频激光光源要求窄线宽,一般低于 10kHz,频率和功率稳定性好。最初使用 DFB 激光器经 10km 的光纤压缩其线宽后用做窄线宽的探测光光源。随着激光技术和半导体制造技术的进步,现在的 ECLD 和光纤激光器在各项性能上均能很好地满足 COTDR 系统光源的要求。对光脉冲的调制一般选用 AOM,AOM 的作用是产生移频的光脉冲。系统对 AOM 的主要要求是,消光比高、脉冲上升时间短、插损低。光放大器主要使用 EDFA,当然也可以使用半导体光放大器(SOA),对其基本要求是噪声指数尽可能低。对探测光或参考光偏振态的扰偏主要使用扰偏器,对扰偏器的要求是插损低、扰偏频率尽可能高。对平衡探测器的要求是灵敏度高、动态范围大、增益系数高、噪声低。

　　如前所述,COTDR 主要应用于超长距离通信光缆如海底光缆的健康监测。超长距离通信光缆通常由多个 EDFA 级联,而在 EDFA 中几乎都使用了隔离器,以防止线路中反射光的逆向放大对 EDFA 造成的损害。隔离器的使用使背向瑞利散射信号不能像传统的 OTDR 测量中那样沿原路返回。人们根据海底通信光缆线路的特点,设计了如图 3-14 所示的测量方案。从图 3-14 可以看出,COTDR在被测光缆中的瑞利散射信号从与之相邻的另一光缆返回,上、下行线中 EDFA之间普遍采用 O-O 连接,即输出端对输出端,当然,也可以采用 O-I(输出对输入)连接方式,但由于目前 EDFA 的增益可以做得很高,无需对信号进行连续放大以获得高增益输出,所以该方式较少使用。EDFA 之间耦合器的分束比主要是基于探测光的功率对系统通信性能的影响而定,通常选用 90/10 的耦合器。选用如图3-14 所示的测量方式有两大优点:一是两端同时测量能降低线路的测量时间;二是采用两端同时测量,可以降低对系统动态范围的要求。比如,对应 100km 的EDFA 中继距离,则每个 COTDR 系统的测量距离超过 50km 即可。

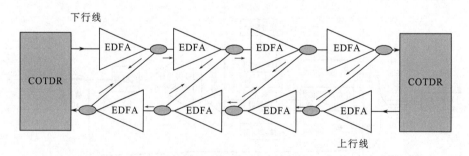

图 3-14　用于海底光缆健康监测的 COTDR 测量示意图

2. COTDR 性能的改善

1) 动态范围的提升

　　COTDR 的动态范围是系统性能最重要的一个评价参数,在进行系统设计前必须根据被测光缆的大致情况估算系统的动态范围。根据动态范围的定义可知,动态范围即为 COTDR 在传感光纤起始位置得到的信号功率与探测器输出的噪声功率之差,此时,功率均取分贝毫瓦(dBm)单位,相应地,动态范围单位为分贝

(dB)。利用式(3-15)可以粗略地计算此信噪比,但是实际的信噪比与系统结构、器件的性能及信号处理电路中带通滤波器带宽有关。关于 COTDR 系统单程动态范围(single way dynamic range,SWDR)可用下式详细描述[10]:

$$SWDR = \frac{1}{2}(P_{LA} - P_D - S_R - \alpha_C - M + SNIR) \tag{3-30}$$

其中,P_{LA} 为注入光纤的探测光功率,单位 dBm;P_D 为探测器的噪声等效功率,单位 dBm;S_R 为瑞利散射光的捕获因子,单位 dB;α_C 为光信号接收端的损耗,单位 dB;M 为 COTDR 探测曲线的信噪比余量;$SNIR$ 为多点数字平均对系统动态范围的提升量。在 COTDR 中:

$$P_D = 10\lg(2h\nu B/\eta + 30) \tag{3-31}$$

其中,h 为普朗克常数;ν 为探测光频率;B 为带通滤波器带宽;η 为探测器量子效率。上行线(UL)和下行线(DL)的衰减系数均用 α_C 表示。通过式(3-30)可以非常简便地得到 COTDR 的动态范围。表 3-1 给出了几种情况下的动态范围值。

表 3-1　COTDR 动态范围计算

脉冲宽度		$1\mu s$	$10\mu s$	$100\mu s$
探测器带宽		1MHz	100kHz	30kHz
P_{LA}		5dBm		
P_D		−95dBm	−105dBm	−110.2dBm
S_R		53dB	43dB	33dB
a_C	DL	9dB		
	UL	11dB		
M		5dB		
$SNIR$		24dB		
$SWDR$	DL	28.5dB	38.5dB	46.1dB
	UL	27.5dB	37.5dB	45.1dB

动态范围可通过提升探测光功率来增加。COTDR 刚问世之初,由于 EDFA 还未出现,人们通过脉冲编码方法压缩脉冲[5],这相当于提升了单位脉冲的功率,实验结果把系统的动态范围提升了 12dB。自从 EDFA 出现后,探测光脉冲的功率可直接得到大大的提升,从而相应地提高动态范围,于是,很少有人研究 COTDR 系统中的脉冲编码方法。但由于非线性效应,比如受激布里渊散射和自相位调制等的制约,探测光的入纤功率存在极限。

拉曼放大技术也曾被用来提升 COTDR 系统的动态范围[11],下面作简单的介绍。

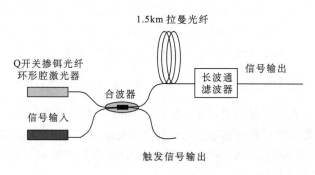

图 3-15　拉曼放大结构图

图 3-15 显示了用拉曼光纤放大器来放大光脉冲。Q 开关掺铒光纤环形腔激光器（QERL）用做拉曼放大器的泵浦源。QERL 的 Q 开关用低损耗的机械斩波器来实现。泵浦脉冲的峰值功率和半高全宽分别为 42dBm 和 100ns。通过在 QERL 的光纤环振荡器中插入一个带宽为 3nm 的带通滤波器可以将泵浦脉冲的波长调谐到 1540nm，并通过合波器（WDM）与 $1.65\mu m$ 的信号光混合，再注入 1.5km 的拉曼光纤。拉曼光纤的输出端接一长波通滤波器滤除波长低于 $1.6\mu m$ 的光。一小部分泵浦脉冲从 WDM 耦合器的一端输出用做整个系统的触发。

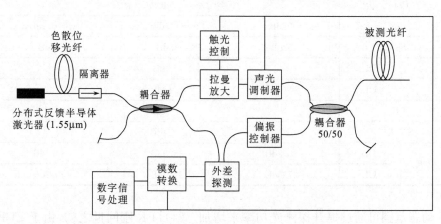

图 3-16　采用拉曼放大的 COTDR 结构图

图 3-16 显示了采用拉曼放大的 COTDR 系统结构。分布式反馈半导体激光器（DFB-LD）用做系统的相干光源，它经由 1km 的色散位移光纤压缩其线宽至约 20kHz。DFB-LD 的中心波长为 1648nm，输出功率为 −3dBm。光波经由耦合器分为两束：探测光和参考光，其功率分别为 −12dBm 和 −5dBm。探测光与泵浦脉冲一起传播并被拉曼光纤放大器放大，然后通过声光调制器调制得到探测光脉冲，

其中声光调制器的频移量为 80MHz。探测光脉冲经由 3dB 耦合器注入被测光纤，其背向瑞利散射信号与参考光混合，并被相干接收(外差接收)。相干接收时的最小探测功率为 −74dBm，带宽为 10MHz，相干接收得到的模拟信号再经模数转换、平方、平均就可以得到测试曲线。结果显示，在 1.6μm 波长，利用拉曼放大技术，得到了 11.5dB 的动态范围的提升，空间分辨率为 5m[12]。

2) 空间分辨率的改善

一般而言，空间分辨率由探测光脉冲宽度决定，它与脉冲宽度的关系可表示为 $SR=\dfrac{v_g w}{2}$。但由于系统中存在探测器噪声、相干瑞利噪声、偏振噪声等多种噪声，若不采取适当的降噪技术，探测曲线会出现比较大的起伏波动，这种波动可能掩盖事件，从而造成短距离上事件的识别困难，进而使系统难以达到理论上的空间分辨率，这也说明 COTDR 降噪技术对系统有至关重要的意义。

3) 测量时间的减少

对于超长距离海底光缆的监测，COTDR 完成一次完整的监测任务所需的时间是一个很重要的参数。Masatoyo Sumida 提出了一种基于频移键控调制的连续光探测技术[13]。它通过调节分布式反馈半导体激光器(DBR-LD)，使其不同时刻输出不同频率的持续时间为 τ 的探测光，该方法可称为频率脉冲法，这样频率脉冲就具有了一定的时序结构，如图 3-17 所示。

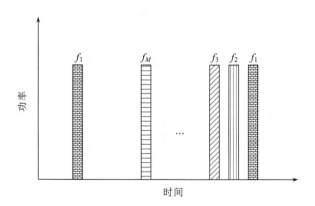

图 3-17　频率脉冲时序结构

不同时刻的频率脉冲对应的 COTDR 曲线具有相对的时间延迟，把各条曲线合成即可提升系统的性能，具体过程如图 3-18 所示。频率具有如图 3-17 所示的探测光脉冲序列被注入到被测光纤，它们在被测光纤中的背向瑞利散射信号与单频参考光相干,从而产生时序的外差中频信号,并行处理这些中频信号就可以得到如图 3-18 所示的具有时序先后的探测曲线。最后,对这些探测曲线进行时序对齐后叠加再求平均就得到一条更加平滑、信噪比更高的探测曲线。

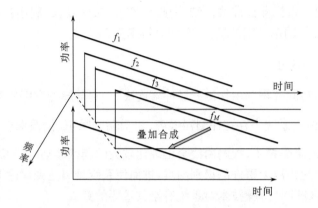

图 3-18　频率脉冲对应的探测曲线及合成示意图

　　该 COTDR 系统后续的电路中必须设计相应的时间延迟单元,分别提取各个频率脉冲对应的 COTDR 曲线,才能准确地将各路探测曲线合成为一路。信号提取与处理过程如图 3-19 所示。很显然,每一个频率脉冲对应一条 COTDR 曲线,M 个频率脉冲就相当于有 M 台 COTDR 在同时工作。由于频率脉冲的增多充分增加了同一周期内探测光的时间,因此,该方法跟单频探测光脉冲相比,在相同的测量时间内其工作效率可以提升近 M 倍,即对探测曲线做相同的平均次数,它的测量时间可减少为传统单频探测光脉冲 COTDR 系统的 $1/M$。但是该方法也存在光电信号处理电路结构复杂、动态范围相对较低等缺陷[13]。

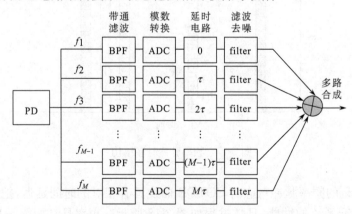

图 3-19　频率脉冲背散瑞利信号的提取与合成

3. 脉冲调制频移键控技术

由于 EDFA 中激发态粒子的寿命在毫秒量级,而探测光脉冲的宽度仅在微秒量级,因此,EDFA 中激发态粒子会不断地积累并不断地放大后续的光脉冲,从而使探测光脉冲变形,并可能释放出功率极高的光脉冲使 EDFA 遭到损坏,该现象称为光浪涌。为了避免光浪涌的发生,目前通常采用的方法是频移键控(FSK)技术[12],具体过程如图 3-20 所示。该方法主要是引入了填充光,使探测光脉冲和填充光脉冲形成互补的脉冲对,并通过 WDM 合成为准连续光,这样就很好地避免了光浪涌的发生。

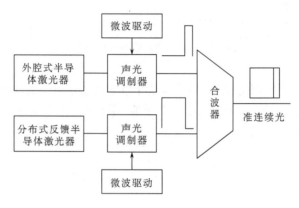

图 3-20　FSK 技术原理图

4. 降噪技术

COTDR 的出现在很大程度上弥补了传统 OTDR 的不足,但该技术本身也会带来一些不利因素,其中降低系统测量的噪声是 COTDR 技术的研究重点。COTDR 问世以后,相当大的一部分工作就是围绕着提升信噪比、降噪,特别是降低探测曲线的衰落噪声展开。

从影响 COTDR 测量曲线平滑角度来看,系统的噪声包括相干瑞利噪声、偏振噪声、相位噪声。图 3-21 显示了光纤中相干瑞利噪声的形成过程[14]。我们知道 COTDR 所用探测光的相干长度可达数十公里,因此在光纤中不同位置的各瑞利散射单元内部产生的散射光叠加起来时具有很强的相干性。但由于瑞利散射单元的尺寸 l_{min} 在亚波长量级,因此光纤中各散射单元的空间分布和散射效率是随机分布的,这导致它们产生的散射光在振幅和相位上具有随机性,因此在光纤中不同位置 Δz 处的瑞利散射信号相干叠加在一起的散射光的功率会产生随机的起伏,这就是相干瑞利噪声,其统计结果服从瑞利分布。由于各个瑞利散射单元的光相

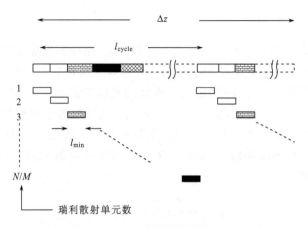

图 3-21　相干瑞利噪声形成过程

位是随机的,由此造成相位噪声。另外,光纤中不同位置返回的瑞利散射光的偏振态不断变化,其与参考光的偏振失配会导致偏振噪声。上述的各种噪声统称为衰落噪声(fading noise)。

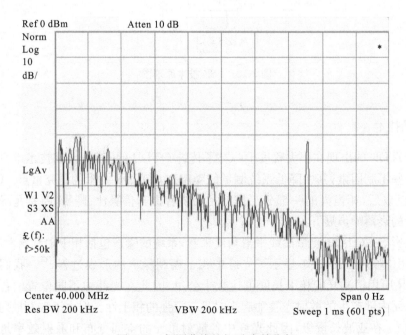

图 3-22　探测曲线的相干瑞利噪声

图 3-22 显示了 COTDR 探测曲线中相干瑞利散射导致曲线的剧烈波动,图 3-23

显示了偏振噪声降噪前后测量曲线的对比。可以看出利用扰偏器降噪后,探测曲线的动态范围有所降低,这是因为对探测光扰偏后的相干探测过程存在一定的功率损失。

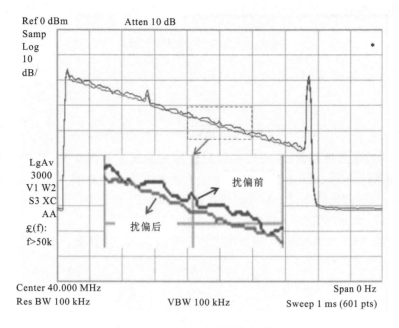

图 3-23　扰偏前后测量曲线对比

通过抑制 COTDR 系统中的噪声来提升测量的信噪比也是 COTDR 系统设计的一个重要环节。在多中继超长距离海底光缆监测中,单就从影响 COTDR 信噪比方面的噪声源来讲,系统噪声主要有:热噪声 N_{th}、散粒噪声 N_{shot}、背向瑞利散射信号与 ASE 噪声的拍频噪声 $N_{S\text{-}sp}$、参考光与 ASE 噪声的拍频噪声 $N_{LO\text{-}sp}$、ASE 噪声的拍频噪声 $N_{sp\text{-}sp}$,具体的表达式见下面式(3-32)~(3-36)。

热噪声可表示为

$$N_{th} = \frac{4k_{\mathrm{B}}TB}{R} \tag{3-32}$$

散粒噪声可表示为

$$N_{shot} = 2eB\left[\frac{e\eta}{\hbar\omega_0}(P_S + P_{sp} + P_{LO}) + I_d\right]G \tag{3-33}$$

背向瑞利散射信号与 ASE 噪声的拍频噪声可表示为

$$N_{S\text{-}sp} = 2eB\left[\left(\frac{e\eta}{\hbar\omega}\right)^2 P_S P_{sp}\right]G \tag{3-34}$$

参考光与 ASE 噪声的拍频噪声可写为

$$N_{LO\text{-}sp} = 2eB\left[\left(\frac{e\eta}{\hbar\omega_0}\right)^2 P_{LO}P_{sp}\right]G \tag{3-35}$$

ASE 噪声的拍频噪声可写为

$$N_{sp\text{-}sp} = 2eB\left[\left(\frac{e\eta}{\hbar\omega_0}P_{sp}\right)^2\right]G \tag{3-36}$$

综合上述各式,系统的信噪比可表示为

$$\frac{S}{N} = \frac{2P_sP_{LO}\left(\frac{e\eta}{\hbar\omega_0}\right)^2 G}{N_{th} + N_{shot} + N_{S\text{-}sp} + N_{LO\text{-}sp} + N_{sp\text{-}sp}} \tag{3-37}$$

其中,k_B 为玻尔兹曼常数;B 为探测器后使用的带通滤波器带宽;T 为热力学温度;R 为探测器内阻;e 为电子电荷;η 为量子效率;$\hbar$ 为约化普朗克常数;ω_0 为参考光频率;ω 为探测光频率;P_S 为背散瑞利信号功率;P_{sp} 为 ASE 噪声功率;P_{LO} 为参考光功率;I_d 为暗电流;G 为探测器增益系数。

在强的 ASE 噪声作用下,噪声项中占主导的为 $N_{LO\text{-}sp}$,因此,信噪比可写为

$$\frac{S}{N} = \frac{2P_sP_{LO}\left(\frac{e\eta}{\hbar\omega_0}\right)^2 G}{N_{LO\text{-}sp}} = \frac{P_s}{P_{sp}B} \tag{3-38}$$

从式(3-38)可以看出,增加探测光信号 P_s 和降低带通滤波器带宽 B 可以提升信噪比,但是由于非线性效应的制约,探测光信号的功率不能无限提升,并且带通滤波器带宽对信噪比也有重要影响,其数值一般取为探测脉冲宽度的倒数。

提升信噪比必须根据具体的噪声类型采取相应的对策来抑制噪声。对于热噪声,降噪方法通常是降低探测器的温度,比如将探测器置于液氮中。对于散粒噪声则需控制光路与电路的稳定。但对 COTDR 系统来讲,最主要的是抑制 ASE 噪声。从上一节的讨论中可知,参考光与 ASE 噪声的拍频噪声占主导,因此降噪以提升信噪比的方法是通过在外差中频上设置带通滤波器,这样大部分的噪声被拦截在通带以外,降噪效果十分明显。带通滤波器的通带宽度,由探测光脉冲的宽度决定,一般表示为 $B = \frac{1}{W}$ Hz。其中 B 表示带通滤波器带宽;W 代表探测光脉冲宽度。对于宽脉冲,如 $100\mu s$,通带宽度设置在 $30kHz$ 比较适当,即必须大于探测光线宽的几倍。此外,最为重要的是,系统信噪比的提升来自于多点数字平均,根据统计理论[15],对随机噪声的足够多次平均后,噪声趋近于零,这样信噪比可得到极大提升。系统实验结果表明,N 次平均过后,系统动态范围提升为 $5\lg N$。通常 COTDR 系统的平均次数为 2^{16} 次,也即动态范围的提升可达 24dB。

相干瑞利噪声降噪的常用方法也是多点数字平均，N 次平均系统测试曲线的波动的标准差可从 σ 减小到 $\frac{\sigma}{\sqrt{N}}$。另外，在实际中应用较为广泛的方法是激光器跳频并同时平均技术。该方法通过在探测过程中不断改变探测频率，从而在本质上增加了探测光的频率样本，这比单纯地增加次数的平均显得更加有效。对于相位噪声，其造成的探测曲线的波动可直接通过多次数字平均来消除。而对偏振噪声是将探测光的偏振态随机均匀化，通常使用扰偏器来实现。图 3-24 显示了 8000次平均后，探测曲线相干瑞利噪声的降噪效果，对比图 3-22 我们可以很明显地看出多次平均对改善测量效果的重要作用。

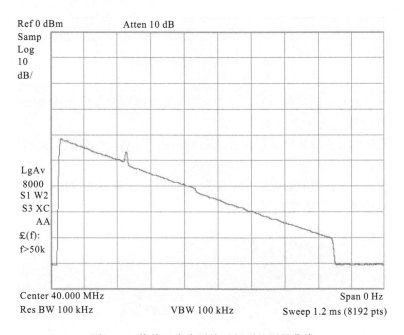

图 3-24　扰偏且多次平均后得到的测量曲线

5. 高速信号处理技术

由于 COTDR 通常用于对超长距离的光纤通信线路进行监测，系统光电信号处理电路涉及的信号数据量非常巨大，比如模数转换模块中采样率为 100MSa/s（每秒一百兆个采样点），则 1s 中可获得 1 亿个点的数据信息。由于测量的曲线通常是 $2^{14} \sim 2^{16}$ 次测量结果的平均，因此几乎不可能先堆积数据再进行处理，而必须对海量的数据进行实时处理。图 3-25 显示了 COTDR 对相干中频信号的处理流程。光电探测器输出的中频信号功率通常很低，于是经低噪声放大后由带通滤波器滤出所需中频,滤出来的中频信号再经模数转换变为数字信号,接着由数字信号处理模块完成对探测光信号功率的解调。数字信号处理可以通过 FPGA(现场可编程门阵列)来实现,FPGA 的最大特点是可以在一个小小的芯片中实现对数字信号的运算。由南京大学自主研制的中频数字信号硬件电路板如图 3-26 所示,信号处理过程如下:

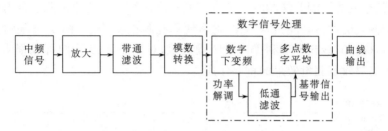

图 3-25　COTDR 信号处理流程

(1) 对输入其中的中频信号作平方运算,从而得到中频信号功率的基带分量和一个倍频分量,该过程称为数字下变频。

(2) 通过低通滤波滤出基带信号从而得到光纤上各个位置散射点对应的中频信号的功率信息。

(3) 存储各个位置散射点的功率信息,并与下一次测得的数据累加,待测量次数达到预定值再作平均,输出最终数据。

图 3-26　高速信号处理电路板

3.3.5　COTDR 的应用

COTDR 技术诞生于 20 世纪 80 年代中期[16]，最初应用于 1.3μm 的通信光缆线路的监测。后来，1.55μm 光通信窗口的出现以及 EDFA 的问世，使得光中继的距离提升到了 100km。而对 EDFA 的级联使用，更使得通信主干线的距离可延伸至上万公里。传统的 OTDR 技术已无法满足对这种线路的监测需求，COTDR 的重要作用显得尤为突出。

COTDR 目前主要用于多中继超长距离光通信线路特别是海底光缆的健康监测。1988 年，全球横越大洋的信息和数据中只有 2％通过海底光缆传送，当时，人造卫星是主要的远距离通信工具。而到了 2000 年，海底光缆已经承担了 80％的远距离通信。目前，已经超过 90％。图 3-27 显示了世界海缆分布图，其中跨洋海底光缆有几十条，海底光缆的总长度已达数十万公里。可见，海缆通信系统已经成为跨洋数据传输的最重要方式。

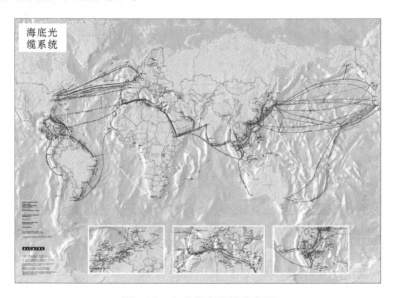

图 3-27　全球海底光缆分布图

由于海缆系统应用于特殊的物理环境中，加之人为因素、光器件性能的衰变以及光缆的自然老化等原因，光缆传输系统出现故障并导致通信中断的现象频繁发生，且故障次数随时间的推移不断增加。如国家一级通信干线北海—海口海底光缆在半年时间内，就遭受损坏 6 起，累计断纤 13 处。仅修复两处海底光缆障碍，历时就达 20 天，耗资 150 多万元。这使海南岛与大陆之间的通信因此多次受到严重阻塞,造成直接经济损失 450 多万元,间接经济损失 3000 多万元。再如中美海底光缆 2001 年 2 月发生阻断,经过十昼夜的抢修才得以修复,一个月后又再次发生阻断,为此,上海海底光缆维修费用高达 1 亿美元。

海底光缆线路的中断不仅对国民经济造成了巨大的损失,更重要的是严重威胁着国防安全。因此,及时发现光缆故障点,对保障通信网络的畅通至关重要。

现在商用的 COTDR 系统已经可以实现对上万公里的海缆线进行健康监测。图 3-28 给出了 COTDR 对多 EDFA 中继的海底光缆模拟监测结果,其中中继跨距为 100km,光缆总长为 2000km。它实质上是由 20 个 OTDR 曲线组成,从 OTDR 曲线事件识别的原理,我们可以发现只要通信线路产生事件(问题),它将会在探测曲线中反映出来,于是,我们就可以通过曲线所反映的事件推断事件的类型和位置,从而确保线路故障的及时修复。

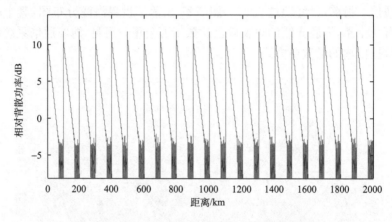

图 3-28　COTDR 对多中继海底光缆的测量曲线

受华为技术有限公司委托,南京大学于 2007 年开始研发用于海底光缆通信系统实时监测的相干光时域反射仪,表 3-2 为所需监测的海底光缆系统参数。

表 3-2　海缆系统监测参数

海缆系统类型	I	II	III
速率/(Gb/s)	10		
传输介质	G.654/655		
波段	1533.86～1562.23nm		
波长间隔	64 波,50GHz 频率间隔		
单程距离/km	3000	6000	12 000
跨段长度/km	100	80	70

续表

海缆系统类型	I	II	III
跨段数	30	80	172
噪声指数/dB	4.5		
中继器还回类型	O-O(具体定义参考 ITU-T G.977)		
还回损耗/dB	20		
滤波器带宽/nm	是否使用滤波器以及滤波器带宽的选取以能满足性能要求为准		

　　表 3-3 所示为南京大学研制的 NJU-0901 型 COTDR 性能参数,经华为技术有限公司测试结果表明:该样机能够实现对 12 000km/70km 海缆传输系统线路监测,单跨监测范围可以达到 70km,功率分辨率小于 0.5dB,定位精度优于 1km。

表 3-3　NJU-0901 型 COTDR 主要性能指标

性能指标	在线模式 (海缆内有信号传输时)	离线模式 (海缆内无信号传输时)
功率分辨率/dB	≤0.5	≤0.5
定位精度/km	≤5	≤0.5
发射功率/dBm	①可调;②<0	①可调;②-7~17
探测距离/km	>12 000	
探测光波长/nm	①可选;②ITU-T 波长(1535~1565nm)	
探测脉冲宽度/μs	①可调;②2~100	
单路动态范围(S/N=1)	>17dB(测试条件:脉宽 10μs,平均时间 216s,输入端 ASE 噪声 -20 dBm/nm)	
测量时间	①满足用户可设:10min~4h ②按 2^{16} 平均次数,满足:3000km/0.75h;6000km/1.5h;12 000km/3.0h	
曲线平滑度	准确分辨出至少 0.5dB 功率波动	
事件盲区	<1.5km	
分辨力	显示分辨力:0.05dB	
	损耗分辨力:0.01dB	
	采样分辨力:0.1~30km	
	距离分辨力:根据脉冲宽度确定	
精度	衰减精度:<0.03dB/dB	
	距离精度:根据时基误差和折射率不确定性分析确定	

3.4 偏振光时域反射(POTDR)技术

POTDR 技术是在 OTDR 技术的基础上发展起来的。与 OTDR 技术不同，它测量的是脉冲光在光纤沿线产生的瑞利散射光的偏振态沿光纤长度上的变化。由于光纤中光波的偏振态对温度、振动、应变、弯曲、扭转等的变化非常敏感，所以 POTDR 技术可用来测量光纤沿线此类事件的变化情况。

3.4.1 单模光纤中的偏振态

1. 偏振态和偏振度

从波动光学的观点来看，光是极高频率的电磁波。通常所说的光振动是指光波的电场强度与磁感应强度的振动。由于物质的光特性(例如使感光材料感光、光电效应等)主要是由物质对电场的作用(介电常数 ε)所决定，因此一般用电场矢量来表示光场矢量。光波是横波，即光矢量与光波传播方向垂直，所以光波具有偏振效应。其偏振态是用其电场矢量端点的轨迹来描述的。对于弱导光纤，光纤中光场的横向分量远大于纵向分量，可近似为一种具有偏振特性的横波。在垂直于光传播方向的平面内，光矢量可能有不同的振动状态，这些不同的振动状态就称为偏振态[17]。

常见的偏振态有线偏振态、圆偏振态、椭圆偏振态三种。如果光矢量的振动方向在传播过程中始终保持不变，只是它的大小随相位改变，这种光称为线偏振光；如果光矢量大小不变，而振动方向绕传播轴均匀地转动，矢量端点的轨迹是一个圆，这种光称为圆偏振光；如果光矢量的大小和方向在传播过程中都有规律地变化，光矢量端点沿着一个椭圆轨迹转动，这种光称为椭圆偏振光。迎着光波的传播方向观察，光矢量端点顺时针旋转时为右旋偏振光，逆时针旋转时为左旋偏振光。线偏振光、圆偏振光和椭圆偏振光都可分解为两个振动方向互相垂直、沿同一方向传播的线偏振光，所不同的是它们分解出来的两个垂直分量的大小及相位差不同。线偏振光和圆偏振光又是椭圆偏振光的特例。

完全非偏振光(自然光)和部分偏振光是偏振光的另外两种形式。自然光中光波的偏振态在一切可能的方向上快速随机变化，这些光束的振动方向分布在一切可能的方位，相互之间没有确定的相位关系，在各个方向上光矢量的时间平均值均相等。部分偏振光可分解为完全非偏振光和完全偏振光，具有部分的偏振性。光波的偏振程度可以用完全偏振光的强度与总强度的比值来表示，称为偏振度，表示为

$$P = \frac{I_p}{I_t} = \frac{I_p}{I_n + I_p} \tag{3-39}$$

其中，I_p 为部分偏振光中包含的完全偏振光的强度；I_t 为部分偏振光的总强度；I_n 为部分偏振光中包含的自然光的强度。

光在光纤中传输时，由于边界的限制，其电磁场是不连续的，这种不连续场的解称为模式。只能传输一种模式的光纤为单模光纤；能同时传播多种模式的光纤为多模光纤。多模光纤中，不同模式的光偏振态随机分布，使得光纤端面输出光的偏振态呈现自然光的特点，因此光纤的偏振特性只存在于单模光纤中[18]。

2. 偏振态的数学描述方法[17,18]

在笛卡儿坐标系中，任意沿 z 轴传播的完全偏振光的电场矢量 E 都可以分解为分别沿 x 轴和 y 轴振动的两个线偏振光，可将它们分别写成如下的形式：

$$\left.\begin{array}{l} E_x = E_{0x}\cos(\tau + \delta_1) \\ E_y = E_{0y}\cos(\tau + \delta_2) \\ E_z = 0 \end{array}\right\} \tag{3-40}$$

其中，E_{0x}、E_{0y} 分别为沿 x、y 轴方向的振幅；$\tau = \omega t - \beta z$，$\omega$ 是角频率，β 是传播常数；δ_1、δ_2 分别为两分量的相位。

将上式中的参变量 τ 消去，可得

$$\left(\frac{1}{E_{0x}}\right)^2 E_x^2 + \left(\frac{1}{E_{0y}}\right)^2 E_y^2 - 2\frac{E_x}{E_{0x}}\frac{E_y}{E_{0y}}\cos\delta = \sin^2\delta \tag{3-41}$$

其中，$\delta = \delta_2 - \delta_1$。式(3-41)是一椭圆方程，表明电场矢量端点所描述的轨迹是一个椭圆。即在任一时刻，沿传播方向上，空间各点电场矢量末端在 xy 平面上的投影是一椭圆。该方程表示的便是椭圆偏振光。

线偏振光和圆偏振光是椭圆偏振光的两种特殊情况。由式(3-41)可见，当 $\delta = \delta_2 - \delta_1 = m\pi(m=0,\pm1,\pm2,\cdots)$ 时，椭圆偏振光就退化为一条直线。此时

$$\frac{E_y}{E_x} = (-1)^m \frac{E_{0y}}{E_{0x}} \tag{3-42}$$

电场矢量 E 就称为线偏振，其表示的光波即为线偏振光。

当 $E_{0x} = E_{0y} = E_0$，且其相位差 $\delta = \delta_2 - \delta_1 = m\pi/2(m=0,\pm3,\pm5,\cdots)$，则式(3-41)退化为

$$E_x^2 + E_y^2 = E_0^2 \tag{3-43}$$

此时电矢量 E 表示的便是圆偏振光。当 $\sin\delta > 0$ 时，$\delta = \frac{\pi}{2} + 2m\pi(m=0,\pm1,\pm2,\cdots)$，迎着光波观察时，合成矢量的端点描绘的是一个顺时针方向旋转的圆，此时为右旋

圆偏振光;当 $\sin\delta < 0$ 时, $\delta = -\dfrac{\pi}{2} + 2m\pi(m=0,\pm 1,\pm 2,\cdots)$,为左旋圆偏振光。

除了上述对偏振光的描述方法外,还有利用琼斯矢量、斯托克斯矢量及庞加莱球的方法,它们能够更为直观地对光波的偏振态进行描述,在与偏振有关的分析中有着重要的作用。

1) 琼斯矢量法

琼斯矢量法是琼斯(R. C. Jones)在 1941 年提出的一种偏振态的描述方法。对于一个电场矢量的 x 和 y 分量,可以用矩阵表示为

$$\begin{bmatrix} E_x \\ E_y \end{bmatrix} = \begin{bmatrix} E_{0x}\,\mathrm{e}^{\mathrm{i}\delta_1} \\ E_{0y}\,\mathrm{e}^{\mathrm{i}\delta_2} \end{bmatrix} \tag{3-44}$$

此矩阵称为琼斯矢量,它表示的是椭圆偏振光。若 $\delta_1 = \delta_2 = \delta_0$,相应的琼斯矢量变为

$$\begin{bmatrix} E_x \\ E_y \end{bmatrix} = \begin{bmatrix} E_{0x} \\ E_{0y} \end{bmatrix} \mathrm{e}^{\mathrm{i}\delta_0} \tag{3-45}$$

上式表示的是电场矢量 E 位于一、三象限的线偏振光。类似地,左、右圆偏振光的琼斯矢量可分别表示为

$$\begin{bmatrix} E_x \\ E_y \end{bmatrix} = \begin{bmatrix} \mathrm{i} \\ 1 \end{bmatrix} E_0\,\mathrm{e}^{\mathrm{i}\delta_0}, \qquad \begin{bmatrix} E_x \\ E_y \end{bmatrix} = \begin{bmatrix} -\mathrm{i} \\ 1 \end{bmatrix} E_0\,\mathrm{e}^{\mathrm{i}\delta_0} \tag{3-46}$$

在琼斯矢量表示方法中,若偏振光 $[E_x, E_y]^{\mathrm{T}}$ 通过偏振元件后变为 $[E_x', E_y']^{\mathrm{T}}$,则该过程可以用下式表示:

$$\begin{bmatrix} E_x' \\ E_y' \end{bmatrix} = \begin{bmatrix} J_{11} & J_{12} \\ J_{21} & J_{22} \end{bmatrix} \begin{bmatrix} E_x \\ E_y \end{bmatrix} = \boldsymbol{J} \begin{bmatrix} E_x \\ E_y \end{bmatrix} \tag{3-47}$$

上式中的矩阵 $\boldsymbol{J}$ 称为该偏振元件的传输矩阵,也称为琼斯矩阵,其元素仅与器件有关。若偏振光 $[E_x, E_y]^{\mathrm{T}}$ 依次通过 n 个偏振元件,它们的琼斯矩阵分别为 $\boldsymbol{J}_i(i=1,2,\cdots,n)$,则从第 n 个偏振元件出射的光波的琼斯矢量为

$$\begin{bmatrix} E_x' \\ E_y' \end{bmatrix} = \boldsymbol{J}_n \boldsymbol{J}_{n-1} \cdots \boldsymbol{J}_2 \boldsymbol{J}_1 \begin{bmatrix} E_x \\ E_y \end{bmatrix} \tag{3-48}$$

琼斯矢量法和上面的椭圆方程都只能用来表示完全偏振光,不能用来描述自然光和部分偏振光的情形。

2) 斯托克斯矢量法

1852 年,斯托克斯(G. Stokes)发现任何偏振态的光波可以完全通过四个可直

接观测的光强量来描述,即光波的偏振态可通过观测的方法来获得。这种表示方法被称为斯托克斯矢量法。与琼斯矢量法只能描述完全偏振光不同,斯托克斯矢量可以描述完全偏振光、部分偏振光和完全非偏振光。

斯托克斯矢量中的四个参量都是光强的时间平均值,定义为

$$
\begin{bmatrix} S_0 \\ S_1 \\ S_2 \\ S_3 \end{bmatrix} = \begin{bmatrix} \langle |E_x|^2 \rangle + \langle |E_y|^2 \rangle \\ \langle |E_x|^2 \rangle - \langle |E_y|^2 \rangle \\ \langle 2E_x E_y \cos\delta \rangle \\ \langle 2E_x E_y \sin\delta \rangle \end{bmatrix} \tag{3-49}
$$

其中,$\delta = \delta_2 - \delta_1$ 为偏振光的电场矢量 E 的 x 和 y 分量之间的相位差。对于自然光,有 $\langle |E_x|^2 \rangle = \langle |E_y|^2 \rangle$ 且始终为正,而 $\langle 2E_x E_y \cos\delta \rangle = \langle 2E_x E_y \sin\delta \rangle = 0$,因此有

$$
S_0 = \langle |E_x|^2 \rangle + \langle |E_y|^2 \rangle
$$
$$
S_1 = S_2 = S_3 = 0
$$

所以自然光的斯托克斯矢量为 $[S_0, 0, 0, 0]^T$。对于完全偏振光,则有

$$
\begin{bmatrix} S_0 \\ S_1 \\ S_2 \\ S_3 \end{bmatrix} = \begin{bmatrix} E_x^2 + E_y^2 \\ E_x^2 - E_y^2 \\ 2E_x E_y \cos\delta \\ 2E_x E_y \sin\delta \end{bmatrix} \tag{3-50}
$$

显然,对于完全偏振光,有 $S_0^2 = S_1^2 + S_2^2 + S_3^2$。对于部分偏振光,则有 $S_0^2 > S_1^2 + S_2^2 + S_3^2$,偏振度可表示为

$$
P = \frac{\sqrt{S_1^2 + S_2^2 + S_3^2}}{S_0} \tag{3-51}
$$

在斯托克斯矢量表示中,偏振元件的传输矩阵可以用穆勒矩阵 $\boldsymbol{R}$ 表示。因此通过偏振元件后的偏振光可以表示为

$$
\begin{bmatrix} S_0' \\ S_1' \\ S_2' \\ S_3' \end{bmatrix} = \boldsymbol{R} \begin{bmatrix} S_0 \\ S_1 \\ S_2 \\ S_3 \end{bmatrix} = \begin{bmatrix} R_{11} & R_{12} & R_{13} & R_{14} \\ R_{21} & R_{22} & R_{23} & R_{24} \\ R_{31} & R_{32} & R_{33} & R_{34} \\ R_{41} & R_{42} & R_{43} & R_{44} \end{bmatrix} \begin{bmatrix} S_0 \\ S_1 \\ S_2 \\ S_3 \end{bmatrix} \tag{3-52}
$$

若入射光依次通过 n 个偏振元件,它们的穆勒矩阵分别为 $\boldsymbol{R}_i (i=1,2,\cdots,n)$,则从第 n 个偏振元件出射的光波的斯托克斯矢量为

$$
\begin{bmatrix} S_0' \\ S_1' \\ S_2' \\ S_3' \end{bmatrix} = \boldsymbol{R}_n \boldsymbol{R}_{n-1} \cdots \boldsymbol{R}_2 \boldsymbol{R}_1 \begin{bmatrix} S_0 \\ S_1 \\ S_2 \\ S_3 \end{bmatrix} \tag{3-53}
$$

3）庞加莱球图示法

庞加莱球图示法是庞加莱（H. Poincare）1892 年提出的一种通过图示来表示偏振态的方法[19]，它可以直观地表示偏振光的偏振态及其变化过程。对于完全偏振光，有 $S_0^2 = S_1^2 + S_2^2 + S_3^2$。设椭圆偏振光的长轴的方位角为 θ，椭圆率为 φ，则有

$$\left. \begin{aligned} S_1 &= S_0 \cos 2\varphi \cos 2\theta \\ S_2 &= S_0 \cos 2\varphi \sin 2\theta \\ S_3 &= S_0 \sin 2\varphi \end{aligned} \right\} \qquad (3\text{-}54)$$

将右手坐标系的三个轴分别用 S_1、S_2 和 S_3 表示，将 S_3 方向规定为正方向，则可将任一偏振态的光波用一点表示在庞加莱球上，如图 3-29 中的 P 点。

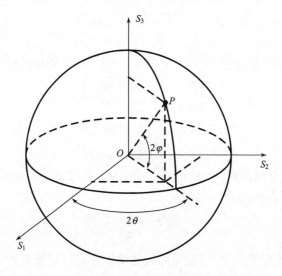

图 3-29　庞加莱球

结合图 3-29 和式（3-54）可以看出，庞加莱球上 P 点的纬度等于椭圆率角 φ 的两倍，经度等于椭圆偏振光长轴的方位角 θ 的两倍。显然，庞加莱球上半球的各点表示右旋偏振光，下半球的各点表示左旋偏振光。赤道上的各点表示椭圆率角为零的线偏振光。而上、下两极点则分别对应于右旋圆偏振光和左旋圆偏振光。

庞加莱球也能表示部分偏振光和完全非偏振光。当 P 点位于球心处时，表示完全非偏振光；当 P 点位于球面上时，表示完全偏振光。当 P 点位于球内任意一点时，表示部分偏振光。

3. 单模光纤的双折射

在理想情况下，单模光纤可以传输沿光纤径向相互垂直的两个模式矢量场。

它们具有相同的传播常数,彼此简并,可以看成一个单一的偏振电场矢量[18]。然而在光纤的实际生产、成缆、铺设等过程中,由于扭绞、挤压、残余应力、温度变化、几何椭圆度等原因,会使光纤径向沿不同的方向有不同的有效折射率,即导致光纤的双折射。这使得光纤径向上相互正交的两个矢量场在光纤中有不同的传播常数,它们在光纤中传播时会相互耦合,使总的偏振态沿光纤长度方向不断变化。

双折射通常定义为单模光纤中两个相互正交的偏振基模 HE_{11x} 和 HE_{11y} 沿光纤轴向传输时的传播常数之差:

$$\delta\beta = \beta_x - \beta_y = 2\pi(n_x - n_y)/\lambda \tag{3-55}$$

其中,λ 是光在真空中的波长;n_x 和 n_y 是两个正交的偏振基模 HE_{11x} 和 HE_{11y} 的有效折射率。双折射的另外两种描述方式为归一化双折射 B 和拍长 L_B。归一化双折射可表示为 $B=\delta\beta/\beta$,其中 β 为 β_x 和 β_y 之间的平均值。拍长表示的是在双折射的作用下,偏振光的偏振态在光纤中演化一个周期的时间内光波传输的距离,可表示为 $L_B=2\pi/\delta\beta$。

导致光纤中产生双折射的原因有多种,按照双折射起因的不同,可分为固有双折射和感生双折射两种。

1) 固有双折射

光纤中出现固有双折射是因为存在有意或无意的内部各向异性,可分为形状双折射和应力双折射。

(1) 形状双折射　在光纤的拉制过程中,由于各种原因使纤芯由圆形变成了椭圆,此时便会产生形状双折射。设椭圆形纤芯的长短轴分别为 a 和 b,则形状双折射可表示为[20]

$$\left.\begin{array}{l}\delta\beta_{GE} = 0.2k_0\left(\dfrac{a}{b}-1\right)(\Delta n)^2, \quad (a/b-1)\ll 1 \\[2mm] \delta\beta_{GE} = 0.25k_0(\Delta n)^2, \quad 2<(a/b-1)<6\end{array}\right\} \tag{3-56}$$

其中,$k_0=2\pi/\lambda$,为自由空间传播常数;$\Delta n=n_1-n_2$,为纤芯和包层的折射率差。

(2) 应力双折射　由于光纤纤芯和包层的掺杂不同,热膨胀系数也不同。因此在模截面上即使有很小的热应力不对称,也会导致纤芯材料的各向异性,从而引起应力双折射。对于椭圆芯阶跃型光纤,其应力双折射可表示为[21]

$$\Delta\beta_{SE} = \frac{1}{2}kn^3(p_{11}-p_{12})F\frac{1+\upsilon_P}{1-\upsilon_P}\Delta\alpha\Delta T\frac{a-b}{a+b} \tag{3-57}$$

其中,n 为光纤的平均折射率;p_{11} 和 p_{12} 是光纤的弹光系数,对石英光纤,$p_{11}=0.12$,$p_{12}=0.27$;υ_P 为泊松比,对石英光纤,$\upsilon_P=0.17$;F 为基模的归一化传输常数;$\Delta\alpha$ 为芯层和包层的热膨胀系数差;ΔT 为光纤制造温度(即玻璃的软化温度)与环境温度差。

2）感生双折射

　　光纤除了具有固有双折射外,在受到某些外界因素如弯曲、侧向压力、外界电磁场等的影响时,会造成光纤新的各向异性,也会产生双折射。一般情况下,当外界影响消除时,这个双折射也会消失。由于这种双折射是由外界条件引起的,所以叫做感生双折射。下面给出一些无固有双折射的理想光纤受到外界因素影响时产生的感生双折射的结果[22]。

　　（1）纯弯曲　光纤弯曲产生的双折射表示为

$$B_b = \frac{\delta\beta_b}{\beta} = 0.25 n^2 (p_{11} - p_{12})(1 + v_P)\frac{r^2}{R^2} \tag{3-58}$$

其中,r 为光纤包层的半径;R 为弯曲的曲率半径且 $r \ll R$。

　　（2）张力作用下的弯曲　如果将纯张应力施加于光纤,由于光纤的对称性,不存在感生双折射。但如果在施加张应力后,把光纤缠绕在半径为 R 的鼓轮上,由于鼓轮对光纤表面的反作用力,这时弯曲的二阶应力效应就会结合两个应力分量,从而在原来的基础上产生附加双折射:

$$B_t = \frac{1}{2} n^2 (p_{11} - p_{12}) \frac{(1 + v_P)(2 - 3v_P)}{1 - v_P} \frac{r}{R} S_{zz} \tag{3-59}$$

其中,S_{zz} 为外加轴向抗张应变,轴的取向如图 3-30 所示。张力作用下缠绕光纤总的合成归一化双折射为 $B_{tx} = B_b + B_t$。

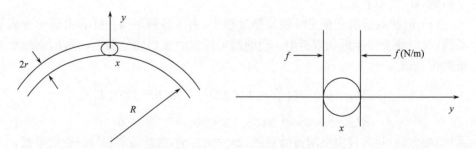

图 3-30　光纤弯曲造成双折射的示意图　　图 3-31　侧向力造成感生双折射的示意图

　　（3）侧向力　光纤受到如图 3-31 所示的侧向压力时,单位长度上产生的感生双折射为

$$B_f = \frac{\delta\beta_f}{\beta} = \frac{4}{\pi} n^2 \frac{1 + v_P}{Y}(p_{12} - p_{11})\frac{f}{2r} \tag{3-60}$$

其中,f 为外加侧向压力;Y 为杨氏模量,对 SiO_2,$Y = 6.5 \times 10^{10} N/m^2$。

　　（4）光纤扭绞　以均匀的扭转率 $2\pi N(\text{rad/m})$（N 是每米的圈数）围绕其轴扭转的光纤,将引起切应力而导致圆双折射,即双折射的两个本征模式是左旋和右旋

的两个圆偏振态。圆双折射会导致旋光现象的产生,它可表示为

$$\delta\beta_c = \frac{1}{2}n^2(p_{11} - p_{12})2\pi N \tag{3-61}$$

即与扭转同向和与扭转反向的圆偏振模传播常数之差。

(5) 外加电场和磁场　光纤受到类似于图 3-31 中的横向力那样配置的横电场时,会通过克尔效应引入线性双折射:

$$B_E = K(E_k)^2 \tag{3-62}$$

其中,E_k 是电场的振幅;$K \approx 2 \times 10^{-22} \, m^2/V^2$ 是 SiO_2 的归一化克尔效应常数。

沿光纤轴纵向施加的磁场会通过法拉第效应引入圆双折射:

$$\delta\beta_H = 2V_f H_f \tag{3-63}$$

其中,H_f 是磁场的振幅;$V_f \approx 4.6 \times 10^{-6} \, rad/A$ 是 SiO_2 的费尔德常数。

4. 偏振光在单模光纤中传播时偏振态的变化

如前所述,光纤中传播的偏振光若要保持稳定的偏振态,则在 x 轴和 y 轴两个方向上的偏振光的相位差 $\delta = \delta_2 - \delta_1$ 应保持恒定。但由于单模光纤中存在固有双折射,这会为 x 轴和 y 轴两个方向上的偏振光引入随距离持续变化的附加相位差,因此偏振光在光纤中传播时,其偏振态会随着其在光纤中的传播而不断变化。只有当光波为线偏振光且始终沿 x 轴或 y 轴振动,其偏振态才可保持不变。但由于单模光纤中的归一化双折射 $B\left(B = \frac{n_x - n_y}{n}\right)$ 很小,一般在 $10^{-6} \sim 10^{-5}$[23],当其产生弯曲或受到温度、扭转等外部作用时,极容易使两个方向上的偏振光产生耦合,因此单模光纤的双折射轴在光纤沿线的分布具有随机性,实际的单模光纤中光波的偏振态不能保持恒定。对于高双折射的保偏光纤,其归一化双折射 B 高达 10^{-3} 以上,可以有效保证双折射轴的稳定性。因此当线偏振光沿其 x 轴或 y 轴方向振动时,可有效保证光波的偏振性。

用来描述光纤传输特性的传输矩阵可以表示为如下的形式[24]:

$$\boldsymbol{R}(\beta) = \boldsymbol{R}(\gamma, \varphi, \theta) = \boldsymbol{R}_z(\theta)\boldsymbol{R}_y(\varphi)\boldsymbol{R}_x(\gamma)\boldsymbol{R}_y(-\varphi)\boldsymbol{R}_z(-\theta) \tag{3-64}$$

其中,$\boldsymbol{R}(\beta)$ 为该光纤的穆勒矩阵;

$$\boldsymbol{R}_x(\gamma) = \begin{bmatrix} 1 & 0 & 0 & 0 \\ 0 & 1 & 0 & 0 \\ 0 & 0 & \cos\gamma & -\sin\gamma \\ 0 & 0 & \sin\gamma & \cos\gamma \end{bmatrix}, \quad \boldsymbol{R}_y(\varphi) = \begin{bmatrix} 1 & 0 & 0 & 0 \\ 0 & \cos\varphi & 0 & \sin\varphi \\ 0 & 0 & 1 & 0 \\ 0 & -\sin\varphi & 0 & \cos\varphi \end{bmatrix}$$

$$R_z(\theta) = \begin{bmatrix} 1 & 0 & 0 & 0 \\ 0 & \cos2\theta & -\sin2\theta & 0 \\ 0 & \sin2\theta & \cos2\theta & 0 \\ 0 & 0 & 0 & 1 \end{bmatrix}$$

$\gamma = L_R|\beta| = L_R\sqrt{|\beta_L|^2 + |\beta_C|^2}$；$L_R$ 为旋转长度，表示的是光纤双折射轴方向发生旋转的最大长度，β、β_L 和 β_C 分别为光纤总双折射、线双折射和圆双折射。$\tan\varphi = |\beta_C|/|\beta_L| \left(-\dfrac{\pi}{2} \leqslant \varphi \leqslant \dfrac{\pi}{2}\right)$，表示圆双折射和线双折射的相对大小，$\theta$ 是双折射轴中折射率较小的轴（快轴）与参考系 x 轴之间的夹角，且 $0 \leqslant \theta \leqslant 2\pi$。一般单模光纤的拍长约为几十米[25,26]，旋转长度与拍长在一个数量级[27]。对于长度较长的光纤，难以用统一的传输矩阵来表示，常用的方法是将光纤看做由 N 段短光纤级联而成，每一段光纤内各处的双折射大小相等，方向固定，相邻光纤段之间的双折射轴方向不相关地随机变化。这种对光纤的描述方法被称为波片模型，每一段短光纤可看做一个波片，如图 3-32 所示。据此方法，可将整根光纤的传输矩阵表示为

$$R = R_N\cdots R_2R_1 \tag{3-65}$$

其中，R_N 为第 N 段短光纤的传输矩阵。

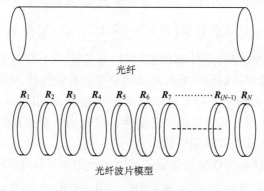

图 3-32　波片模型示意图

因此，光波在单模光纤中传播时可将其表示为

$$S(z) = R_{(z)}R_{N-1}\cdots R_2R_1S_i = RS_i \tag{3-66}$$

其中，S_i 和 $S(z)$ 分别表示输入光波和位于光纤中 z 位置处光波的斯托克斯矩阵；$R_{(z)}$ 表示从第 $N-1$ 个波片末端至 z 位置处的一段光纤的正向传输矩阵。$R = R_{(z)}R_{N-1}\cdots R_2R_1$ 表示从光波入射端至 z 位置处的光纤的传输矩阵。

3.4.2　POTDR 传感技术

据上节可知,由于外部的扰动会改变光纤的双折射,而光纤的双折射又会进一步改变光纤传输矩阵中的矩阵元素,因此光纤外部的扰动会最终反映在光纤中光波的偏振态上。当光波在光纤中产生瑞利散射时,会保持光波原有的偏振态;当光纤上存在外界作用时,瑞利散射光的偏振态会发生改变。因此,通过测量光纤中瑞利散射偏振态的变化,便可实现对光纤外部信息的传感。

1. 瑞利散射的穆勒矩阵

光波在光纤中发生瑞利散射的过程可看做是在光纤不同位置连续分布的反射,因此对光纤中某一位置的散射过程可用反射过程来进行分析。由于光纤的互易性,光纤对反向传播的散射光的传输矩阵为正向传输矩阵的转置。又由于光波在反射时会保持其原有的偏振态[3],因此对光纤的散射过程的传输矩阵可表示为[28]

$$\boldsymbol{R} = \overleftarrow{\boldsymbol{R}}\overrightarrow{\boldsymbol{R}} = \boldsymbol{M}\overrightarrow{\boldsymbol{R}}^{\mathrm{T}}\boldsymbol{M}\overrightarrow{\boldsymbol{R}} \tag{3-67}$$

其中,$\overrightarrow{\boldsymbol{R}} = \boldsymbol{R}(\gamma, \varphi, \theta)$ 表示前向传输的矩阵;$\overleftarrow{\boldsymbol{R}} = \boldsymbol{M}\overrightarrow{\boldsymbol{R}}^{\mathrm{T}}\boldsymbol{M}$ 表示背向传输的矩阵;$\boldsymbol{M} = \begin{bmatrix} 1 & 0 & 0 & 0 \\ 0 & 1 & 0 & 0 \\ 0 & 0 & 1 & 0 \\ 0 & 0 & 0 & -1 \end{bmatrix}$ 为一辅助矩阵。因此,光纤中某个位置 z 处的瑞利散射信号可表示为

$$\boldsymbol{S}_o(z) = \overleftarrow{\boldsymbol{R}}_1\overleftarrow{\boldsymbol{R}}_2\cdots\overleftarrow{\boldsymbol{R}}_{N-1}\overleftarrow{\boldsymbol{R}}_{(z)}\overrightarrow{\boldsymbol{R}}_{(z)}\overrightarrow{\boldsymbol{R}}_{N-1}\cdots\overrightarrow{\boldsymbol{R}}_2\overrightarrow{\boldsymbol{R}}_1\boldsymbol{S}_i = \boldsymbol{M}\boldsymbol{R}^{\mathrm{T}}\boldsymbol{M}\boldsymbol{R}\boldsymbol{S}_i = \boldsymbol{R}_B\boldsymbol{S}_i \tag{3-68}$$

其中,$\boldsymbol{S}_o(z)$ 表示从光波入射端出射的从光纤中 z 处返回的瑞利散射光波的斯托克斯矢量;$\overleftarrow{\boldsymbol{R}}_N$ 为第 N 段短光纤的背向传输矩阵;$\boldsymbol{R}_B = \boldsymbol{M}\boldsymbol{R}^{\mathrm{T}}\boldsymbol{M}\boldsymbol{R}$。

2. POTDR 的原理

POTDR 的基本结构如图 3-33 所示,其中脉冲激光器用来产生探测光脉冲。由于 POTDR 需要探测的是光纤中瑞利散射光偏振态的变化,为防止由于激光器线宽过宽造成的退偏振效应,POTDR 中光源的线宽不能过宽[29];但当光源线宽太窄时,由传感脉冲光在光纤中不同位置处返回的散射光会相互干涉,使散射光信号的功率产生波动,影响对光波偏振态的检测[30]。因此,POTDR 中光源的线宽选在 0.2nm(波长为 1550nm 时,0.2nm 约对应频率 25GHz)左右比较适宜[29]。起偏器用来保证注入光纤的传感脉冲光为完全偏振光。检偏器用来使特定偏振态的散射光通过,并滤除其他偏振态的散射光。探测器用来将经过检偏器的光信号转换为

电信号。信号采集和信号处理单元用来对信号作处理以得到最后的结果。

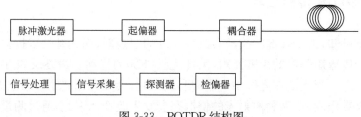

图 3-33　POTDR 结构图

　　如前所述,光纤中背向散射光的偏振态会受到光纤中双折射的影响,而光纤受到弯曲、挤压、扭绞、温度变化、外界电磁场等又会引起双折射的变化。因此当光纤受到外部环境的影响时会改变其中背向散射光的偏振态,从而导致通过检偏器的光波发生变化。POTDR 据此便可以实现对光纤扰动的传感。

　　在图 3-33 中由于采用耦合器之后,不能使背向瑞利散射光全部返回检偏器,会使信号造成一定的损失。另外,采用检偏器检测信号,只能使偏振方向与检偏器一致的光波完全通过,而垂直于检偏器的光波会被完全阻挡。因此图 3-33 所示的 POTDR 结构不能充分利用散射光的能量。另一种改进的 POTDR 系统如图 3-34 所示[31]。图中利用环行器代替了耦合器,使更多的光能量可以耦合进传感光纤,也使更多的散射光从传感光纤耦合进入检偏装置。同时图中也使用偏振分束器来替代了检偏器。偏振分束器可以将偏振光波中偏振态相互垂直的两个分量分别分解到它的两个端口输出,既起到了检偏器的作用,也同时将偏振光两个垂直方向的光波分量全部利用了起来,增大了信号的功率,在一定程度上提高了信号的信噪比。

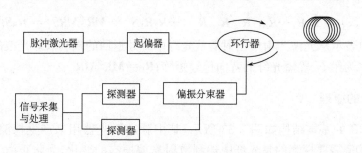

图 3-34　改进的 POTDR 系统

　　通常 POTDR 系统在对光纤外部扰动事件进行测量时,多采取短时间内反复测量并进行对比的方式来对外界影响进行检验。如图 3-35 所示为 POTDR 对一段在 2000m 处受扰动的光纤进行测量所得到的结果。其中,图 3-35(a)表示没有外部扰动时 POTDR 测得的曲线,图 3-35(b)表示加上外部扰动后测得的曲线。由于普通单模光纤沿线的双折射本身就在随机变化,因此单一的测量曲线并不能反映出外界是否存在扰动。图 3-35(c)是两幅图作差之后的结果,可以看到,在扰动点之前,光纤沿线光波的偏振态相同,作差之后结果为零。但在扰动点之后,由于光波受扰动后偏振态产生了变化,光纤沿线光波的偏振态与扰动之前完全不同。

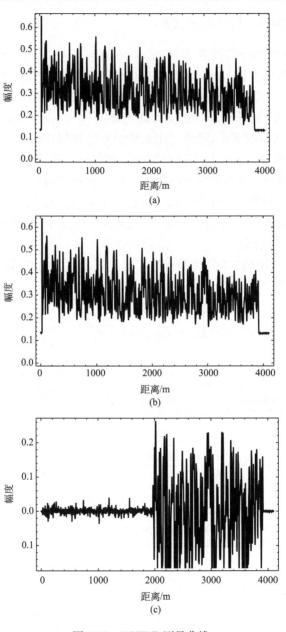

图 3-35　POTDR 测量曲线

因此,通过分析该曲线可实现传感。

但从图 3-35(c)可以看到,由于 POTDR 测得的结果从扰动点开始发生变化,所以在第一个扰动点之后的所有其他扰动所造成的偏振态变化都会受到第一个扰动的影响。因此,一般来说 POTDR 传感技术只能对单一的事件点进行测量。

3. 基于频率测量的 POTDR 传感技术

基于频率测量的 POTDR 传感技术由 Rogers 提出[32]。该技术通过利用 POTDR 技术测量高双折射光纤沿线引起的瑞利散射信号频率的变化来对外部事件进行传感。其基本原理是:向高双折射光纤中注入一个脉宽约为光纤拍长一半长度的脉冲光,并使光纤 x 方向和 y 方向光脉冲的功率相等,由于高双折射光纤在两个方向上存在折射率差,脉冲光在光纤中前进过程中所产生的瑞利散射光的偏振态会不断地变化。若光纤中的双折射始终保持一致,则 POTDR 测得的信号的变化频率始终恒定,但当光纤上存在扰动时,均一的双折射会产生变化,进而使 POTDR 测得的信号变化频率发生改变。任何地方发生变化都会导致 POTDR 测得的相应位置处的信号频率发生变化,因此通过分析信号的频率变化,可实现对光纤沿线的全分布式传感。

基于频率测量的 POTDR 传感技术如图 3-36 所示。在高双折射光纤中 x 和 y 两个方向的背向散射光的本征模式可分别表示为

$$
\left.\begin{array}{l}
E_x = E_{0x}\cos(\tau + \delta_x) \\
E_y = E_{0y}\cos(\tau + \delta_y)
\end{array}\right\}
\tag{3-69}
$$

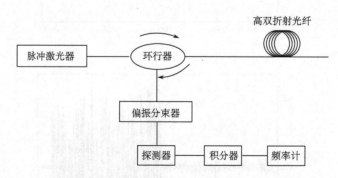

图 3-36　基于频率测量的 POTDR 传感技术原理图

它们的速度可分别表示为

$$
\left.\begin{array}{l}
v_x(s') = v - c(s')/2 \\
v_y(s') = v + c(s')/2
\end{array}\right\}, \quad c(s') \ll v
\tag{3-70}
$$

其中,v 是两个本征模式的平均群速度;$v_x(s')$ 和 $v_y(s')$ 分别表示两个本征模式在

s' 位置处的群速度。在光纤中传输了距离 s 的光波相位可表示为

$$\delta(s) = \omega \int_0^s \mathrm{d}s'/v(s') \tag{3-71}$$

则当在光纤 s 位置处产生的散射光返回到入射端时散射光中两个本征模式之间的相位差为

$$\Delta\delta = 2(\delta_x - \delta_y) = 2\omega/v^2 \int_0^s c(s')\mathrm{d}s' \tag{3-72}$$

所以此光信号偏振态的变化频率为

$$f_D = (1/2\pi)\mathrm{d}(\Delta\delta)/\mathrm{d}t = (1/2\pi)[\mathrm{d}(\Delta\delta)/\mathrm{d}s](\mathrm{d}s/\mathrm{d}t) \tag{3-73}$$

因为 $s = vt/2$，上式可化为

$$f_D = f/v \cdot c(s) \tag{3-74}$$

对于拍长为 b 的高双折射光纤，可得

$$c = v^2/bf$$

因此，利用式(3-74)可得

$$f_D = v/b \tag{3-75}$$

可见，通过测量在不同时间所返回信号的频率 $f_D(t)$，可以反映出与光纤中不同位置处拍长 $b(s)$ 相关的外部扰动。

尽管基于频率测量的 POTDR 技术可以实现对光纤中多个位置处扰动的测量，但是它也存在几个显著的缺点。由于高双折射光纤的拍长只有几毫米，因此若要求脉冲光的脉宽为半个拍长的长度，则需要脉冲光的持续时间在 10ps 的量级，同时为了有足够高的信噪比，需要这样短的脉冲光有很大的功率，这对光源提出了很高的要求。另一个缺点是根据式(3-75)可知，对于 10mm 的拍长，对应的频率 f_D 高达 20GHz，探测这样高频率的信号是很困难的事情。

4. 基于频谱分析的 POTDR 传感技术

基于频谱分析的 POTDR 传感技术由加拿大 Bao 教授的研究小组提出[33,34]，它通过对 POTDR 获取的信号进行由时域到频域的变换，再通过对信号频谱在光纤沿线长度上变化状况的分析，对光纤沿线的动态扰动事件进行测量。利用此传感技术可实现灵敏度很高的全分布式振动传感器。

全分布式振动传感系统对光源和探测器都有较高的要求。对光源而言，在 POTDR 中注入光纤的光脉冲需有较高的消光比。产生光脉冲一般有两种途径：一是在连续光激光器后加电光调制器(EOM)；另一种是通过调制半导体激光器的驱动电流直接得到脉冲光输出。后一种方法可得到高消光比(>50dB)的短脉冲输出(<100ns)。对探测器而言，则需要较高的灵敏度及与脉冲宽度相匹配的带

宽。脉宽越窄,系统的空间分辨率越高,但要求的探测带宽越宽,信噪比也会随之降低。

　　POTDR 全分布式系统基本原理仍如图 3-33 所示,所不同的是其数据分析的方法是利用傅里叶变换由信号变化的频谱来实现的。具体数据分析见图 3-37。第一步是数据采集,当脉冲的重复率为 10kHz 时,每隔 0.1ms 采集一个 POTDR 曲线。第二步是将曲线上的每一点随时间的变化提取出来,若该点稳定则时间信号没有变化,反之说明该点有扰动。找到第一个扰动点后,将之后每点的时间信号都作傅里叶频谱变换,若之后的扰动频率与第一点频率不同,则从频谱上即可区分出不同频率振动点的位置,即为图 3-37 中的第三步。但目前 POTDR 对具有相同的频率分量的多点扰动判断仍存在困难。

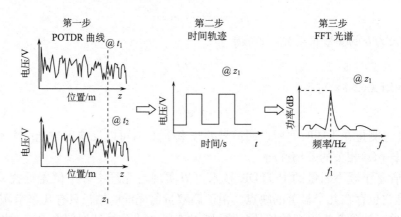

图 3-37　POTDR 系统数据处理原理图

　　这个系统的最大传感距离与脉冲光的能量(包括峰值功率和脉宽)和探测器的灵敏度相关。在给定光发射接收模块的情况下,只能通过增加脉宽的办法来增加传感距离,但脉宽的增加会导致系统空间分辨率的降低。另一方面,单个脉冲及其瑞利散射在光纤中往返的时间(即脉冲的持续期)和传感距离成正比,因此传感距离越长,系统所能测量的最高振动频率就越低。实际中应该根据不同应用的测试要求,综合考虑 POTDR 系统的各项参数。

5. 基于斯托克斯参量测量的 POTDR 传感技术

　　前面介绍的 POTDR 传感技术均是利用检偏装置来检测光波偏振态的变化,其特点是速度快、反应灵敏,但不能获得光波准确的偏振状态。而根据 3.4.1 节所述,光波的斯托克斯矢量表示法中的 S_0、S_1、S_2 和 S_3 四个斯托克斯参量均为与光强度相关的可测量量,因此通过对光波强度的测量,可完全得到 S_0、S_1、S_2 和 S_3 四个分量的大小,进而得到光波偏振态的准确信息,再通过计算就能够得到光纤沿线各个位置的偏振态分布及变化情况[35,36]。

通常测量 S_0、S_1、S_2 和 S_3 四个分量的方法是通过在光路中插入一个检偏器，并分别调整检偏器的方位角为 $0°$、$45°$ 和 $90°$，同时检测通过检偏器的光波功率，可得到 $I(0°,0°)$、$I(45°,0°)$ 和 $I(90°,0°)$ 三个光功率。括号中的第一个角度表示的是检偏器的方位角，第二个角度表示的是检偏器前光波的相对相位。再在检偏器前安装一四分之一波片并同时将检偏器原方位角调整到 $45°$，可得到第四个光功率值 $I(45°,90°)$。根据以上结果，可得到四个斯托克斯分量的大小为

$$S_0 = I(0°,0°) + I(0°,90°) \tag{3-76}$$

$$S_1 = I(0°,0°) - I(90°,0°) \tag{3-77}$$

$$S_3 = 2I(45°,0°) - I(0°,0°) - I(90°,0°) \tag{3-78}$$

$$S_4 = 2I(45°,90°) - I(0°,0°) - I(90°,0°) \tag{3-79}$$

这种方式可以完全得到光纤沿线散射光的偏振态及偏振度，因此可对外界作用于光纤沿线多个位置上的影响进行传感。但在对四个斯托克斯参量进行测量时，需要将散射光分成四路同时进行检测或不断变化检偏器的状态来对散射光的四个参量进行检测，系统复杂、传感速度较慢，多用于测量光纤的偏振模色散（PMD）和差分群时延（DGD）等参量。

3.4.3　POTDR 的应用

POTDR 的传感基于光纤中光波的偏振效应，它的应用主要是传感测量与光纤中光波的偏振态有关的物理量，在电压测量、持续振动和阻尼振动测量、快速扰动测量及光纤中偏振模色散测量中显示出了广阔的应用前景。到目前为止，国内外对 POTDR 的应用研究主要有以下几个方面。

1）对高压的测量

测量高压输电线路的电压通常需要昂贵而复杂的设备。利用光纤的二阶横向电光效应（克尔效应）则有可能通过 POTDR 技术实现对高压线路电压的测量[37]。如图 3-38 所示，将单模光纤或液芯光纤弯曲成螺旋形，放置在高压线路附近。由于克尔效应的作用，电压会引起光纤中光波偏振态的变化。利用 POTDR 测量光纤中返回的散射光偏振态的变化并进行数据分析，便可实现对高压输电线路电压的测量。光纤在弯曲成螺旋形时，其螺纹间距随离线路的距离逐渐增大，这样可使较密集的光纤圈位于高压线附近，以更好地发挥作用。类似地，也可以通过利用光纤的法拉第效应引起光波偏振态变化的大小，得到导线线圈中磁场的大小，最终推导出导线中电流的大小，以实现对输电线路中电流的传感[38]。

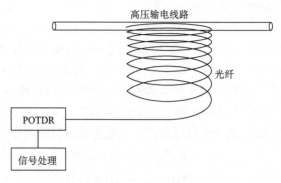

图 3-38　对高压的测量

2）对持续振动和阻尼振动的测量

持续振动和阻尼振动往往频率较高，POTDR 的信号接收和处理方式都相对简单，可以实现对这两种振动的测量[34]。

将一弹性钢尺的一端固定在光学平台的边缘，然后将传感光纤贴在尺面上。当钢尺受到持续振动作用或受到冲击后，会带动传感光纤一起产生相应的振动。基于瑞利散射进行偏振态测量的 POTDR 可以敏感地捕捉到光纤振动的信号变化。图 3-39 为 POTDR 对受到冲击的弹性钢尺进行测量的结果。图 3-39（a）显示了前 10s 探测到的信号，可以看到振动信号的幅度随时间在逐渐衰减，将此信号作傅里叶变换可得钢尺振动的基频，如图 3-39（b）所示。

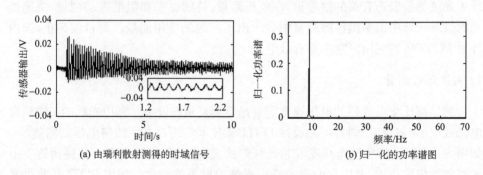

(a) 由瑞利散射测得的时域信号　　　　　　　(b) 归一化的功率谱图

图 3-39　悬臂梁阻尼振动的探测

3）对快速振动的测量

基于频谱分析的 POTDR 系统具有灵敏度高、对外界干扰反应及时、抗噪能力强等特点，它可以获取光纤沿线振动信号的频率，在千米量级的传感光纤中可实现对高达 5kHz 振动信号的传感[33]。

图 3-40 所示为利用 POTDR 系统在 900m 长光纤上分别测得的 22Hz 低频信号及 4234Hz 的高频信号。在振动信号位置前的光纤上得到的频谱为噪声产生的频谱,没有信号峰值。在振动信号位置后的光纤上,均可得到如图 3-40 所示的频谱,表明光纤上存在振动信号,且其频率即为频谱中峰值位置处对应的频率。

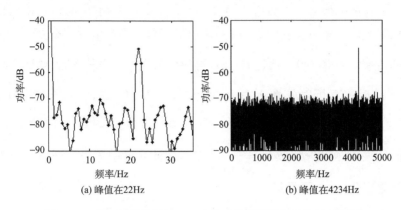

图 3-40 基于频谱分析的 POTDR 系统测得的振动信号频谱图

4) 对光纤中偏振模色散的测量

由于光纤中存在双折射,脉冲光在光纤中传播时,其相互垂直的两个模式的传播常数并不相同,因而导致脉冲光展宽,产生偏振模色散(PMD)。对于低速的传输系统,PMD 对通信不构成影响,但对于 40Gb/s 以上的高速光纤通信系统,偏振模色散则成为了制约通信容量和距离的主要因素。较早以前埋设的大量光缆都没有考虑 PMD 的影响,因此在这些光缆上进行高速通信是不可能的。最为经济的方法便是测量出已铺设光缆的 PMD 分布,并替换掉 PMD 过大的光缆。POTDR 目前在这方面的应用是最多的[39,40]。

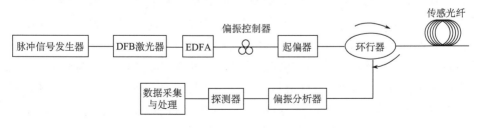

图 3-41 测量光纤中 PMD 的实验装置图

如图 3-41 所示,脉冲调制的激光器发出的光波脉宽为 10ns,对应 1m 的空间分辨率。掺铒光纤放大器(EDFA)用来将脉冲光的峰值功率放大到 23dBm,以提高信号的信噪比。偏振分析器由一个检偏器和一个四分之一波片组成,检偏器固定,波片可以旋转。环行器前的起偏器也可旋转,以用来改变输入光波的偏振态,与偏振分析器配合使用来测得返回的散射光的偏振态。

将入射光的偏振态分别设置为 $[1,0,0]^T$、$[0,1,0]^T$ 和 $[0,0,1]^T$,则通过测量相应的散射光的偏振态并利用式(3-68)可以得到散射光产生位置至光纤入射端之间光纤的传输矩阵 $\mathbf{R}_B(z)$。通过 $\mathbf{R}_B(z)$,可根据公式 $\vec{\beta}_B = \frac{\partial \mathbf{M}_B}{\partial z} \mathbf{M}_B^{-1}$ 得到光纤中从位置 z 处往返的双折射矢量 $\vec{\beta}_B(z)$。因为 $\vec{\beta}_B = 2\mathbf{R}\mathbf{M}^T[\beta_1,\beta_2,0]^T = 2\mathbf{R}\mathbf{M}^T\vec{\beta}_L$,有 $|\vec{\beta}_B| = 2\sqrt{\beta_1^2+\beta_2^2} = 2\beta_L$,所以可得到 $\vec{\beta}_L$。定义 $\Delta\theta_i$ 为第 i 段和第 $i+1$ 段光纤间双折射轴间的夹角,则有 $\cos\Delta\theta_i = \frac{\vec{\beta}_{Li} \cdot \vec{\beta}_{Li+1}}{|\vec{\beta}_{Li}||\vec{\beta}_{Li+1}|}$,因此光纤中各段光纤间的双折射轴夹角的增量变化 $\Delta\theta$ 也可得到。

最后,通过式 $L_B(z) = \frac{2\pi}{\beta_L}$ 可得光纤的拍长;根据

$$L_C = \frac{2|\Delta|}{\ln\left[\dfrac{\displaystyle\int_0^L \beta_L^2 \mathrm{d}z}{\displaystyle\int_0^L \beta_L(z)\beta_L(z+\Delta)\cos\Delta\theta \mathrm{d}z}\right]}$$

可以得到光纤的耦合长度,其中 Δ 为光纤的增量长度;根据

$$DGD^2 = \frac{1}{2}\left(\frac{\lambda}{c\langle L_B\rangle}\right)^2 \langle L_C\rangle^2 \left(\frac{2L}{\langle L_C\rangle} - 1 + \mathrm{e}^{\frac{2L}{\langle L_C\rangle}}\right)$$

可得光纤的差分群时延(DGD),其中 λ 为光波的波长,c 为真空中的光速。另外,根据参考文献[40]中的计算,也可得到光纤的偏振模色散(PMD)。

然而,尽管 POTDR 于 20 世纪 80 年代初由 Rogers 提出[41],至今已有 30 多年的时间,但到目前为止,仍没有商用化的 POTDR 产品出现。实现产品化,POTDR还有许多问题需要解决。例如,由于影响光纤中光波偏振态的因素很多,包括温度、压力、振动、电磁场、弯曲等,特别是偏振态对外界环境非常敏感,导致光纤内部的偏振态不断变化,因此如何区分这些影响因素以及环境对 POTDR 的影响是这一技术面临的一个重要问题。另外,由于光纤中光波的偏振态在受到第一个扰动点的影响后,在扰动点后所有位置测得的偏振态都会变化,若光纤中存在多个扰动点,这些扰动点对偏振态造成的影响会叠加在一起,因此如何准确判断多个扰动事件也是 POTDR 面临的问题之一。

3.5　光频域反射(OFDR)技术

光频域反射(optical frequency domain reflectometry,OFDR)技术由 Eickhoff 于 1981 年首次提出[42]。它也是通过光纤中的瑞利散射进行传感,但与 OTDR 技术的定位原理不同,它是通过测量被调制的探测光产生的瑞利散射信号的频率来对散射信号进行定位的。相对于 OTDR 技术,它具有空间分辨率高、对探测光功率要求低等优点。

3.5.1　OFDR 原理

OFDR 的原理如图 3-42 所示。光源发出的频率经线性扫描的连续光被耦合器分为两路。其中一路光波被注入到传感光纤,当它在光纤中传播时会不断产生瑞利散射信号,这些瑞利散射信号成为信号光并通过耦合器被耦合到探测器中。另一路光波经过反射后作为参考光通过耦合器同样被耦合到探测器中。

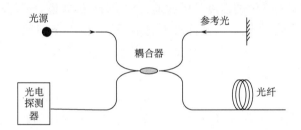

图 3-42　OFDR 原理图

可见,OFDR 中对瑞利散射信号的检测方式与 COTDR 相同,均为相干探测。若瑞利散射信号光与参考光满足相干条件,它们就会在光电探测器上发生混频。对于光纤中的探测光,其电场可以表示为 $A(x)\exp[\mathrm{i}\beta(t)x]$,其中 $\beta(t)=\omega(t)/v_g=\beta_0+\gamma t$ 为传播常数,$\omega(t)=\omega_0+\kappa t$ 表示随时间进行线性扫描的光波频率,$\kappa=\gamma v_g$ 为频率的扫描速率,γ 为传播常数的扫描速率。振幅 $A(x)=\alpha^{1/2}A_0$,其中

$$\alpha(x) = \exp[-\int_0^x \alpha(\xi)\mathrm{d}\xi] \tag{3-80}$$

表示从光纤开始端到 x 处的光纤沿线所有衰减系数之累积。对于一小段光纤 $\mathrm{d}x$,设其瑞利散射系数为 $\sigma(x)$,则此段光纤产生的瑞利散射的幅度为 $A(x)\sigma(x)\mathrm{d}x$。因此在光纤入射端得到的总瑞利散射强度为

$$E_0(0,t) = A_0\int_0^L \sigma(x)\alpha(x)\exp[2\mathrm{i}\beta(t)x]\mathrm{d}x \tag{3-81}$$

其中，L 为光纤的总长度。对于参考光，其表达式为

$$E_r(0,t) = A_r \exp[-2i\beta(t)x_r] \tag{3-82}$$

因此，光电探测器上得到的两路光的混频信号为

$$V = |E_0 + E_r|^2 = \bar{V} + \tilde{V} \tag{3-83}$$

其中，$\bar{V} = |E_0|^2 + |E_r|^2$，为直流项，并且由于 $E_r \gg E_0$，$\bar{V}$ 主要由 $E_r(0,t)$ 决定，与 $\beta(t)$ 无关；$\tilde{V} = E_0^* E_r + E_0 E_r^*$，为交流项。令 $g(\beta) = E_0(\beta)/E_r$ 为归一化的瑞利散射信号，则可利用 $\tilde{V}/\bar{V} = \mathrm{Re}\{g\}$ 直接得到其实部。根据式(3-81)和(3-82)，可得

$$g(\gamma t) = \int_0^L G(x) \exp[2i(x - x_r)\gamma t] \mathrm{d}x \tag{3-84}$$

其中

$$G(x) = [\sigma(x)\alpha(x)] \exp[2i\beta_0(x - x_r)] \tag{3-85}$$

从式(3-84)可以看出，对于光纤中某个位置 x，其在最终归一化信号 $g(\gamma t)$ 中的比重为 $G(x)\mathrm{d}x$，且此比重以 $2\gamma|x - x_r|$ 的频率随时间波动。如果取 $x_r = 0$，则可将此波动频率与光纤中的位置 x 一一对应，即光纤中 x 处对应的频率为

$$f(x) = 2\gamma x = 2x\kappa/v_g \tag{3-86}$$

其中，v_g 为光波在光纤中的速度。因此通过求 $g(\gamma t)$ 的频谱，便可从频谱上各频率点反推出光纤中的各个位置。并且由于比重 $G(x)\mathrm{d}x$ 与光纤沿线的衰减成正比，可从各个频率点的功率得到光纤沿线各位置处的衰减情况。

OFDR 的空间分辨率可表示为

$$\Delta x = L\Delta f/f \tag{3-87}$$

其中，Δf 为频谱的频率分辨率；f 为散射信号与参考光对应的最大频率差：

$$f = 2\kappa L/v_g \tag{3-88}$$

由于从时域到频域变换时，频率分辨率 Δf 由信号的持续时间 T 决定，即 $\Delta f = 1/T$。因此，从式(3-87)和(3-88)可得空间分辨率为

$$\Delta x = v_g/2\Delta\nu \tag{3-89}$$

其中，$\Delta\nu$ 为光源的频率扫描范围。由上式可见，OFDR 的空间分辨率由光源所能实现的最大频率扫描范围所决定。

3.5.2　OFDR 系统

OFDR 的系统结构如图 3-43 所示，激光器发出的光波中心波长为 1550nm，通过温度控制、电流控制或压电陶瓷控制等手段可实现对激光器的频率扫描[43~45]。激光器的输出光经耦合器 1 分成两路：一路被输入到传感光纤中，它在光纤中产生的瑞利散射光经环行器返回到耦合器 2 中并被探测器所接收；另一路光波作为参

考光从耦合器 1 的另一路直接经耦合器 2 输入到探测器中。探测器将参考光与瑞利散射光的混频信号转换为电信号,并由频谱分析仪来进行检测。

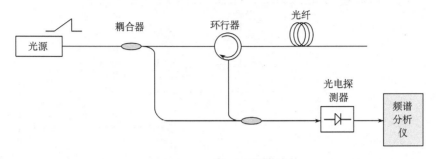

图 3-43　OFDR 系统结构图

典型的 OFDR 测试曲线如图 3-44 所示,图中已将频率单位转换为距离单位。

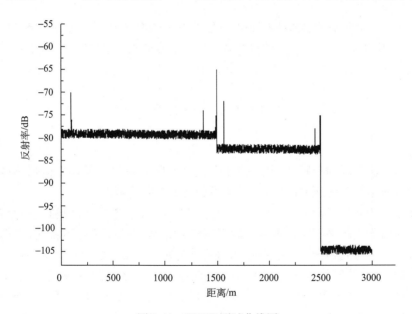

图 3-44　OFDR 测试曲线图

OFDR 对光源频率扫描的线性度有非常高的要求。传感系统一般是对信号按照等时间间隔采样,再将之变换到频域,并按照频率间隔与空间间隔的对应关系来标定信号的位置。因此若光源调谐存在非线性,会导致同一位置的散射信号与参考光在不同时刻产生出不同的拍频,进而严重影响 OFDR 的空间分辨率。通过使用辅助干涉仪来对采集进行触发,可有效消除光源调谐非线性的影响[45]。

图 3-45 为使用辅助干涉仪的 OFDR 系统图。与通常的 OFDR 所不同的是,该

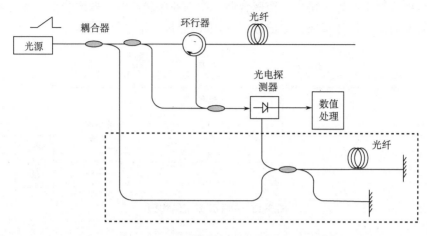

图 3-45　使用辅助干涉仪的 OFDR 系统

系统中多了一个非平衡的辅助干涉仪,如图 3-45 中虚线框所示。辅助干涉仪的两臂长度不同,长度差为 l_{aux}。此干涉仪两臂中反射信号形成的拍频信号频率为

$$f_{aux} = \frac{2l_{aux}}{v_g}\kappa$$

因此,由它触发的两次采集对应的 OFDR 频率差为

$$\Delta\nu_{acq} = \frac{v_g}{2l_{aux}} \tag{3-90}$$

此触发信号由相同的扫频源产生,因此由此触发所采集的信号在变换到频域时仍可以保证非常精确的频率间隔,进而实现更高的空间分辨率。

　　在上一节对 OFDR 中信号相干检测的讨论中,没有考虑光波偏振态对信号的影响。但由于光纤中不同位置返回的瑞利散射信号的偏振态并不相同,它们的混合信号在与参考光相干时由于偏振态的差异会使最终得到的信号产生不规则的起伏(当瑞利散射信号的偏振态与参考光的偏振态一致时,得到的相干信号功率最大;当它们的偏振态相互垂直时,信号无法相干)。因为 OFDR 本身是在光源频率不断变化的过程中来对信号进行采集,因此通过对多次测量的结果进行平均,可在一定程度上消除偏振态不匹配对测量结果造成的影响。为了进一步消除散射光偏振态的变化对测量结果的影响,可以采用偏振分集接收的技术。其接收系统如图3-46 所示。偏振分束器可将入射光波中偏振态相互垂直的两个光波分量 s 光和 p 光分别分解输出到它的两个输出端。因此瑞利散射光和参考光通过偏振分束器后均被分解为 s 光和 p 光,并分别在偏振分束器的两个输出端相干,进而被探测器接收。由于瑞利散射信号的偏振态在光纤沿线不断变化,即光波的 s 分量和 p 分量随光纤位置的不同而不断变化,因此偏振分束器两个输出端中的散射信号的功率

均会沿光纤长度产生波动,进而导致偏振分束器中每一路相干信号均会产生相应的变化。因此,通过对每一路信号的波动进行分析,可得到光纤中的拍长、光波偏振态的变化等信息。

　　另外对参考光的偏振态进行控制,使偏振分束器两个输出端中参考光的功率相等,这样就可以通过最终两路中相干信号的强度关系得到总瑞利散射的真正强度,从而消除瑞利散射偏振态变化对 OFDR 的影响。

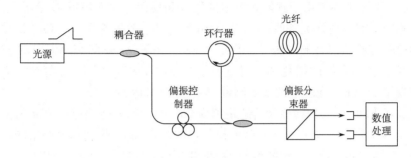

图 3-46　偏振分集接收系统结构

　　由于 OFDR 需要采用相干接收的方式来探测瑞利散射信号,为了保证参考光与光纤中产生的瑞利散射光能够相干,传感光纤的长度要远小于光源的相干长度。对于频谱形状为高斯型的光源,若要保证拍频有 90% 以上的可见度,可达到的最大传感长度与光源线宽的关系为 $L_{\max}\sim 0.04v_g/\delta f$[42]。这意味着对于 1km 长的光纤,需要光源的线宽$\leqslant$8kHz。因此,为实现长距离的传感,OFDR 对光源相干性的要求非常高。

　　另外由式(3-89)可知,OFDR 的空间分辨率由光源的频率扫描范围所决定。通常激光器可实现的频率扫描范围在数吉赫兹以上[46],因此 OFDR 的空间分辨率较高。对于 1GHz 的扫频范围,对应的 OFDR 的空间分辨率理论上可达 0.1m。Hiratsuka 等利用 OFDR 在 1mm 的测量范围上实现了 $47\mu m$ 的空间分辨率[47],Wang 等在 1m 的测量范围上实现了 1mm 的空间分辨率[48]等。但 OFDR 在进行长距离传感时其空间分辨率会受到其他因素的限制。由式(3-86)知,由 OFDR 可得到的最大测量范围与激光器可实现的最大频率扫描范围相对应,即

$$z_{\max} = v_g\Delta v/2\kappa \tag{3-91}$$

因此若要增大 OFDR 的测量距离,需增加激光器的最大频率扫描范围 Δv 或减小频率的扫描速率 κ。

　　但当光波的频率范围变化很大时,光波频率的变化会引起光波在光纤中传播的速度产生变化,这会影响到计算拍频信号频谱的准确度,从而影响到 OFDR 在长距离传感时的空间分辨率;若减小频率扫描速率,由于长距离传感中光源的相干

长度非常长,其瑞利散射信号中包含的相干噪声无法通过频率扫描的平均方法消除掉,这同样会影响最终的测量效果。

3.5.3　OFDR 的应用

OFDR 的主要特点是其具有极高的空间分辨率,能直接测量光纤中光波的光强,因此 OFDR 主要被用于测量光纤中的损耗和反射。自 OFDR 技术出现以来,国内外不断对其进行研究和改进。1985 年,Kingsley 等讨论了利用 OFDR 技术测量光学链路和光学器件的方法[49];1986 年,Ghafoori-Shiraz 等利用 OFDR 技术对 2.2km 长的多模光纤的损耗和反射进行了测量[50];1997 年,Tsuji 等利用 OFDR 技术实现了对 30km 光纤上的反射测量,空间分辨率达到了 5m。

目前,OFDR 可实现的最长传感距离为 2005 年 Geng 等报道的 95km,但他们并未给出具体的空间分辨率[43]。除此以外,1990 年 Sorin 等利用温度来调谐 Nd：YAG 激光器,实现了 50km 的传感距离和 380m 的空间分辨率;2007 年,Koshikiya 等运用 SSB 调制技术实现了 5km 的传感距离和厘米量级的空间分辨率[51]。目前,国外已有相关的 OFDR 产品面世。

除了上述的应用,由于 OFDR 采用相干探测原理,它对造成光纤中光波相位及偏振态改变的参量也很敏感,因此 OFDR 在测量温度、应力、偏振模色散等方面也有一定的应用。1998 年,Froggatt 等利用 OFDR 对 1.8m 长的光纤中所受的应力进行了测量,利用互相关的方法对比受应力前后光纤中瑞利散射信号频谱的偏移,实现了 30cm 的空间分辨率和 $10\mu\varepsilon$ 的应变测量精度[52]。2004 年,Froggatt 等通过利用 OFDR 测量光纤中光波相位的变化,实现了对光网络中预先设定位置处的温度的测量[53]。2001 年,Zou 等通过利用 OFDR 测量单模光纤快慢轴中光波信号的拍频信号的频率,实现了对光纤偏振模色散(PMD)的测量[54]。

参 考 文 献

[1] 郁道银,谈恒英. 工程光学. 北京:机械工业出版社,2010

[2] Aoyama K,Nakagawa K,Itoh T. Optical time domain reflectometry in a single-mode fiber. IEEE Journal of Quantum Electronics,1981,17(6):862-868

[3] Brinkmeyer E. Analysis of the backscattering method for single-mode optical fibers. Journal of the Optical Society of America,1980,70(8):1010-1012

[4] Derickson D. Fiber Optic Test and Measurement. New Jersey:Prentice Hall PTR,2002

[5] King J,Smith D,Richards K,et al. Development of a coherent OTDR instrument. Journal of Lightwave Technology,1987,5(4):616-624

[6] 欧进萍,侯爽,周智,等. 多段分布式光纤断裂监测系统及其应用. 压电与声光,2007,29(2):145-147

[7] Ip E, Lau A, Barros D, et al. Coherent detection in optical fiber systems. Optics Express, 2008, 16(2): 753-791

[8] Sumida M. Optical time domain reflectometry using an M-ary FSK probe and coherent detection. Journal of Lightwave Technology, 1996, 14(11): 2483-2491

[9] Izumita H, Koyamata Y, Furukawa S, et al. The performance limit of coherent OTDR enhanced with optical fiber amplifiers due to optical nonlinear phenomena. Journal of Lightwave Technology, 1994, 12(7): 24-38

[10] FuruKawa S, Tanaka K, Koyamada Y. High dynamic range coherent OTDR for fault location in optical amplifier systems. IMTC'1994, 1994, 1: 106-109

[11] Sumida M, Shin-ichi F, Kuniaki T, et al. High-accurate fault location technology using FSK-ASK probe backscattering reflectometry in optical amplifier submarine transmission systems. Journal of Lightwave Technology, 1996, 14(10): 2108-2015

[12] Sato T, Horiguchi T, Koyamada Y, et al. A 1.6μm band OTDR using a synchronous Raman fiber amplifier. IEEE Photonics Technology Letters, 1992, 4: 923-924

[13] Sumida M. OTDR performance enhancement using a quaternary FSK modulated probe and coherent detection. IEEE Photonics Technology Letters, 1995, 7(3): 336-338

[14] Kaoru S, Tsuneo H, Yahei K. Characteristics and reduction of coherent fading noise in Rayleigh backscattering measurement for optical fibers and components. Journal of Lightwave Technology, 1992, 10(7): 982-986

[15] Izumita H, Koyamada Y, Furukawa S, et al. Stochastic amplitude fluctuation in coherent OTDR and a new technique for its reduction by stimulating synchronous optical frequency hopping. Journal of Lightwave Technology, 1997, 15(2): 267-277

[16] Derickson D. Fiber Optic Test and Measurement. New Jersey: Prentice Hall, 1997

[17] 刘向春. 偏振模色散模拟和色散补偿的研究. 北京: 北京交通大学硕士学位论文, 2008

[18] 廖延彪. 偏振光学. 北京: 科学出版社, 2003

[19] 新谷隆一. 偏振光. 范爱应, 康昌鹤译. 北京: 原子能出版社, 1994

[20] Rashleigh S. Origins and control of polarization effects in single-mode fibers. Journal of Lightwave Technology, 1983, 1(2): 312-331

[21] de Lignie M C, Nagel H G J, van Deventer M O. Large polarization mode dispersion in fiber optic cables. Journal of Lightwave Technology, 1994, 12(8): 1325-1329

[22] Jeunhomme L B. 单模纤维光学原理与应用. 周洋溢译. 南宁: 广西师范大学出版社, 1988

[23] 廖延彪. 光纤光学. 北京: 清华大学出版社, 2000

[24] Corsi F, Galtarossa A, Palmieri L. Analytical treatment of polarization-mode dispersion in single-mode fibers by means of the backscattered signal. Journal of the Optical Society of America A-Optics Image Science and Vision, 1999, 16(3): 574-583

[25] Wuilpart M, Megret P, Blondel M, et al. Measurement of the spatial distribution of birefringence in optical fibers. IEEE Photonics Technology Letters, 2001, 13(8): 836-838

[26] Gogolla T, Krebber K. Distributed beat length measurement in single-mode optical fibers using stimulated Brillouin-scattering and frequency-domain analysis. Journal of Lightwave Technology, 2000, 18(3): 320-328

[27] Corsi F, Galtarossa A, Palmieri L. Polarization mode dispersion characterization of single-mode optical

fiber using backscattering technique. Journal of Lightwave Technology,1998,16(10):1832-1843

[28] van Deventer M O. Polarization properties of Rayleigh backscattering in single-mode fibers. Journal of Lightwave Technology,1993,11(12):1895-1899

[29] Huttner B,Gisin B,Gisin N. Distributed PMD measurement with a polarization-OTDR in optical fibers. Journal of Lightwave Technology,1999,17(10):1843-1848

[30] 刘衍飞. 基于 P-OTDR 的分布式光纤传感器的研究. 北京:北京交通大学硕士学位论文,2007

[31] 李香华,代志勇,刘永智. POTDR 分布式光纤传感器. 仪表技术与传感器,2009,(06):18-20

[32] Rogers A J,Handerek V A. Frequency-derived distributed optical-fiber sensing:Rayleigh backscatter analysis. Applied Optics,1992,31(21):4091-4095

[33] Zhang Z,Bao X. Distributed optical fiber vibration sensor based on spectrum analysis of polarization-OTDR system. Optics Express,2008,16(14):10240-10247

[34] Zhang Z,Bao X. Continuous and damped vibration detection based on fiber diversity detection sensor by Rayleigh backscattering. Journal of Lightwave Technology,2008,26(7):832-838

[35] Elhison J G,Siddiqui A S. A fully polarimetric optical time-domain reflectometer. IEEE Photonics Technology Letters,1998,10(2):246-248

[36] Ozeki T,Seki S,Iwasaki K. PMD distribution measurement by an OTDR with polarimetry considering depolarization of backscattered waves. Journal of Lightwave Technology,2006,24(11):3882-3888

[37] Rogers A J. Polarization-optical time domain reflectometry:a technique for the measurement of field distributions. Applied Optics,1981,20(6):1060-1074

[38] Kim B,Park D,Choi S. Use of polarization-optical time domain reflectometry for observation of the Faraday effect in single-mode fibers. IEEE Journal of Quantum Electronics,1982,18(4):455-456

[39] Wuilpart M,Ravet G,Megret P,et al. Polarization mode dispersion mapping in optical fibers with a polarization-OTDR. IEEE Photonics Technology Letters,2002,14(12):1716-1718

[40] Hui D,Ping S,Yandong G,et al. Distributed measurement of polarization mode dispersion in optical fibers by using P-OTDR. Proceedings of the Asia-Pacific Optical Communications,Beijing,China,2004:5625

[41] Rogers A J. Polarization optical time domain reflectometry. Electronics Letters,1980,16(13):489-490

[42] Eickhoff W,Ulrich R. Optical frequency domain reflectometry in single-mode fiber. Applied Physics Letters,1981,39(9):693-695

[43] Geng J,Spiegelberg C,Jiang S. Narrow linewidth fiber laser for 100km optical frequency domain reflectometry. IEEE Photonics Technology Letters,2005,17(9):1827-1829

[44] von der Weid J P,Passy R,Gisin N. Mid-range coherent optical frequency domain reflectometry with a DFB laser diode coupled to an external cavity. Journal of Lightwave Technology,1995,13(5):954-960

[45] Passy R,Gisin N,von der Weid J P,et al. Experimental and theoretical investigations of coherent OFDR with semiconductor laser sources. Journal of Lightwave Technology,1994,12(9):1622-1630

[46] Oberson P,Huttner B,Guinnard O,et al. Optical frequency domain reflectometry with a narrow linewidth fiber laser. IEEE Photonics Technology Letters,2000,12(7):867-869

[47] Hiratsuka H,Kido E,Yoshimura T. Simultaneous measurements of three-dimensional reflectivity distributions in scattering media based on optical frequency-domain reflectometry. Optics Letters,1998,23(18):1420-1422

[48] Wang LT,Iiyama K,Tsukada F,et al. Loss measurement in optical waveguide devices by coherent fre-

quency-modulated continuous-wave reflectometry. Optics Letters,1993,18(13):1095-1097

[49] Kingsley S A,Davies D. OFDR diagnostics for fiber and integrated-optic systems. Electronics Letters, 1985,21(10):434-435

[50] Ghafoori-Shiraz H,Okoshi T. Fault location in optical fibers using optical frequency domain reflectometry. Journal of Lightwave Technology,1986,4(3):316-322

[51] Koshikiya Y,Fan X,Ito F. Highly sensitive coherent optical frequency-domain reflectometry employing SSB-modulator with cm-level spatial resolution over 5km. Proceedings of the 33rd European Conference and Exhibition of Optical Communication(ECOC),2007:1-2

[52] Froggatt M,Moore J. High-spatial-resolution distributed strain measurement in optical fiber with Rayleigh scatter. Applied Optics,1998,37(10):1735-1740

[53] Froggatt M,Soller B,Gifford D,et al. Correlation and keying of Rayleigh scatter for loss and temperature sensing in parallel optical networks. Proceedings of the OFC Technical Digest,Los Angeles,CA, USA,22 February,2004:PDP17

[54] Zou N,Yoshida M,Ito H,et al. Measurement of polarization mode dispersion based on optical frequency domain reflectometry technique. Proceedings of the Optical Fiber Communication Conference (OFC),Anaheim,California,17 March,2001:ThA1

第4章　基于拉曼散射的全分布式光纤传感技术

由第 2 章我们知道光纤中有拉曼散射效应:入射光子吸收一个光学声子成为反斯托克斯拉曼散射光子,放出一个光学声子成为斯托克斯拉曼散射光子,分子完成了相应的两个振动态之间的跃迁。光纤振动能级的粒子数分布服从玻尔兹曼热分布规律,拉曼散射光强度与光纤振动能级的粒子数分布有关,因此自发拉曼散射光的强度与光纤的温度状态有关,特别是反斯托克斯拉曼散射有明显的温度效应,利用这种效应与光的时域反射原理,发明了全分布式光纤拉曼温度传感器。

自 20 世纪 80 年代中期英国研发出全分布式光纤拉曼温度传感器以来[1~6],全分布式光纤拉曼温度传感器技术日趋成熟,国内外已有各种类型的全分布式光纤传感器产品,并开始嵌入和装备到电网、铁路、桥梁、隧道、公路、建筑、供水系统、大坝、煤矿、油气田和油气管道等各种设施中。但其在测量长度(距离)、空间分辨率、测温精度、可靠性、多参量和智能化等方面尚不能满足应用的需求。根据不同应用的需求,提高全分布式光纤传感器系统的测温精度、空间分辨率、测量长度、测量时间,提高系统的可靠性,实现多参量检测是关键。光纤传感网与现有的互联网或无线网融合起来组成物联网是今后的发展趋势。

4.1　基于拉曼散射的光纤传感技术原理

4.1.1　自发拉曼散射效应

1923 年,拉曼内森(K. R. Ramannathan)发现太阳光聚焦到液体上时,可以从侧面观察到残剩的光。他认为这种残剩的光是液体中杂质产生的弱荧光。但是,对液体进行反复纯化,残剩的光依然存在。拉曼(C. V. Raman)不满意拉曼内森把"残剩光"解释为"弱荧光",而认为这种残剩的光类似于当时刚发现的 X 射线的康普顿散射。1927 年,拉曼用经典理论推导了康普顿散射公式,肯定这种残剩的光是存在波长位移的非相干的散射。1928 年 1 月,他发现通过纯甘油的散射光由蓝色变成了浅绿色。同年 2 月,克利思南(K. S. Krishnan)证实多种有机液体和蒸气中都观察到残剩的光,实验装置如图 4-1 所示。拉曼亲自证实了这种现象后,于 1928 年 2 月 16 日写了题为 A new type of secondary radiation 的文章给 Nature 杂志,被审稿人拒绝。但 Nature 杂志主编卓有远见,还是将此文章发表在

3 月 31 日的 Nature 杂志上[7,8]，如图 4-2 所示。1930 年，拉曼因发表这篇不到半页的短文章获得了诺贝尔物理学奖。之后人们称这种散射现象为拉曼散射。图 4-3 为 1929 年拉曼与克利思南发表的在汞灯泵浦下 CCl₄ 的散射光谱[9]。在拉曼和克利思南文章发表的同一年，苏联科学家兰斯别格(G. Landsberg)和曼杰斯达姆(L. Mandelestam)独立地观察到在石英晶体中的同一种散射现象，称为"并合散射"，发表在 Naturwiss 杂志上[10]。后来，科学家发现这种光散射现象正是斯迈克尔(A. Smekel)在 1923 年从理论上所预言的在瑞利散射线两侧的伴线。

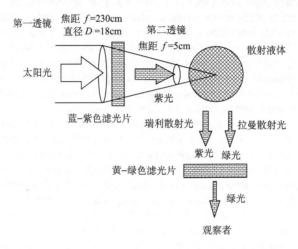

图 4-1　1923 年拉曼与克利思南发现散射光所用的实验装置

4.1.2　基于拉曼散射的光纤温度传感器原理[11~20]

从量子力学的观点，可以将拉曼散射看成入射光和介质分子相互作用时，光子吸收或发射一个声子的过程。分子的拉曼散射能级如图 4-4 所示。

光纤分子的拉曼声子频率为 $\Delta\nu=1.32\times10^{13}\,\mathrm{Hz}$，产生的光子为斯托克斯和反斯托克斯拉曼光子：

$$h\nu_{\mathrm{S}} = h(\nu_p - \Delta\nu) \tag{4-1}$$

$$h\nu_{\mathrm{AS}} = h(\nu_p + \Delta\nu) \tag{4-2}$$

其中，ν_p、ν_{S}、ν_{AS} 分别为入射光、斯托克斯和反斯托克斯拉曼散射光的频率。

当激光脉冲在光纤中传播时，每个激光脉冲产生的背向斯托克斯拉曼散射光的光通量为

$$\Phi_{\mathrm{S}} = K_{\mathrm{S}} \cdot S \cdot \nu_{\mathrm{S}}^4 \cdot \phi_e \cdot R_{\mathrm{S}}(T) \cdot \exp[-(\alpha_0 + \alpha_{\mathrm{S}}) \cdot L] \tag{4-3}$$

背向反斯托克斯拉曼散射光的光通量可以表示为

A new type of secondary radiation

If we assume that the X-ray scattering of the 'unmodified' type observed by Prof. Compton corresponds to the normal or average state of the atoms and molecules, while the 'modified' scattering of altered wavelength corresponds to their fluctuations from that state, it would follow that we should expect also in the case of ordinary light two types of scattering, one determined by the normal optical properties of the atoms or molecules, and another representing the effect of their fluctuations from their normal state. It accordingly becomes necessary to test whether this is actually the case. The experiments we have made have confirmed this anticipation, and shown that in every case in which light is scattered by the molecules in dust-free liquids or gases, the diffuse radiation of the ordinary kind, having the same wavelength as the incident beam, is accompanied by a modified scattered radiation of degraded frequency.

The new type of light scattering discovered by us naturally requires very powerful illumination for its observation. In our experiments, a beam of sunlight was converged successively by a telescope objective of 18 cm aperture and 230 cm focal length, and by a second lens of 5 cm focal length. At the focus of the second lens was placed the scattering material, which is either a liquid (carefully purified by repeated distillation *in vacuo*) or its dust-free vapour. To detect the presence of a modified scattered radiation, the method of complementary light-filters was used. A blue-violet filter, when coupled with a yellow-green filter and placed in the incident light, completely extinguished the track of the light through the liquid or vapour. The reappearance of the track when the yellow filter is transferred to a place between it and the observer's eye is proof of the existence of a modified scattered radiation. Spectroscopic confirmation is also available.

Some sixty different common liquids have been examined in this way, and every one of them showed the effect in greater or less degree. That the effect is a true scattering and not a fluorescence is indicated in the first place by its feebleness in comparison with the ordinary scattering, and secondly by its polarisation, which is in many cases quite strong and comparable with the polarisation of the ordinary scattering. The investigation is naturally much more difficult in the case of gases and vapours, owing to the excessive feebleness of the effect. Nevertheless, when the vapour is of sufficient density, for example with ether or amylene, the modified scattering is readily demonstrable.

C V RAMAN
K S KRISHNAN

210 Bowbazaar Street, Calcutta, India
16 February

图 4-2　拉曼 1928 年发表在 Nature 上的短文章

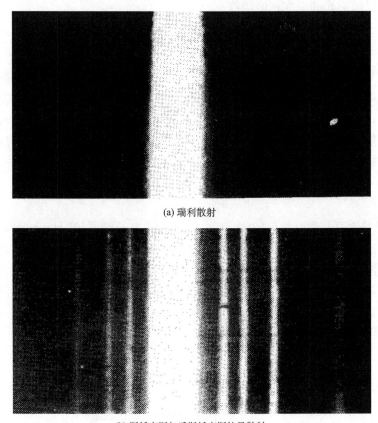

(a) 瑞利散射

(b) 斯托克斯与反斯托克斯拉曼散射

图 4-3　1929 年拉曼与克利思南发表的 CCl₄ 散射光谱(汞灯泵浦)

$$\Phi_{AS} = K_{AS} \cdot S \cdot \nu_{AS}^4 \cdot \phi_e \cdot R_{AS}(T)$$
$$\cdot \exp[-(\alpha_0 + \alpha_{AS}) \cdot L]$$

$$(4\text{-}4)$$

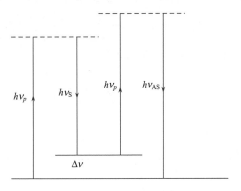

图 4-4　分子的拉曼散射能级图

其中，K_S、K_{AS} 分别为与光纤的斯托克斯散射截面、反斯托克斯散射截面有关的系数；ν_S、ν_{AS} 分别为斯托克斯散射光子和反斯托克斯散射光子的频率；α_0、α_{AS}、α_S 为在光纤中入射光、反斯托克斯拉曼光以及斯托克斯拉曼光的平均传播损耗；$R_S(T)$、$R_{AS}(T)$ 为与光纤分子低能级和高能级上的粒子数分布有关的系数,是背向斯托克斯拉曼散射光与背向反斯托克斯拉曼散射光的温度调制函数：

$$R_S(T) = [1 - \exp(-h\Delta\nu/kT)]^{-1} \tag{4-5}$$

$$R_{AS}(T) = [\exp(h\Delta\nu/kT) - 1]^{-1} \tag{4-6}$$

激光与光纤分子非线性相互作用，入射光子被分子散射成另一个低频斯托克斯拉曼散射光子或高频反斯托克斯拉曼散射光子，相应的分子完成两个振动态之间的跃迁，放出一个声子成为斯托克斯拉曼散射光子，吸收一个声子成为反斯托克斯拉曼散射光子。光纤分子能级上的粒子数热分布服从玻尔兹曼定律，反斯托克斯拉曼散射光与斯托克斯拉曼散射光的强度比 $I(T)$：

$$I(T) = \frac{\Phi_{AS}}{\Phi_S} = \left(\frac{\nu_{AS}}{\nu_S}\right)^4 e^{-\left(\frac{h\Delta\nu}{k_B T}\right)} \tag{4-7}$$

其中，h 是普朗克常数，$h = 6.626 \times 10^{-34}$ J·s；$\Delta\nu$ 为 1.32×10^{13} Hz；k_B 是玻尔兹曼常数，$k_B = 1.380 \times 10^{-23}$ J·K^{-1}；T 是热力学温度。由两者的强度比，可以得到光纤各段的温度信息。

为了对全分布式光纤拉曼温度传感器进行温度标定，在光纤的前端设置一段定标光纤，将定标光纤圈放在温度为 T_0 的恒温槽中，恒温槽的温度一般设为 20℃，由此，得出拉曼强度比与温度的关系式：

$$\frac{1}{T} = \frac{1}{T_0} - \frac{k_B}{k_B\Delta\nu}\ln\frac{\Phi_{AS}(T)\Phi_S(T)}{\Phi_{AS}(T_0)/\Phi_S(T_0)} = \frac{1}{T_0} - \frac{k_B}{h\Delta\nu}\ln F(T) \tag{4-8}$$

由上式得

$$F(T) = \frac{\Phi_{AS}(T)/\Phi_S(T)}{\Phi_{AS}(T_0)/\Phi_S(T_0)} = \frac{e^{-h\Delta\nu/k_B T}}{e^{-h\Delta\nu/k_B T_0}} \tag{4-9}$$

在实际测量中，可以得到 $\Phi_{AS}(T)$、$\Phi_S(T)$、$\Phi_{AS}(T_0)$、$\Phi_S(T_0)$ 经光电转换后的电平值，由式(4-8)即可得到光纤的实际温度 T。

式(4-9)中 $F(T) = \dfrac{\Phi_{AS}(T)/\Phi_S(T)}{\Phi_{AS}(T_0)/\Phi_S(T_0)}$，经过计算得到的温度与拉曼散射强度比关系见表 4-1 和图 4-5。

表 4-1　光纤拉曼温度传感器中光纤温度与拉曼强度比的关系($T_0 = 20$℃)

光纤温度/℃	0	10	20	30	40	50	60	70	80	90	100	110	120
$F(T)$	0.8536	0.9265	1.0000	1.0739	1.1480	1.2222	1.2962	1.3699	1.4436	1.5167	1.5893	1.6613	1.7326
测量温度/K	273.15	283.15	293.15	303.15	313.15	323.15	333.15	343.15	353.15	363.15	373.15	383.15	393.15

从图 4-5 可以看到，0~120℃温度范围内，温度与拉曼散射强度呈线性关系，其斜率是全分布式光纤拉曼温度传感器的相对灵敏度 S。系统的相对灵敏度与设定的定标光纤的温度有关，定标光纤处在 $T_0 = 20$℃时，相对灵敏度 $S_0 = 136.511$。

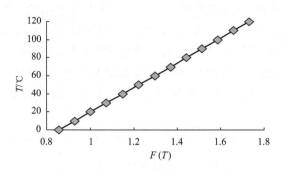

图 4-5　光纤的拉曼散射强度比 $F(T)$
与光纤温度的关系曲线

随着定标光纤温度 T_0 的降低,S_0 值也降低,而随着 T_0 的升高,S_0 值升高。例如:$T_0 = 0℃$时,$S_0 = 116.575$。

在实验室里,通常将全分布式光纤拉曼温度传感器的传感光纤中取出一段作为测温光纤段,使它稳定地处在 30℃、40℃、50℃、60℃、70℃、80℃、90℃,从全分布式光纤拉曼温度传感器系统可测量到不同温度的拉曼强度比 $F(T)$,得到系统的温度定标曲线,由定标曲线的斜率得到实际系统的 S_0。由于全分布式光纤拉曼温度传感器中波分复用器(WDM)的隔离度达不到理论设计值,因此实际系统传感器的相对灵敏度要低于理论计算的相对灵敏度。

4.2　拉曼光时域反射(ROTDR)技术

4.2.1　ROTDR 原理

全分布式光纤拉曼温度传感器是这十多年来发展起来的一种用于实时测量空间温度场的高新技术,它利用光纤拉曼散射效应测温。传感器所用的光纤既是传输介质又是传感介质,是一种功能型的光纤传感器。在一根 10km 光纤上可采集几万个点的温度信息并能进行空间定位,光纤所处空间各点的温度场调制了光纤中的背向拉曼散射的强度,经波分复用器和光电检测器采集带有温度信息的背向拉曼散射光信号,再经信号处理,解调后将温度信息实时地从噪声中提取出来并进行显示,它可以看成是一种光纤测温网络[19]。在时域里,根据光纤中光波的传播速度和背向光返回初始端的时间间隔,利用光纤的光时域反射(OTDR) 技术对所测温点进行定位,相当于一种光纤测温雷达系统[20]。由于全分布式光纤传感系统的优越特性,它开始应用于煤矿、隧道的火灾自动温度报警系统,也应用于油库、危险品库、军火库的温度报警系统,大型变压器、发电机组的温度分布测量、热保护和故障诊断,大坝的渗水、热形变和应力测量,地下电力电缆的温度检测和热保护。传感器系统可显示温度变化的方向、变化速度和受热面积,可将报警区域的平面结构图和光缆布线图事先输入计算机,显示温度报警区域或故障区域。

当激光脉冲在光纤中传播时,背向拉曼散射光回到光纤的始端,每个激光脉冲产生的背向反斯托克斯与斯托克斯拉曼散射光的光通量为上述 4.1.2 节的式(4-3)和(4-4):

$$\Phi_S = K_S \cdot S \cdot \nu_S^4 \cdot \phi_e \cdot R_S(T) \cdot \exp[-(\alpha_0 + \alpha_S) \cdot L]$$

$$\Phi_{AS} = K_{AS} \cdot S \cdot \nu_{AS}^4 \cdot \phi_e \cdot R_{AS}(T) \cdot \exp[-(\alpha_0 + \alpha_{AS}) \cdot L]$$

背向反斯托克斯与斯托克斯 ROTDR 曲线如图 4-6 所示。

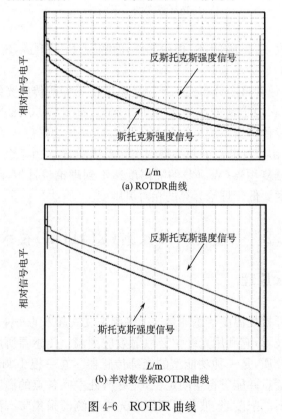

图 4-6　ROTDR 曲线

4.2.2　光纤拉曼传感解调原理与技术

反斯托克斯拉曼散射信号的温度效应最明显,通常作信号通道用。目前,温度解调的方法有三种。

（1）用斯托克斯拉曼散射信号的通道作参考,用反斯托克斯拉曼散射信号与斯托克斯拉曼散射信号的比值来解调温度,得到空间温度场的分布。

由式(4-3)和(4-4)相除得到

$$\frac{\Phi_{AS}(T)}{\Phi_S(T)} = \frac{K_{AS}}{K_S} \cdot \left(\frac{\nu_{AS}}{\nu_S}\right)^4 \cdot \frac{R_{AS}(T)}{R_S(T)} \cdot \exp[-(\alpha_{AS} - \alpha_S) \cdot L] \quad (4\text{-}10)$$

将式(4-5)和(4-6)代入上式得

$$\frac{\Phi_{AS}(T)}{\Phi_S(T)} = \frac{K_{AS}}{K_S} \cdot \left(\frac{\nu_{AS}}{\nu_S}\right)^4 \cdot \exp[-(h\Delta\nu/k_B T)] \cdot \exp[-(\alpha_{AS} - \alpha_S) \cdot L]$$

$$(4\text{-}11)$$

在定标光纤温度为 T_0 时

$$\frac{\Phi_{AS}(T_0)}{\Phi_S(T_0)} = \frac{K_{AS}}{K_S} \cdot \left(\frac{\nu_{AS}}{\nu_S}\right)^4 \cdot \exp[-(h\Delta\nu/k_B T_0)] \cdot \exp[-(\alpha_{AS} - \alpha_S) \cdot L]$$

$$(4\text{-}12)$$

待测光纤的温度为 T 时

$$\frac{\Phi_{AS}(T)/\Phi_S(T)}{\Phi_{AS}(T_0)/\Phi_S(T_0)} = \frac{\exp[-(h\Delta\nu/k_B T)]}{\exp[-(h\Delta\nu/k_B T_0)]} = \exp\left[-\frac{h\Delta\nu}{k}\left(\frac{1}{T} - \frac{1}{T_0}\right)\right]$$

$$(4\text{-}13)$$

在实际测量中,只要测出经光电转换后 $\Phi_{AS}(T)$、$\Phi_S(T)$、$\Phi_{AS}(T_0)$、$\Phi_S(T_0)$ 的电平值和定标光纤的温度 T_0,就能由上式求出温度 T。第一种解调方法解调后的温度分布曲线如图 4-7 所示。

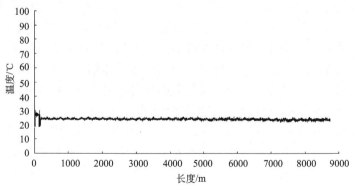

图 4-7　第一种解调方法解调后的温度分布曲线

（2）用常温下光纤的反斯托克斯拉曼散射信号作参考通道,成为全分布式光纤拉曼温度传感器的解调器,待测光纤各段处于不同的温度状态,用常温下光纤的反斯托克斯拉曼散射信号(解调器)来解调温度。

$$\Phi_{AS}(T) = K_{AS} \cdot S \cdot \nu_{AS}^4 \cdot \phi_e \cdot [\exp(h\Delta\nu/k_B T) - 1]^{-1} \cdot \exp[-(\alpha_0 + \alpha_{AS}) \cdot L]$$

$$(4\text{-}14)$$

在常温下光纤处于温度 T_0 时

$$\Phi_{AS}(T_0) = K_{AS} \cdot S \cdot \nu_{AS}^4 \cdot \phi_e \cdot [\exp(h\Delta\nu/k_B T_0) - 1]^{-1} \cdot \exp[-(\alpha_0 + \alpha_{AS}) \cdot L]$$

(4-15)

待测光纤各段从温度 T_0 变化到温度 T 时

$$\frac{\Phi_{AS}(T)}{\Phi_{AS}(T_0)} = \frac{K_{AS} \cdot S \cdot \nu_{AS}^4 \cdot [\exp(h\Delta\nu/k_B T) - 1]^{-1} \cdot \exp[-(\alpha_0 + \alpha_{AS}) \cdot L]}{K_{AS} \cdot S \cdot \nu_{AS}^4 \cdot [\exp(h\Delta\nu/k_B T_0) - 1]^{-1} \cdot \exp[-(\alpha_0 + \alpha_{AS}) \cdot L]}$$

(4-16)

由上式得

$$\frac{\Phi_{AS}(T)}{\Phi_{AS}(T_0)} = \frac{\exp(h\Delta\nu/k_B T_0) - 1}{\exp(h\Delta\nu/k_B T) - 1}$$

(4-17)

在实际测量中,测出经光电转换后光纤各段 $\Phi_{AS}(T)$、$\Phi_{AS}(T_0)$ 的电平值,就能由上式求出光纤各段的温度 T,从而得到整个光纤的温度分布曲线。

(3) 用光纤瑞利散射信号通道作参考,用反斯托克斯拉曼散射信号和瑞利散射信号的比值来检测温度得到[53]

$$\frac{\Phi_{AS}(T)}{\Phi_R(T)} = \frac{K_{AS}}{K_R} \cdot \left(\frac{\nu_{AS}}{\nu_0}\right)^4 \cdot \exp[(h\Delta\nu/k_B T) - 1]^{-1} \cdot \exp[-(\alpha_{AS} - \alpha_0) \cdot L]$$

(4-18)

于是,当温度从待测光纤温度 T_0 变化到温度 T 时

$$\frac{\Phi_{AS}(T)/\Phi_R(T)}{\Phi_{AS}(T_0)/\Phi_R(T_0)} = \frac{\exp(h\Delta\nu/k_B T_0) - 1}{\exp(h\Delta\nu/k_B T) - 1}$$

(4-19)

同理,测出经光电转换后 $\Phi_{AS}(T)$、$\Phi_R(T)$、$\Phi_{AS}(T_0)$、$\Phi_R(T_0)$ 的电平值,就能根据上式求出光纤上各段的温度 T,从而得到整个光纤的温度分布曲线。

上面三种方法在理论上都能最终得到光纤上每一段的温度值,从而得到整个光纤的温度分布曲线。由于第二种方法采用的是单路信号的自解调方式,在硬件成本上可以省去一个通道的信号接收和采集方面的成本,并且光纤焊接、微弯等损耗都具有完全一致性,由此带来的影响都能通过求两者的比值来抵消。但是,这要假定每次入射的光强都一样,在实际的系统中,很难保证光源完全稳定,因此需要对光强进行自校正。还有一点就是现场安装的时候,我们要求知道每个点的初始温度,作为每点的参考值,这在很多场合是很困难的。因此,需要采用自校正的方法来提高测温系统的可靠性。

下面我们对式(4-12)和(4-18)分别对温度 T 求导得到第一、三种解调方法的相对灵敏度为

$$S_R = \frac{h\Delta\nu}{k_B T^2} \cdot \frac{\exp(h\Delta\nu/k_B T_0) - 1}{[\exp(h\Delta\nu/k_B T) - 1]^2} \cdot \exp(h\Delta\nu/k_B T)$$

(4-20)

$$S_{AS} = \frac{h\Delta\nu}{k_B T^2} \cdot \frac{1 - \exp(-h\Delta\nu/k_B T_0)}{[1 - \exp(-h\Delta\nu/k_B T)]^2} \cdot \exp(-h\Delta\nu/k_B T)$$

(4-21)

在 $0 \sim 120℃$ 的范围内,平均温度灵敏度分别为 $S_R = 1.065\%/℃$, $S_{AS}=0.862\%/℃$。

由于瑞利散射信号的强度比拉曼散射强 30dB,提高了第三种系统的相对灵敏度。但瑞利散射和拉曼散射对弯曲和应力等的响应不一致性,要求现场使用时要控制光缆铺设带来的应力,限制了现场的应用,需要采用自校正技术进行处理。

4.2.3　光纤拉曼温度传感器的结构、参数与优化设计

1. 传感器的结构

光纤拉曼温度传感器的工作过程为:脉冲激光通过集成型波分复用器[由1×2双向耦合器(BDC)和光纤波分复用器(OWDD)组成]一端进入光纤,光纤产生的背向散射光经过集成型波分复用器被分成斯托克斯和反斯托克斯拉曼光,经过雪崩光电二极管(APD)的光电转换和高速模数转换累加处理之后,送到计算机中进行温度解调和数据存储分析,实现在线全分布式温度测量。其结构原理如图 4-8 所示,可以分为主机、信号采集和处理部分以及传感光纤三个部分。主机由脉冲激光光源模块、光纤波分复用模块以及光电接收和放大模块构成。

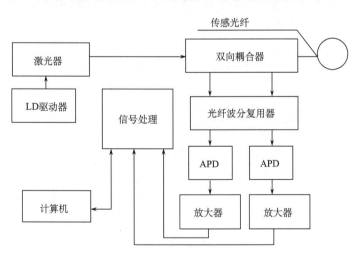

图 4-8　全分布式光纤拉曼温度传感器的结构原理图

1) 脉冲激光光源模块

光纤拉曼温度传感器应用的激光器种类主要有四种:①半导体激光二极管(LD);②分布式反馈激光器(DFB);③掺铒光纤激光器;④半导体激光器和掺铒光纤放大器组成的光纤激光器。主要性能指标包括中心波长、峰值功率、光谱线宽度

及光源稳定性。

由于全分布式光纤拉曼温度传感器系统是利用自发拉曼温度效应来测量温度的,而自发拉曼效应所产生的有用信号非常弱,使得检测非常困难。因此需要增强入射光功率,原则上,只要不产生非线性现象,入射光功率越大越好。而非线性现象的产生跟光谱宽度有关,光谱越宽,产生非线性效应所需的输入功率越大,一般选择几个纳米的光谱宽度。

由式(4-4),系统中心波长越短,自发拉曼散射信号强度越大,但相应传感光纤的损耗也越大。因此,激光器的最佳波长与系统的传感光纤的损耗密切相关。1990 年,英国的 P. J. Samson 讨论了全分布式光纤拉曼温度传感器系统的测量长度 L_D 与波长的依赖关系:

$$L_D = \frac{\lambda_0^4}{\sigma \left[(1 - \Delta\nu \cdot \lambda_0)^4 - \Delta\nu \cdot \lambda_0 + 1 \right]} \tag{4-22}$$

其中,σ 是一个不依赖于波长的系数,与光纤的损耗有关;$\Delta\nu$ 是系统所选的光谱带宽。

对全分布式光纤拉曼温度传感器系统,不同激光波长和不同光纤长度条件下,光纤尾端拉曼散射电平与激光波长和光纤长度的关系如表 4-2 所示。为了便于比较在光纤不同长度处信号电平的大小,在表 4-2 中光纤起始端处的信号拉曼散射电平均归一化为 1000mV。

表 4-2　光纤尾端拉曼散射电平与工作波长和系统光纤长度的关系

$\nu(\lambda_0)$ /10^{14}Hz	$(\nu/\nu_{850})^4$	α'_S /(dB /km)	α'_{AS} /(dB /km)	V/mV									
				0km	1km	2km	4km	6km	8km	10km	12km	15km	30km
3.529(850nm)	1	3	3.4	1000	229	52							
3.315(905nm)	0.778	2.3	2.7	1000	316	100	10						
2.830(1060nm)	0.414	0.9	1.1	1000	630	398	158	63	25				
2.256(1330nm)	0.167	0.6	0.9	1000	708	501	251	126	63	32	16		
1.953(1550nm)	0.090	0.3	0.2	1000	891	794	630	501	398	316	251	178	32

2) 光纤波分复用系统

光纤波分复用系统包括:1×2 双向耦合器、平行光路和滤光片组成的集成型波分复用器(OWDM)。1×2 双向平行光路具有低插入损耗、低偏振相关损耗、高波长隔离度。光学滤光片的设计是光纤波分复用系统的关键,主要的技术指标如下。

中心波长:根据探测激光器的峰值波长,由拉曼频移确定反斯托克斯和斯托克斯拉曼散射的中心波长。

　　光谱波形：光谱半宽度约 5THz，光谱波形满足超高斯型，尽量接近矩形，峰值透过率的不平坦度＜0.05dB。

　　透过率：＞97％。

　　隔离度：＞40dB(对探测激光器的激光波长)。

3）光电接收和放大模块

　　由于系统信号非常微弱，要求光电检测系统具有低噪声、宽带和高灵敏度，因此光电检测系统的核心器件光电检测器需要采用高灵敏度、高雪崩增益、快速响应、低噪声的硅或铟镓砷雪崩光电二极管(APD)，并配置宽带、低噪声的前置放大器。硅雪崩光电二极管适用于可见光、近红外短波段；铟镓砷雪崩光电二极管适用于近红外波段。两种主要雪崩光电二极管的基本光电特性见表 4-3。

　　光电检测器前置系统由光电检测器和低噪声、宽带的前置放大器组成，如图 4-9 所示。图中，反向偏置的二极管是 APD，虚线部分是其等效电阻和电容。该接收电路的 3dB 信号带宽 $B=1/2\pi RC$，其中 $R=R_1+R_d+R_a$ 和 $C=C_d+C_a$ 分别是等价电阻和电容。这里 R_a 和 C_a 是放大器的电阻和电容。为了使带宽较大，R 应当较小。但是减小 R 就可能引入附加的热噪声。所以，我们必须在带宽和噪声水平之间做出一个折中选择，在满足系统带宽的前提下，尽量增大 R 值。光电检测器前置系统后接主放大器组成光电接收、放大模块。

表 4-3　两种主要的硅和铟镓砷雪崩光电二极管的基本光电特性(工作温度 22℃)

	Si APD	InGaAs APD
暗电流/nA	15	＜50($M=10$)
工作电压/V	190～210	50～60
响应度/(A/W)	9	9.3(1550nm)
带宽/MHz	1000	1000
上升时间/ns	0.5	0.5
光谱噪声电流/(pA/Hz$^{1/2}$)	0.23	＜1.0($M=10$)
电容/pF	1.6	1.25
量子效率	60％(900nm)	75％(1300～1550nm)
温度系数/(V/℃)	0.7	0.14
增益	150	10～20

4）信号处理部分

　　信号处理部分包括高速数据采集累加系统和温度解调软件，高速数据采集累

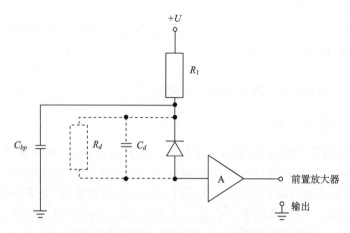

图 4-9　光电检测器前置系统示意图

加系统通常采用高速数据采集累加卡或嵌入式高速数据采集累加系统。这将在
4.2.8 节进行详细分析。

2. 系统信噪比分析

1) 雪崩光电二极管(APD)的噪声分析

APD 的主要噪声源有暗电流噪声、散粒噪声、热噪声和附加噪声。

(1) 暗电流噪声　当 APD 在没有光照的环境中、处于偏电压条件下时,电路
中会产生暗电流,从而产生暗电流噪声,它等于 APD 的反向饱和电流。该电流的
大小与工作温度、偏电压和探测器的结构和类型紧密相关。该电流随温度的变化
在本质上受到 $\exp(-E_g/k_B T_0)$ 因子的制约。对光电检测器而言,暗电流规定了
光电探测信号功率水平的噪声基底。因此,应当通过仔细设计和加工,尽可能减小
暗电流。两种主要的雪崩光电二极管的暗电流见表 4-3,若暗电流噪声大于相对
信号电流,信号电流就有可能被噪声淹没。

APD 中,暗电流是分散暗电流和表面暗电流的叠加。分散暗电流源于 APD
中的热效应。这些(电子/空穴)载流子也以与信号载波相同的形式经过放大,并产
生分散暗电流。其均方值为

$$\langle i_{db}^2 \rangle = 2eI_{db}M^2 F(M) B \tag{4-23}$$

其中,I_{db} 是初级(未经过放大的)检测器的分散暗电流;B 是探测器的带宽;$F(M)$
为附加噪声因子;M 为被探测光子产生的载波平均值。表面暗电流 I_{ds} 也叫做表面
泄漏电流或简称泄漏电流,取决于很多因素,如表面缺陷、清洁度、偏电压、表面积
等,其均方值为

$$\langle i_{ds}^2 \rangle = 2eI_{ds}B \tag{4-24}$$

需要注意的是雪崩增益就是分散效应,而表面暗电流不受雪崩增益的影响。类似地,热噪声电流也不会被放大机制放大,因为它不是在光电检测器内产生的。

(2) 散粒噪声　当光信号进入 APD 时,光电子的产生和复合产生散粒噪声,具有统计特性。其统计特性服从泊松分布。光电效应使光电子的数量起伏变化,散粒噪声电流的均方值为

$$\langle i_{sh}^2 \rangle = 2eI_pB \tag{4-25}$$

其中,e 是电子电荷;I_p 是平均光电流,等于平均暗电流和平均信号电流之和。

(3) 热噪声　热噪声源于 APD 的负载电阻 R_1。任何电阻内的电子都永远不会是静止不动的。即使没有外加电压,它们也会因其自身的热能而不停地运动。电子运动是随机的,所以任意时刻净电荷的运动方向都是随机的。所以,电阻中存在随机变化的电流,其均方值为

$$\langle i_{th}^2 \rangle = \frac{4k_B T_0 B}{R_1} \tag{4-26}$$

其中,k_B 是玻尔兹曼常数;T_0 是热力学温度;R_1 是负载阻抗。

(4) 附加噪声　APD 提供固有增益的放大过程是随机的。每一个被探测光子产生的载波数目都是随机的,平均值为 M。与 APD 信号电流相关的噪声 $I_{APD} = M \times I_p$,包括放大后的初级光电流中的散粒噪声和放大过程产生的附加噪声。附加噪声往往可以用附加噪声因子 $F(M)$ 表示。我们定义 $F(M)$ 是 I_{APD} 相关总噪声与放大过程中的总噪声之比,而附加噪声的均方值

$$\langle i_{ex}^2 \rangle = 2eI_pM^2F(M)B \tag{4-27}$$

其中,I_p 是平均光电流。

2) 信噪比

信噪比定义为信号光为 P_r 时的输出值与输入光信号为零时输出值之比:

$$\frac{S}{N} = \frac{M^2 I_p^2}{2e(I_p + I_{db})M^2F(M)B + 2eI_{ds}B + 2eI_pB + 4k_B T_0 B/R_1 + \langle i_a^2 \rangle} \tag{4-28}$$

对于高 P_r 而言,来自信号的散粒噪声相对来自其他所有噪声源的噪声占支配地位。从而,上述等式近似写为

$$\frac{S}{N} \approx \frac{M^2 R_0^2 P_r^2}{2eR_0 P_r M^2 F(M)B} = \frac{R_0 P_r}{2eF(M)B} \tag{4-29}$$

当 P_r 很低时,热噪声将占优势。那么式(4-28)可以近似为

$$\frac{S}{N} \approx \frac{M^2 R_0^2 P_r^2}{4k_B T_0 B/R_1} \tag{4-30}$$

通常,回波信号非常微弱,主要是热噪声,并且信号是按指数衰减的,而噪声基本不变,所以信噪比也是按指数衰减的。

由式(4-30)可知,信噪比与温度和带宽成反比,与负载阻抗成正比。所以为了提高系统信噪比,应适当保持其工作在较低温度下,同时保持温度恒定以保证系统的稳定性。在满足系统的空间温度分辨率的前提下,尽量减小系统带宽,设计输入阻抗比较大的放大器。

提高系统信噪比的方法主要如下。

(1) 提高系统信号强度。主要是提高入纤激光的脉冲功率和降低损耗。增加激光脉冲功率主要措施有:采用大输出功率器件,只要低于出现非线性现象的阈值都是有效的,但从另一方面会增加系统造价。提高激光驱动电压,会增加激光器的发热量,容易损坏激光器,因此必须压窄激光脉冲,以保护激光器。提高光纤的后向散射系数,DCF 光纤掺锗浓度高,较 G.652 光纤有更高的温度灵敏度,但是损耗较大,不适合长距离的光纤传感系统设计。

(2) 降低损耗。从回波信号散射点到 APD 的接收面之间有很多损耗,要提高信号,就要尽量减少损耗,主要损耗有:

传输损耗——与激光波长有关,根据不同的系统选择最佳波长。

弯曲损耗——由于光纤弯曲太大致使部分激光跑到外面去所产生的损耗,布线的时候注意不要走小弯,一般要求曲率半径不能小于 5cm,否则会产生较大的损耗,此类损耗是我们应该避免的。

光学器件的接入损耗——光纤波分复用器件的损耗。

光纤与 APD 的耦合损耗——取决于光纤端面与 APD 的接收端面机械对准程度和端面清理,平整的光纤切割面和干净的 APD 玻璃窗有助于提高耦合效率,由于接收面积比较大,耦合效率很高,一般能达到 90% 以上。

(3) 传感光纤的选择。因为光纤既是传感元件又是传输介质,选择传感光纤时有以下几点需要考虑:传输损耗应尽可能小;拉曼散射截面大;温度效应明显;产生非线性效应的光功率应阈值高,以便加大入射光功率,增强回波信号。

3. 传感器的主要技术指标

1) 测温精度、温度分辨率

系统的测温精度,用不确定度(uncertainty)表示,由标准偏差 σ 量度,它的含义表示从统计角度,多次测量的平均值与测量值的均方根差。

系统的测温精度本质上由系统的信噪比决定:系统的信号由探测激光器的脉冲光子能量决定,与脉冲宽度、峰值功率相关,系统的噪声主要与随机噪声,光电接收器雪崩二极管的噪声,前置放大器的带宽、噪声,信号采集与处理系统的带宽、噪声有关。但增加入射光纤的激光功率受到光纤产生非线性效应的阈值限制,在不影响系统空间分辨率的前提下,适当地控制系统带宽,也可抑制系统的噪声。

系统的温度分辨率由测温系统最小分度指示值来表征。

2) 空间分辨率、采样分辨率

空间分辨率通常用最小感温长度来表征。光纤拉曼温度传感器的待测光纤处于室温 20℃,将待测光纤中某一距离(例如 2km)处取出一段光纤(例如 3m)放在 60℃ 的恒温槽中,测量光纤的温度响应曲线,由 10% 上升到 90% 所对应的响应距离为系统的空间分辨率,如图 4-10 所示。与响应距离相对应的是最短温度变化距离,如图 4-11 所示。它主要取决于脉冲激光器的带宽、光电接收器的响应时间和放大器(主要是前置放大器)的带宽和信号采集系统的带宽。要提高空间分辨率,必须压缩探测激光脉宽,这必然减少了脉冲泵浦激光的强度,也减弱了光纤的背向拉曼散射信号,降低了系统的信噪比。系统的采样分辨率由信号采集处理系统的 A/D 采样速率确定。

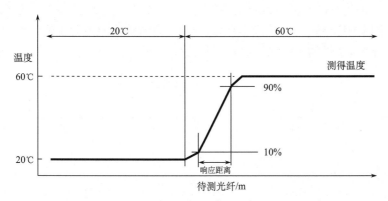

图 4-10　全分布式光纤拉曼温度传感器空间分辨率

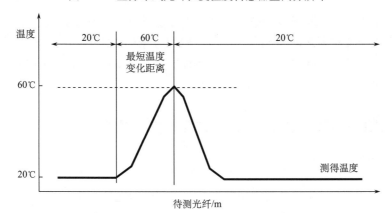

图 4-11　全分布式光纤拉曼温度传感器的最短温度变化距离

3）测量时间和采样次数

　　系统的温度信号是淹没在噪声中的，由于信号是有序的，噪声是随机的，因此可以采用多次采样、累加的办法提高信噪比，信噪比的改善与累加次数的均方根成正比，累加次数确定后，到底需要花多少时间来完成测量，主要由信号的采集、累加系统和计算机的传输速度决定。因此在实际系统中用测量时间比用采样次数显得更加实用。

4）测温光纤长度（测程）

　　在系统的信噪比确定后，测程与系统所选用的光谱波段、光纤的种类相关。通常，系统的信噪比与光纤的损耗决定了全分布式光纤拉曼温度传感器可测温长度。

5）测温范围

　　拉曼测温方法有普适性，因此测温范围由光纤、光缆材料的耐温性质决定，特种涂层材料的光纤的测温范围可达 600℃。在全分布式光纤拉曼温度传感器系统中，光纤不仅是传输媒介也是传感媒介，传感器系统测温范围是由光纤涂层的热损伤特性决定的，常见的光纤涂层的热损伤特性见表 4-4。

表 4-4　光纤涂层的工作温度范围

光纤涂层	工作温度范围/℃
丙烯酸盐（Acrylate）	−50～85
含氟聚合物（Fluoropolymer）	−50～220
热固合成树脂（Thermoset Resin）	−50～300
金属（金、银、铝、铂）	−50～550

　　全分布式光纤拉曼温度传感器的几个主要技术指标，测温范围、空间分辨率、测温精度和测量时间之间是相互关联的。根据应用的需求，可对系统进行优化设计。全分布式光纤拉曼温度传感器主要特性的关联性如图 4-12 所示（在图中测温精度用温度分辨率表示）。

4.2.4　光纤拉曼温度传感器的研究现状和发展趋势

1. 研究现状

　　1982 年英国的 Hartog 利用液芯光纤的瑞利散射在数百米长度的光纤上实现了±0.2℃的温度分辨率和 2m 的空间分辨率[2]。但因为采用的是液芯光纤，使用

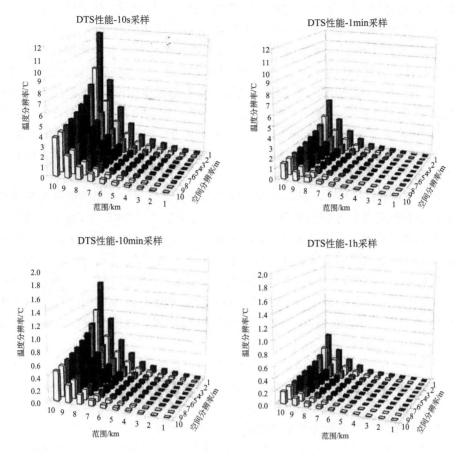

图 4-12　光纤拉曼温度传感器主要特性的关联性(取自 Sensornet 公司资料)

非常不方便,测温范围和长度也非常有限。所以在以后的系统中,大多数都采用普通的通信光纤。1985 年,英国南安普敦大学的 Dakin 博士在实验室用氩离子激光器作为光源进行了利用石英光纤拉曼散射效应的全分布式光纤温度传感器测温实验[3]。同年 Hartog 和 Dakin 分别独立地用半导体激光器作为光源,研制出了全分布式光纤温度传感器实验装置[4,5]。此后,全分布式光纤温度传感器得到了很大的发展。在 20 世纪 80 年代末,由 YORK 公司开始生产 DTS 型全分布式光纤拉曼温度传感器,国内外有很多的研究部门开始了全分布式光纤拉曼温度传感器的研究。

英国南安普敦大学 Newson 研究团队在全分布式光纤传感器方面做了大量的工作[21~32]。1996 年,Newson 研究团队采用了 1.64μm 新光源作为全分布式光纤传感器的探测光源,光纤产生的背向反斯托克斯拉曼散射光在 1550nm 低损耗窗口波段,提高了系统的信噪比和空间分辨率。1997 年,他们从理论上对基于拉曼散射与布里渊散射的全分布式光纤传感器做了比较。2003 年,他们研制了脉冲拉曼放大器的全分布式光纤布里渊散射传感器,实现了测程 50km、空间分辨率 15m 的结果。2004 年,他们采用远程光纤拉曼放大器的布里渊散射传感器提高系统的信噪比,实现了测程 100km、空间分辨率 20m、累加 2^{20} 次、测温精度达到 8℃ 的结果。2005 年,他们提出用单一的光源,利用拉曼散射效应测温、布里渊散射频移效应测应变,但测量精度不高。同年,他们又提出了采用背向泵浦的全分布式光纤拉曼放大器,实现了测程 150km、空间分辨率 50m 时,测温精度为 5.2℃ 的结果。2010 年,他们采用自发拉曼散射温度补偿的办法,实现了布里渊频域应力传感器的 24cm 的空间分辨率[32]。

　　2006 年,加拿大 Kellie Brown 等提出了采用拉曼散射与布里渊散射传感器相结合的办法来实现高分辨率的温度与应变同时测量[33]。2007 年,意大利 M. A. Soto 研究团队报道了采用调幅 255-bits Simplex coded OTDR 编码技术[34~37]并采用分立式拉曼放大器增加拉曼温度传感器的传感长度,在 40km 范围内实现了空间分辨率 17m,测温精度 5℃。2009 年,他们又报道了拉曼散射与布里渊散射融合型的全分布式光纤传感器[38,39],采用多纵模的 FP 腔激光器和 DFB 窄线宽激光器双光源,取得了较好的效果,在 25km 测程范围内,实现了温度分辨率 1.2℃、应变分辨率 $100\mu\varepsilon$ 的结果。

　　2007 年,美国 SensorTran 公司提出了自相关双光源方法[40,41],解决了全分布式光纤拉曼温度传感器中不同波段光纤损耗不同而引起的温度解调曲线的扭曲问题。2009 年,加拿大鲍晓毅研究团队提出利用光纤布里渊增益差来改善长程全分布式光纤传感器的测温精度和空间分辨率[42]。

　　从 20 世纪 90 年代开始,国内一些高等学校如重庆大学[43]、中国计量学院[44~62]、浙江大学[63]、北京理工大学[64]、山东大学[65]、北京航空航天大学[66]等开展了全分布式光纤拉曼温度传感器系统的研究[67,68]。近年来,清华大学[69,70]、成都电子科技大学[71~74]、中国计量学院[75~80]等在全分布式光纤拉曼温度传感器系统的研究和开发领域也很活跃[81~95]。

　　中国计量学院的张在宣研究团队是国内最早研究全分布式光纤拉曼温度传感器的团队之一[42~60]。近年来,他们对全分布式光纤拉曼放大器中瑞利散射线和布里渊散射线的放大效应进行了研究[96~120]。2006 年,他们提出了基于光纤非线性散射融合原理的全分布式光纤传感技术,重点研究和设计了一系列全分布式光纤传感器件:集成拉曼放大器的超远程全分布式光纤拉曼与布里渊散射光子传感器[116],集成拉曼放大器的新型光纤布里渊时域分析器[117],全分布式光纤瑞利与拉曼散射光子应变、温度传感器[118],集成拉曼放大器超远程的全分布式光纤拉曼温度传感器[119],新一代的全分布式光纤拉曼与布里渊散射光子传感器[120]。2009 年,他们提出采用信号采集处理系统与已知温度定标光纤的自校正全分布式光纤拉曼温度传感器系统[76]，2010 年，他们提出了新的色散与损耗光谱的自校正方法[77]，还提出了采用脉冲编码、解码的全分布式光纤拉曼温度传感器系统[75]。

2007 年，成都电子科技大学张利勋等提出了一种用于全分布式光纤拉曼温度传感器的对称解调新方案[71~74]，采用瑞利散射光时域反射（OTDR）曲线解调光纤的反斯托克斯散射光时域反射曲线。采用对称解调方法的测温误差为 ±0.05℃，空间分辨率为 1 m；从信号处理角度改进的温度解调方法使温度误差在 ±0.1℃ 内；采用强循环解调方法使温度测量精度达到 ±0.05℃。

2009 年，清华大学张磊等提出用解卷积的算法来提高全分布式光纤拉曼温度传感器系统的空间分辨[80]，在实验上采用 300ns 的 MOPA 激光器，系统实现了 15m 的空间分辨率。他们通过理论分析，采用 1.66μm 光源的光纤拉曼温度传感器，最高获得约 1.94 倍的背向反斯托克斯信号，在相同空间分辨率和温度分辨率的情况下，测量时间可以降低约 3/4[69]。他们还提出了在全分布式光纤拉曼温度传感器中，采用可变脉宽光源实现双功能温度监测的方法，采用窄脉冲获得高空间分辨率进行峰值温度监测，再改用宽脉冲获得高温度分辨率进行平均温度监测，降低了系统进行平均温度监测的测量时间[70]。

除此之外，还有北京航空航天大学[81,82]、西北工业大学[83]、西安石油大学[84]、华中科技大学[85]、燕山大学[86]、中北大学[87]等高校也开展了相关研究。

2. 国内外全分布式光纤拉曼温度传感器产品现状

在国内外，全分布式光纤拉曼温度传感器已形成系列产品。国外生产厂家主要有英国的 Sensa 公司、Sensornet 公司，美国的 SensorTran 公司、MOI 公司、Agilent 公司（现 Apsensing 公司）和日本的横河（YOKOGAWA）公司。国内生产厂家主要有宁波振东公司、广州科思通公司、广州亿力公司、上海华魏公司、上海欧忆公司、上海波汇公司、西安四方公司、北京兴迪公司、威海北洋电气集团、杭州聚光科技和杭州欧忆光电科技有限公司等。

国内外现有短程、中程和远程全分布式光纤拉曼温度传感器产品的技术特性如表 4-5、表 4-6 和表 4-7 所示。

表 4-5　短程全分布式光纤拉曼温度传感器特性

	DTS300(Sensa)	YOKOGAWA	FGWC-S02,S04(Hangzhou OE)
光纤长度/km	2	2	2,4
测温精度/℃	±1	±1	±1
温度分辨率/(1/℃)	0.1	0.1	0.05
空间分辨率/m	3	4	1.5
采样分辨率/m	2.5	2	1
测量时间/s	20	30	5,10

表 4-6　中程全分布式光纤拉曼温度传感器特性

	N4385A/N4386A (Agilent)	DTS800M10 (Sensa)	DTS5100 (SensorTran)	FGWC-M (Hangzhou OE)
光纤长度/km	8(max)	10	10	8,10,12
测温精度/℃	±2	±2		±1
温度分辨率/(1/℃)	0.1	0.1	0.1	0.05
空间分辨率/m	1.5	1.	1	1.5
采样分辨率/m	1	1	1	1
测量时间/s	60	600	30	10

表 4-7　长程全分布式光纤拉曼温度传感器特性

	DTS800S30(Sensa)	DTS-XR(Sentinel)	FGWC-L30(Hangzhou OE)
光纤长度/km	30	30	30
测温精度/℃	±2	±1.2	±2
温度分辨率/(1/℃)	0.1	0.05	0.1
空间分辨率/m	8	2(?)	<4
采样分辨率/m	2	1	1
测量时间/min	10	1(?)	<7

3. 发展方向和技术趋势

在全分布式光纤拉曼温度传感技术的应用和发展过程中,根据科技发展的趋势和应用的需求,全分布式光纤拉曼温度传感技术发展的主要技术要求有以下几方面:

(1) 超长距离　目前,全分布式光纤拉曼温度传感器测温光纤长度还局限在30km 范围内,还不能满足电力电缆、油气管道等超长距离测温和监控的需要,虽然可以采用光纤开关时分复用方法,但影响测温的实时性。

(2) 高空间分辨率　近年来,全分布式光纤拉曼温度传感器产品的空间分辨率已达到小于 1m,但还不能满足石化管道、电力高压开关和电力电缆热保护等应用要求,实现分米级的空间分辨率。虽然可以采用光纤绕组的点探头测温,但由于受热区的随机性,无法预计具体的受热区的位置,限制了此方法的发展。

(3) 高精度　近年来,全分布式光纤拉曼温度传感器产品的测温精度已达到小于 1℃,但还满足不了石化反应 0.1℃精度的需要。

(4) 高可靠性　系统可在恶劣、有害的环境下运行,作为报警系统要求高可靠性。

(5) 多参量　温度、应力、振动、位移等多参量的检测。

(6) 智能化　全分布式光纤拉曼温度传感器系统通过光纤开关时分复用可以组成星形、环形光纤温度测量的局域传感网,大多数光纤传感网具有显示、报警功能,但尚不能联网实现智能化监控。

全分布式光纤拉曼温度传感器的主要研究方向有:

(1) 探索新的传感机制　要在光纤传感技术领域得到长足的发展,必须全面解决一系列重要的基础科学问题,关键在于机制创新。例如,原有的全分布式光纤传感器主要是利用单一的光纤非线性散射效应,利用两种以上的光纤非线性散射效应可实现温度、应变的同时测量,利用受激拉曼放大效应实现超长距离检测。

(2) 发展新的传感技术与方法　采用拉曼相关双光源方法解决光纤色散与损耗光谱对全分布式光纤拉曼温度传感器系统空间分辨率和测温精度的严重影响;采用脉冲编码调制技术提高系统的信噪比;采用温度补偿的 BOFDR 全分布式光纤布里渊传感器提高分辨率。2010 年,英国 Newson 研究团队提出采用温度补偿的 BOFDR 全分布式光纤布里渊传感器实现了 24cm 空间分辨率;成都电子科大张利勋采用对称解调法,系统的测温误差在 ±0.05℃内,空间分辨率为 1 m。

(3) 采用新的信号采集处理技术　采用高速信号采集处理技术提高系统的信噪比、空间分辨率、可靠性和缩短测量时间。采用激光短脉冲技术与脉冲细分测量技术以及小波变换技术等提高系统的空间分辨率。

(4) 组网技术　随着信息科学和光纤通信技术的发展,光纤传感器是近代科学技术、工业过程控制、灾害预防和健康检测的重要手段,与传统的传感器相比,光纤传感器本身不带电,具有抗电磁干扰、电绝缘、耐腐蚀等特点,是本质安全型的,同时光纤传感器还具有多参量(温度、应力、振动、位移、转动、电磁场、化学量和生物量)、灵敏度高、质量轻、体积小、可嵌入(物体)等特点,从而可以把光纤传感器嵌入和装配到电网、铁路、桥梁、隧道、公路、建筑、供水系统、大坝、油气管道等各种设施中,组成光纤传感网(本征型全分布式光纤传感器本身就组成网)并接入无线网和因特网,组成物联网。

4.2.5　拉曼相关双光源自校正光纤拉曼温度传感器

光纤拉曼散射的频移为 13.2THz,因此光纤的反斯托克斯拉曼散射光与斯托克斯拉曼散射光的波长差较大,由于光纤的色散,光纤的背向反斯托克斯拉曼散射光与斯托克斯拉曼散射光在光纤中传播速度不同,因此造成光纤反斯托克斯拉曼散射光与斯托克斯拉曼散射光的时域反射曲线的"差步"或"走散"现象,通常在全分布式光纤拉曼温度传感器中用光纤的背向斯托克斯拉曼散射光的时域反射信号来解调反斯托克斯拉曼散射光的时域反射信号,获得光纤各段的温度信息。两个不同波长的光时域反射信号的"差步"或"走散"现象,降低了系统的空间分辨率和测温精度,甚至造成测量错误。由于各个波段的光纤损耗是不同的,即光纤损耗存在光谱效应,在全分布式光纤拉曼温度传感器中用反斯托克斯拉曼散射光作为测量温度信号通道,用斯托克斯拉曼散射光作为测量温度参考通道。由于两个通道在不同波段,测温光纤的损耗不同,在测温系统中用斯托克斯参考通道解调反斯托克斯拉曼信号时,温度解调曲线出现倾斜、畸变,而造成测温误差,降低了测温精度。另一方面,在现场使用测温光纤、光缆,容易引起弯曲和受压拉伸而产生光纤的非线性现象,造成各个波段的损耗不同,而且光纤、光缆产生弯曲和受压拉伸的大小和位置均有随机性,难以人为校正,需要采用自校正的办法。

2007 年,Chung Lee 等提出了一个解决方案[40],如图 4-13 所示。该方案采用了双光源,主激光器与副激光器的波长差为双倍的拉曼位移波长,通过光纤开关时分交替输出同一波段主激光器的光纤背向反斯托克斯拉曼散射波与副激光器的光纤斯托克斯拉曼散射波,通过副激光器的光纤斯托克斯拉曼散射波解调主激光器的光纤背向反斯托克斯拉曼散射波,得到光纤各段的温度信息。这种双程的拉曼散射光时域反射曲线,虽然回波处于同一波段,但入射波处于主激光器波长和副激光器波长两个相隔双拉曼位移的波长,实际上还无法完全校正光纤色散和光纤损耗光谱的影响,而且由于两个光源的不同,影响了系统的稳定性。

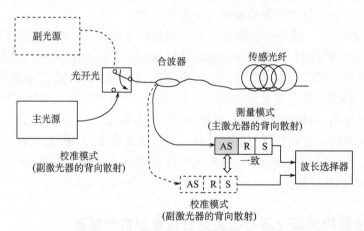

图 4-13　Chung Lee 等的解决方案

2008 年,Kwang Suh 与 Chung Lee 提出了一种新的解决方案[41],如图 4-14 所示。该方案采用了双光源,主激光器与副激光器的波长差为拉曼位移波长,通过光纤开关时分交替的输出主激光器的光纤背向反斯托克斯拉曼散射波与副激光器的光纤斯托克斯拉曼散射波,通过副激光器的光纤斯托克斯拉曼散射波解调主激光器的光纤背向反斯托克斯拉曼散射波,实现了不同波长损耗的自校正,得到光纤各段的温度信息。但由于两个光源的不同,影响了系统的稳定性。

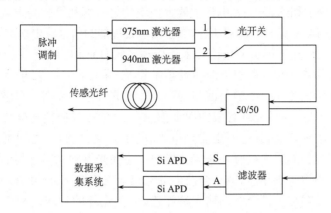

图 4-14　Kwang Suh 与 Chung Lee 提出的一种新的解决方案

2009 年,张在宣等提出采用信号采集处理系统与已知温度定标光纤的自校正,实现了色散与损耗光谱的自校正,还解决了光源的自校正,提高了系统的稳定性,并采用了价格低廉、可靠性更好的电子开关取代光纤开关[76]。此系统是一种成本低、结构简单、信噪比好、可靠性好的自校正全分布式光纤拉曼温度传感器,实验装置如图 4-15 所示。

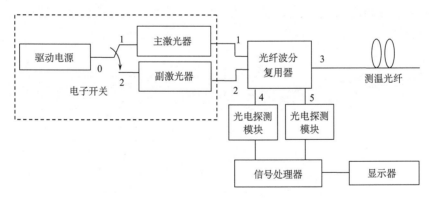

图 4-15　自校正全分布式光纤拉曼温度传感器装置结构图

拉曼相关双光源自校正全分布式光纤拉曼温度传感器,包括拉曼相关双波长光纤脉冲激光器模块(由驱动电源、电子开关、主激光器、副激光器组成),集成型光纤波分复用器,两个光电接收放大模块,数字信号处理器,显示器和本征型测温光纤。集成型光纤波分复用器具有五个端口,其中输入的 1、2 端口分别与拉曼相关双波长的主激光器(1550nm 光纤脉冲激光器)、副激光器(1450nm 光纤脉冲激光器)

相连,集成型光纤波分复用器的 3 端口与本征型测温光纤相连,输出的 4 端口
(1450nm 端口)与第一光电接收放大模块相连,输出的 5 端口(1550nm 端口)与第二
光电接收放大模块相连,第一光电接收放大模块的另一端和第二光电接收放大模块
的另一端分别与数字信号处理器相连,数字信号处理器的信号输出端连接显示器。

　　2010 年,张在宣等提出采用信号采集处理系统分别扣除单程主激光器波长和
副激光器波长的背向瑞利散射光时域反射的影响,采用同一波段单程的主激光器
的光纤背向反斯托克斯拉曼散射波与副激光器的光纤斯托克斯拉曼散射波光时域
反射曲线的强度比,得到光纤各段的温度信息[77]。色散与损耗光谱自校正全分布
式光纤拉曼温度传感器,其包括由驱动电源、电子开关、主激光器和副激光器组成
的双拉曼位移波长的双光纤脉冲激光器模块。主激光器和副激光器的输出端分别
与第一合波器的输入端相连,第一合波器的输出端与双向耦合器的输入端相连,双
向耦合器的输出端与多模光纤的输入端相连,多模光纤的背向瑞利散射和拉曼散
射回波通过双向耦合器进入集成型光纤波分复用器的输入端。集成型光纤波分复
用器有三个输出端口:第一个输出端口为拉曼散射峰的中心波长输出端口,第二个
输出端口为主激光器波长的光纤背向瑞利散射波输出端口,第三个输出端口为副
激光器波长的光纤背向瑞利散射波输出端口。集成型光纤波分复用器的第一个输
出端口与直接检测系统的一个输入端相连,集成型光纤波分复用器的第二个输出
端口和第三个输出端口分别与第二合波器的两个输入端相连,第二合波器的输出
端与直接检测系统的另一个输入端相连,直接检测系统的输出端与信号采集处理
系统的输入端相连,信号采集处理系统给出光纤各段的温度值由显示器显示。如
图 4-16 所示。

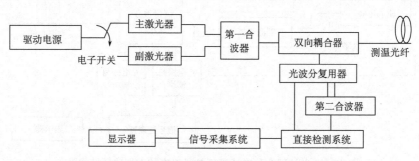

图 4-16　自校正全分布式光纤拉曼温度传感器结构图

4.2.6　脉冲编码光源光纤拉曼温度传感器

　　在全分布式光纤传感器中,为了提高系统的空间分辨率,需要压缩激光器的脉

宽,为了提高系统的信噪比,需要增加激光器的功率,但是光纤的入射功率超过光纤的阈值时,就会出现非线性现象,呈现不稳定状态。

近年来,在全分布式光纤传感器中采用脉冲编码调制光源,即激光序列脉冲编码技术。该技术采用了激光序列脉冲作为发射源,大大提高了发射信号光子数,系统的空间分辨率由组成序列脉冲的最小脉宽的码元脉冲宽度和接收机带宽决定。在不影响系统空间分辨率的基础上使得回波信号强度大大提高,从而提高了系统的信噪比,并且有效地抑止了光纤非线性效应,由于采用了编码、解码技术,提高了系统对信号的提取、辨别能力,在同样的信号平均次数下能获得更好的信噪比。采用 N 位码型的序列脉冲编码解码可获得的信噪比改善为

$$SNR_N = \sqrt{\frac{\sigma^2}{N}} \bigg/ \sqrt{\frac{4\sigma^2}{(N+1)^2}} = \frac{N+1}{2\sqrt{N}} \tag{4-31}$$

由式(4-31)可知,信噪比改善随着编码位数的提高而提高。

当 N 取 255 时, $SNR_{255} = \dfrac{255+1}{2\sqrt{255}} \approx 8.02$。

2007 年,意大利 M. A. Soto 研究团队报道了采用调幅编码技术和分立式拉曼放大器增加拉曼温度传感器的传感长度,具体的系统结构如图 4-17 所示[34~39]。该系统在 40km 范围内实现了空间分辨率 17m,测温精度 5℃。

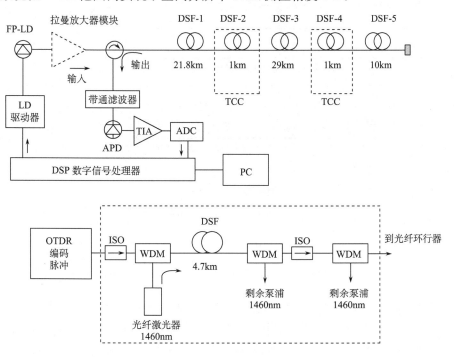

图 4-17　采用脉冲编码技术和分立式拉曼放大器的全分布式光纤拉曼温度传感器

2008 年,J. Park 等报道了脉冲编码调制光源技术[89]。德国 Agilent 公司的 N4385A/4386A/4387A 产品已经采用了脉冲编码调制光源技术,其结构如图 4-18 所示。

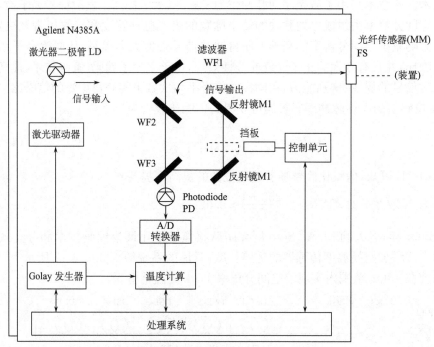

(a) 全分布式光纤温度传感器图

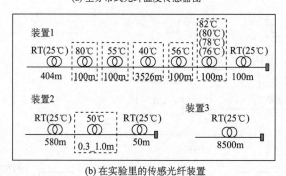

(b) 在实验里的传感光纤装置

图 4-18

2010 年,余向东等提出了采用脉冲编码、解码的全分布式光纤拉曼温度传感器[75],如图 4-19 所示。该传感器基于 S 矩阵转换对信号进行编码和解码,利用光纤拉曼光强度受温度调制的效应和光时域反射原理进行光纤在线定位测温。其包括光纤耦合高速多脉冲激光发射器、集成型光纤波分复用器、光纤温度取样环、本征型测温光纤、两个光电接收放大模块、编码解码解调数字信号处理器、数字式温度探测器和 PC 机。该传感器使用新颖的序列多位激光脉冲编码解码技术,在花费同样的测量时间下能获得更好的信噪比,并且提高了发射光子数,可通过压窄激光脉冲宽度提高空间分辨率,对单个激光脉冲的峰值功率要求降低又可有效地防止光纤非线性效应。该发明可应用于超远程、高空间分辨率的全分布式光纤温度传感系统。

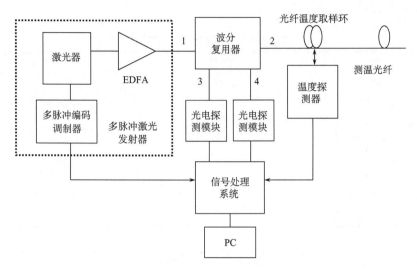

图 4-19　采用脉冲编码解码的全分布式光纤拉曼温度传感器的实验装置

　　集成型光纤波分复用器具有四个端口,其中输入的 1 端口与光纤耦合高速多脉冲激光发射器相连,2 端口与光纤温度取样环的一端相连,光纤温度取样环的另一端与本征型测温光纤相连,输出的 3 端口与第一光电接收放大模块输入端相连,输出的 4 端口与第二光电接收放大模块输入端相连,第一光电接收放大模块的输出端和第二光电接收放大模块的输出端分别与编码解码解调数字信号处理器的两个输入端相连,编码解码解调数字信号处理器的一个输出端与光纤耦合高速多脉冲激光发射器连接,另一输出端连接 PC 机,数字式温度探测器的输出端与编码解码解调数字信号处理器相连。

4.2.7　基于非线性散射效应融合原理的光纤传感器

1. 基于非线性效应融合的光纤传感技术原理[105~119]

　　光纤拉曼散射是入射光子与光纤分子相互作用的非弹性碰撞,参与的是光学声子,声子的频率为 13.2THz,因此与瑞利散射和布里渊散射相比,拉曼散射光的频移最大。另外,光纤中的拉曼增益最显著的特征是有一个很宽的频率范围,达40THz,并且在频移中心有一个较宽的峰约5THz。光纤拉曼增益系数比较低,约$7×10^{-14}$m/W,受激的阈值比较高。光纤中布里渊增益的显著特征是有一个很窄的频率范围,为20~100MHz,光纤布里渊增益系数约$5×10^{-11}$m/W,与拉曼散射相比,增益系数要大三个数量级,受激的阈值也比拉曼散射低,与拉曼散射相比背向布里渊散射功率较强。在1550nm波段自发反斯托克斯拉曼散射与布里渊散射的主要物理特性见表4-8。

表4-8　光纤非线性散射的物理特性[41]

参数	拉曼散射	布里渊散射
频移/GHz	$13.2×10^3$	11
带宽/MHz	$5×10^6$	20~100
增益系数/(10^{-11}m/W)	$7×10^{-3}$	5
散射功率比(与瑞利)/dB	30	15
温度灵敏度/℃	0.8%	0.3%
频移温度灵敏度/(MHz/℃)	—	1.1
强度应变灵敏度/με	—	$-9×10^{-4}$%
应变灵敏度/(MHz/με)	—	0.048

利用光纤中多种线性与非线性散射效应的物理特性,可设计基于非线性散射效应融合原理的全分布式光纤传感,包括有:

(1)利用光纤中多种线性与非线性散射效应的融合现象,可设计远程多参数高性能的新一代全分布式光纤传感器,如集成拉曼放大器的超远程全分布式光纤拉曼和布里渊光纤传感器。

(2)光纤拉曼散射与光纤布里渊散射频移相差三个数量级,同一探测激光产生的光纤拉曼散射与光纤布里渊散射处在不同的波段,采用波分复用原理可以组成全分布式光纤拉曼和布里渊散射传感器。

(3)光纤拉曼散射与光纤布里渊散射频谱带宽要差四个数量级,根据波分复用原理,采用不同波长、不同带宽的探测激光器和双探测光源技术,通过优化设计,可实现多种功能的全分布式光纤拉曼和布里渊散射传感器。

(4)根据波分复用原理,采用不同波长、不同带宽的探测激光器与不同波长、不同带宽的泵浦激光器,利用受激散射效应的增益对光纤中的自发拉曼散射与自发光纤布里渊散射进行分布式放大,通过优化设计,可实现远程融合光纤拉曼放大器的多种功能全分布式光纤拉曼和布里渊散射传感器。

上述设计,要有效地控制探测激光器与泵浦激光器的功率,防止在光纤中产生级联的受激布里渊散射的干扰和在光纤中四波混频等其他非线性效应产生的干扰。

　　目前,已研究和设计了一系列基于光纤非线性散射融合原理的全分布式光纤拉曼、布里渊传感器件,如集成拉曼放大器的超远程全分布式光纤拉曼与布里渊散射光纤传感器[116]、集成拉曼放大器的新型光纤布里渊时域分析器[117]、全分布式光纤拉曼散射与瑞利散射光纤传感器[118]、集成拉曼放大器超远程的全分布式光纤拉曼温度传感器[119]、新一代的全分布式光纤拉曼与布里渊散射光子传感器[120]等。

2. 集成光纤拉曼放大器的新一代光纤传感器

　　集成光纤拉曼放大器的超远程全分布式光纤拉曼与布里渊传感器[116],是利用光纤非线性拉曼散射的温度效应和布里渊散射应变效应及光时域反射原理制成的测量温度和应变的光纤传感器,是基于光纤自发拉曼散射、受激拉曼散射和受激布里渊散射融合原理,将光纤拉曼温度传感器、光纤布里渊传感器和光纤拉曼放大器三者有机地集成在一起,组成一种新型的超远程全分布式光纤温度、应力传感器。将反斯托克斯和斯托克斯拉曼散射光分别通过两个带通滤波器输入直接检测系统,测量两者的强度比,得到光纤各段的温度信息。将反向光纤布里渊散射光,经过窄带光纤光栅滤波器与外腔窄带光纤激光器的本地光拍频进行相干检测,测量频移得到光纤各段的应变信息。光纤拉曼放大器提高了系统的信噪比,增加了测量长度(单模光纤 100km),改善了测量精度。实验装置如图 4-20 所示。宽线宽

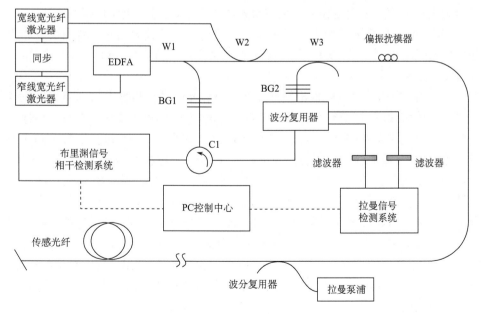

图 4-20　集成拉曼放大器的超远程全分布式光纤拉曼、布里渊传感器

的光纤激光器（WFL）经掺铒光纤放大器（EDFA）放大，经偏振扰模器（scrambler）、波分复用器（WDM）进入超远程单模光纤（sensing fiber），光纤回波的信号经分波器、窄带反射滤波器（WDM 抑制 1465nm 拉曼泵浦激光的背向瑞利散射光）和波分复用器，光纤的背向拉曼信号通过拉曼信号检测系统（光电接收、放大），送入 PC 控制中心解调处理后得到光纤各段的温度和位置信息，拉曼泵浦激光（Raman pump）工作波长 1465nm，光谱带宽 0.67nm，功率 0～1200mW 可调。

另一路窄线宽的光纤激光器（NFL）经掺铒光纤放大器（EDFA）放大，经偏振扰模器（scrambler）、波分复用器（WDM）进入超远程单模光纤（sensing fiber），光纤回波的信号经分波器、窄带反射滤波器（WDM 抑制 1465nm 拉曼泵浦激光的背向瑞利散射光）和波分复用器，光纤的背向受激布里渊散射（SBS）信号通过环行器 C1 与拉曼 NFL 的本地激光信号进入布里渊信号相干检测系统，进行拍频检测，将 SBS 的频移信息送入 PC 控制中心解调处理后得到光纤各段的应变信息。

3. 集成光纤拉曼放大器的新型布里渊光时域分析器

光纤布里渊光时域反射器采用光纤自发的布里渊散射，由于背向布里渊散射信号很弱，因此利用光纤布里渊散射光的频移和强度比来测量应变和温度的精度很低，测程短，空间分辨率较低。T. Horiguchi 等发明了布里渊光时域分析器，在光纤的另一端加一个相干泵浦激光器，实现布里渊放大，采用相干放大的受激布里渊散射，增强了信号，改善了系统的信噪比。但是光纤布里渊光时域分析器要求严格地锁定窄带探测激光器和窄带泵浦激光器的频率，在技术上实现很困难。

2005 年，英国南安普敦大学采用全分布式光纤拉曼放大的基于背向自发布里渊散射的相干检测[25,29]，实现了 150km 的远程检测，但温度分辨率为 5.2℃，空间分辨率为 50m。

2008 年，中国计量学院提出新型光纤布里渊光时域分析器[117]，利用光纤宽带非线性光放大效应，相干放大的布里渊散射光的应变、温度效应和光时域分析原理制成光纤布里渊光时域分析器。实验装置原理如图 4-21 所示，包括窄带单频光纤激光器、光纤分路器、脉冲调制器、两个光纤环行器、外差接收器、数字信号处理器、光纤光栅滤波器、单模光纤和光纤拉曼泵浦激光器。采用连续运行的高功率光纤拉曼激光器作为光纤布里渊光时域分析器的泵浦光源，克服了光纤布里渊光时域分析器要求严格地锁定探测激光器和泵浦激光器频率的困难，利用宽带光纤非线性散射光放大取代窄带布里渊放大，增加了背向相干放大的受激布里渊散射光的增益，提高了系统的信噪比，增加了测量长度，改善了应变和温度同时测量的精度，也克服了 Newson 研究团队采用自发布里渊散射的检测系统信噪比低的弱点，提高了系统的测量精度。

可调谐窄线宽（external cavity laser，ECL）光源作为 SBS 信号的产生光源，波

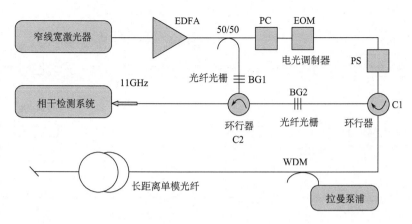

图 4-21　新型光纤布里渊时域分析器结构图

长 1550nm,线宽小于 10MHz。由于光源功率不高,加入 EDFA 进行放大。放大后的激光经 50/50 耦合器分为两路:一路经电光调制器 EOM,获得窄线宽、高功率的脉冲激光,作为 1550nm 波段的受激布里渊散射的抽运光,经过扰模器和环行器 C1 后送入传感光纤;另一路作为布里渊信号相干检测的参考光,经光纤光栅 BG1 进入环行器 C2。扰模器 PS 用来减小偏振相关度。传感光纤中返回的信号光经环行器 C1 后,通过窄带光纤光栅 BG2 消除瑞利散射信号。透过光栅 BG2 的散射信号经环行器 C2 后,在光纤光栅 BG1 处分离出受激布里渊散射信号。受激布里渊信号经过环行器 C2 进入布里渊信号相干检测系统,通过布里渊频率解调获得应力信息。拉曼泵浦用来放大布里渊信号光,利用拉曼放大效应克服其远距离传输的损耗,这样就实现了布里渊信号的超远程应力传感。对于本系统中的噪声抑制,主要利用光纤光栅 BG1 和 BG2 来实现。其中 BG1 仅反射 1555nm 激光的斯托克斯布里渊信号,滤波带宽为 0.1nm;BG2 可以进一步抑制拉曼泵浦激光 1465nm 的背向瑞利散射信号,WDM 本身也有相当高的隔离度,可以有效抑制噪声。在探测器接收部分,利用多次累加平均,低通滤波处理方法,以及配合 BOXCAR 取样积分锁相放大器,预期可以提高实验系统的信噪比,提取有用信号。

　　2009 年,加拿大鲍晓毅研究团队报道了差分脉冲对全分布式光纤布里渊时域分析器[42],如图 4-22 所示。采用 DPP-BOTDA(differential pulse-width pair Brillouin optical time-domain analysis)方法,在 12km 范围内实现了在空间分辨率为 1m 时测温精度为 0.25℃,并预言这种方法会有更好的效果。

4. 集成光纤拉曼放大器的新型光纤拉曼温度传感器

　　集成光纤拉曼放大器[119]的超远程全分布式光纤拉曼温度传感器系统,是基

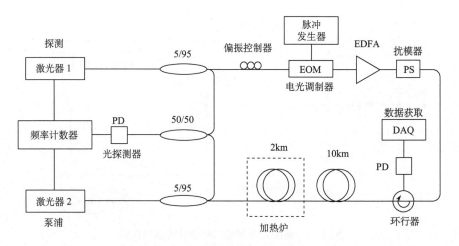

图 4-22　光纤布里渊时域分析器

于光纤受激拉曼散射与光纤反斯托克斯拉曼散射的融合原理和波分复用原理,利用光纤的本征特性、光纤受激拉曼散射的放大原理、光纤的反斯托克斯拉曼散射波强度受光纤温度调制的原理和光时域反射原理制成的。泵浦光纤激光器通过泵浦-信号光纤波分复用器,与 1×2 光纤双向耦合器连接,它的一端与超远程 50km 光纤连接。光纤的反向瑞利散射波、斯托克斯和反斯托克斯拉曼散射波通过光纤 1×2 双向耦合器的另一端与光纤光栅窄带反射滤波器连接,与斯托克斯波和反斯托克斯拉曼散射波的粗波分复用器相连,再与高隔离度的斯托克斯散射波和反斯托克斯拉曼散射波的滤波器连接,并分别与雪崩光电二极管相连,转换成模拟电信号并被放大,测量两者的强度比,得到光纤各段的温度信息。将全分布式光纤拉曼放大器与全分布式光纤拉曼温度传感器融合成一个新的系统,全分布式光纤拉曼放大器抑制了长距离光纤传输的损耗,改善了系统的信噪比,提高了全分布式光纤拉曼温度传感器的测程。实验装置原理如图 4-23 所示。

　　在全分布式光纤拉曼温度传感器中嵌入全分布式光纤拉曼放大器,集成一台带有光纤拉曼放大器的全分布式光纤拉曼温度传感器:半导体脉冲激光器、1×2 光纤双向耦合器、斯托克斯散射波和反斯托克斯拉曼散射波的波分复用器,与高隔离度的反斯托克斯散射波滤波器和斯托克斯拉曼散射波的滤波器和雪崩光电二极管组成了一台全分布式光纤拉曼光子温度传感器;泵浦光纤激光器、泵浦-信号光纤耦合器与超远程(50km)光纤组合成一只增益可调的全分布式光纤拉曼放大器。为了抑制由泵浦光纤激光器产生强的反向瑞利散射光,特殊设计了一只高隔离度的光纤光栅窄带反射滤波器,并将泵浦激光器的主波长与反斯托克斯拉曼峰值波长移开。

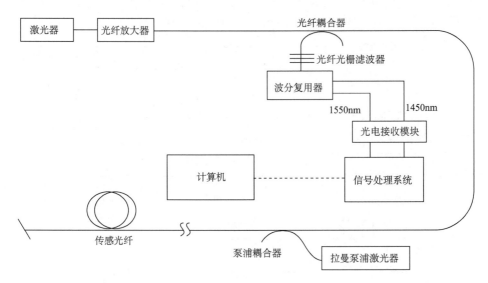

图 4-23　集成光纤拉曼放大器的新型全分布式光纤拉曼温度传感器

5. 新型融合型光纤拉曼与布里渊传感器

全分布式光纤拉曼温度传感器只能实现温度测量,要实现温度和应变的同时测量,需要融合布里渊散射效应。全分布式光纤布里渊散射传感器的布里渊频移同时受应变和温度的影响,可以由拉曼传感器获得待测量场的温度信息,然后从测量光纤的布里渊信息中扣除温度信息以获得应变信息,从而实现温度和应变的同时测量。2004 年,英国南安普敦大学 Newson 研究团队首次报道了拉曼和布里渊联合传感器[29],该传感器在 6.3km 范围内实现应变和温度的同时测量,空间分辨率为 5m,温度分辨率为 3.5℃,应力分辨率为 $80\mu\varepsilon$,如图 4-24 所示。

2009 年,意大利 M. A. Soto 研究团队研究了拉曼与布里渊散射融合型的全分布式光纤传感器[38,39]。其中采用了多纵模的 FP 腔激光器和 DFB 窄线宽激光器双光源取得了较好的效果,在 25km 光纤长度范围内,实现温度分辨率 1.2℃,应变分辨率 $100\mu\varepsilon$,如图 4-25 和图 4-26 所示。

2010 年,张在宣等提出利用光纤自发拉曼散射的温度效应、自发布里渊散射应变效应和光时域反射原理,制成测量温度和应变的传感器[116]。这种全分布式温度、应变同时测量的光纤传感器的方法和装置,是基于光纤非线性光学散射融合原理,采用光谱带宽不同的两个探测光源,由拉曼散射全分布式光纤传感器与布里渊散射光纤传感器组成的一种新型的全分布式光纤温度、应变传感器。可以根据拉曼传感器宽光谱与布里渊散射窄光谱的特点,采用宽光谱光源全分布式光纤拉曼温度传感器与窄光谱光源分获得待测量空间的温度信息,然后从测量的布里渊

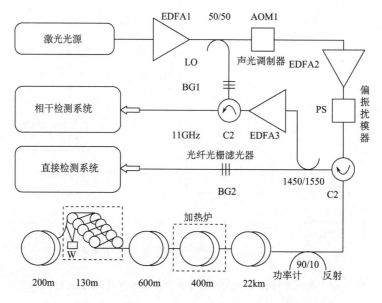

图 4-24　Newson 研究团队利用拉曼和布里渊效应的测量装置

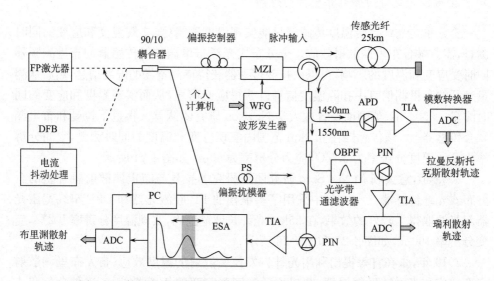

图 4-25　拉曼与布里渊散射融合型的全分布式光纤传感器实验装置

信息中扣除温度信息以获得待测量场的应变信息,从而实现温度和应变的同时测量,克服了 Newson 研究团队采用窄线宽单个探测光源、测量温度和应变的精度低的弱点。将背向自发反斯托克斯和斯托克斯拉曼散射光分别通过两个带通滤光器输入直接检测系统,测量两者的强度比,得到光纤各段的温度信息。将背向自发布

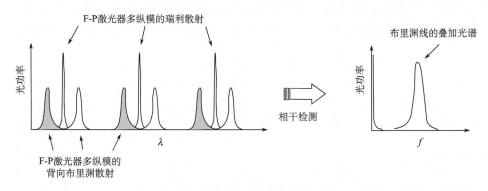

图 4-26　F-P 激光器多纵模的瑞利与布里渊散射光谱

里渊散射光与外腔窄带光纤激光器的本地光拍频进行相干检测,测量频移得到光纤各段的应变信息,在空间实现在线温度和应变的同时测量,组成全分布式光纤传感网,改善了测量精度。实验装置如图 4-27 所示。

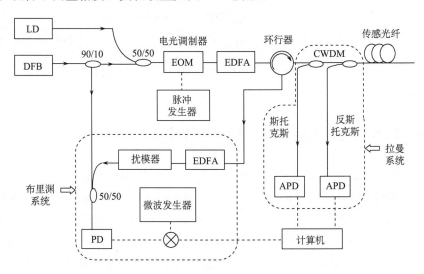

图 4-27　新型全分布式光纤温度、应变传感器装置

DFB. 分布式反馈激光器;LD. F-P 腔半导体激光器;EDFA. 掺铒光纤放大器;EOM. 电光调制器;CWDM. 粗波分复用器;APD. 雪崩光电探测器;PD. 高带宽光电探测器

通过光纤背向自发拉曼散射强度比来测定温度、光纤背向自发布里渊散射线的频移测定应变,实现温度和应变的同时测量,组成在线的全分布式光纤测量温度和应变的传感网。

2010 年,南安普顿大学 M. Belal 等进一步报道了高精度和高空间分辨率的 BOCDA(Brillouin optical correlation domain analysis,布里渊光相关时域分析

仪）和 ROTDR 联合传感器[32]，该传感器在 135m 范围内实现了空间分辨率为
24cm，温度和应变精度分别为 2.5℃、97με。具体的系统结构如图 4-28 所示。

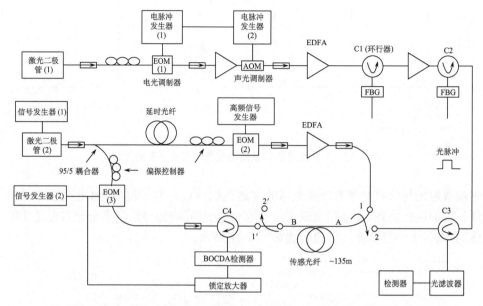

图 4-28　精度和空间分辨率结合的 BOCDA 和 ROTDR 联合传感器实验装置

4.2.8　拉曼散射传感信号的采集和处理技术[121~128]

拉曼散射传感系统可以在一根光纤上同时监测多点的温度，并可以利用光时域反射技术对温度场进行空间定位。自发拉曼散射系统的主要缺点是其散射光信号很弱，约为入射光的 10^{-9}，信噪比低，测量的信息几乎完全淹没在噪声中。如此弱的信噪比使得温度信号的测量和处理变得很困难，限制了系统的性能指标[129]。所以，如何对微弱的检测信号进行有效处理成为全分布式光纤温度传感系统的一个重要问题。特别是在高精度、大范围全分布式测量中，数据处理技术是影响系统实用性的关键。为了有效地从噪声中提取出有用信号，就要根据全分布式光纤传感系统的特点，研究噪声的来源和性质，分析噪声产生的原因和规律以及噪声的传播途径，有针对性地采取有效措施抑制噪声，采用相应的解决方案。

随着光纤温度采集系统越来越广泛的应用，用户对系统的空间分辨率、测量时间和测量精度都有了更高的要求，而且出于对系统成本、体积、实时性和运行稳定性的考虑，采用大规模集成电路和嵌入式系统构建光纤温度传感系统已经成为了全分布式光纤温度传感器的数据采集处理系统的发展趋势。

1. 信号采集系统对传感器性能指标的影响

　　信号采集处理系统的优劣对光纤拉曼温度传感器的性能有很大的影响,具体体现在测温精度、测量时间和空间分辨率这三个指标上。这三个性能指标也在很大程度上决定了全分布式光纤温度传感器的性能。

1）测温精度

　　系统的测温精度,用不确定度(uncertainty)表示,由标准偏差 σ 量度,它表示统计角度上多次测量的平均值与测量值的均方根差。由于系统噪声等干扰因素的影响,即使保持测量点的温度不变,每次测量结果还是会有一定的偏差。对其进行多次测量和统计分析,可以得出标准偏差。因此,该指标主要是由测量系统的信噪比决定的,信噪比的改善程度正比于累加次数的均方根[135],这时,测温精度与测量时间与采样累加次数密切相关。也可以根据系统特点,采用其他方法,如控制带宽、降低温度等抑制系统的噪声。

　　温度分辨率,通常用测量系统或仪器最小分度指示值来表征,通常仪器的温度分辨率要比测温不确定度高一个数量级。这个指标是由系统的灵敏度和信噪比共同决定的,而通过数据处理能最终显示出最小的温度变化。

2）空间分辨率

　　对于全分布式光纤温度传感系统,空间分辨率会受到光脉冲的宽度、光电检测器的响应速度、信号调制的带宽等诸多因素的制约,空间分辨率是整个系统的重要技术指标。

3）测量时间

　　测量时间也称为时间分辨率,是指测量系统对全部传感光纤完成满足测温精度的测量所需要的时间。现在大部分实用的全分布式光纤温度传感器系统均采用多次累加的方法来提高信噪比,累加次数越多,测量时间越长。

　　综上所述,数据采集处理系统的性能参数在一定程度上决定了系统的各项关键指标。所以如果要达到更高的空间分辨率、更快的采样时间、更长的测量距离,那么一定要采用数据处理优化算法的高采样速率的双通道或多通道数据采集卡。

2. 传感器的信号处理算法

　　光纤拉曼温度传感信号有如下几个特点:

1）信噪比低

拉曼散射的信号强度比入射光强度要小 80～90dB，反斯托克斯散射光的强度比斯托克斯光的强度要小几倍，有效信号完全被淹没在噪声里[132]，导致有效信号的提取比较困难。同时，由于系统各种噪声的影响，如电压波动、半导体热噪声、散粒噪声等，这些噪声的幅值和相位是随机的，脉冲的形状也不尽相同，这些噪声的幅度均远大于被测信号的强度，导致信噪比很低。

2）噪声类型中白噪声占主要成分

在全分布式光纤温度传感系统中，需要处理的绝大多数是随机噪声。随机噪声是一种前后独立的平稳随机过程，在任何时候它的幅度、波形及相位都是随机的，可以把它们看做白噪声，白噪声分布在整个频率范围内。

3）背向散射的信号强度随着距离增加而减弱

由于脉冲光在光纤中传输的过程中发生了散射和吸收，所以不可避免地存在能量损耗。因此，在整根传感光纤中，光纤拉曼散射光的强度近端强、远端弱，而光纤远近端的噪声大小是一样的，如图 4-29 所示的背向散射光相对强度与距离的

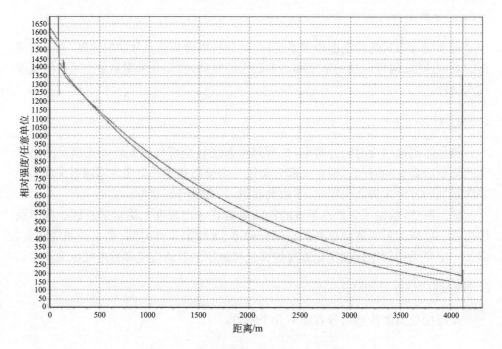

图 4-29　背向散射光强度与距离的关系

关系。

从测量信号的特点来看,被检测信号非常微弱。首先信号的幅值很小,其次噪声完全淹没了信号。只有在有效抑制噪声的条件下,并对微弱信号的幅值进行放大,才能提取出有用信号。对信号进行处理的主要目的是消除噪声的干扰,提高信噪比。为了有效地从噪声中提取出有用信号,就要根据全分布式光纤传感系统的特点,研究噪声的来源和性质,分析噪声产生的原因和规律,有针对性地采取有效措施抑制噪声,采用相应的解决方案提高信噪比,对采集到的信号进行适合的信号处理,以得到较好的测温精度。

从实际应用的角度来看,对光纤温度传感器的数据处理要求处理速度快。以 30km 温度传感器系统为例,若空间分辨率达到 1m,每次采样至少要采集 30×10^3 个数据,由于温度信号淹没在噪声中,需要对信号进行有效的数据处理。其中不但测量的数据量大,对大量数据的处理也需要一定的时间。而在实际应用环境中,对温度采集的实时性要求又比较高。所以,为光纤温度传感器构建高速数据采集和处理系统是非常重要的。

在技术路线上,早期数据采集处理由瞬态记录仪和微型计算机完成。这种结构的数据采集系统在采集和数据处理速度上都很难达到实际的要求。当前基于集成电路技术的发展,主要采用高速数据采集卡、应用嵌入式系统。一种方法是采用"硬采集、软处理"的方法,即数据的采集在底层完成,测量数据的处理、显示、报警等进一步处理在上位机完成。这种做法采用的是通用的数据采集卡,有大量的种类可供选择。另外一种方法是采用"硬采集、硬处理"的结构,其优点是对数据的处理采用硬件完成,可以应用流水线等技术,大大提高数据的处理速度,使温度数据的采集实现了很好的实时性。但是,由于采用的数据处理算法的不同,市场上没有通用的有硬件算法处理功能的数据采集卡,所以增大了开发难度。第一种方法适合应用于对系统实时性要求不高的使用环境,而第二种方法显然是更实用的。

综上所述,对光纤拉曼温度信号的采集,就是采集光纤的斯托克斯和反斯托克斯拉曼散射两路信号。由于信号自身的特点,需要对信号进行同步的高速、高精度采样,并对采样数据进行高速处理以保证系统的实时性。无论采用何种技术路线,根据信号特点选择合适的数据处理算法对提高计算效率、获得更好的信噪比都是很重要的。目前,常用的数据处理算法为累加平均算法,对抑制系统的白噪声有较明显的效果。

近年来,其他的处理算法也越来越多地应用在光纤温度传感系统中,如递推式平均算法、指数加权平均算法、小波变换、自适应滤波和人工神经网络等,都有较好的结果发表。但是由于系统实时性的要求和开发难度的原因,目前还没有见到实际产品的应用。下面对其中几种算法作简单介绍[135]。

1) 线性累加平均算法

在全分布式光纤测量中，通过对每一个点（由 Δz 确定）进行多次测量并平均计算，提高信噪比，得到测量的反斯托克斯和斯托克斯数据。

设在长度为 L 的传感光纤上，根据采样率确定的测量点数目为 m，则第 i 次测量的数据集合为：$X_i = \{x_1, x_2, \cdots, x_j, \cdots, x_m\}$。其中 x_j 表示空间距离为 $\dfrac{j}{2f_s} \cdot v$、长度为 Δz 的反斯托克斯信号（或斯托克斯信号）光强。如果每次测量共发射了 n 个激光脉冲，则测量信号可以写为

$$
\begin{bmatrix} X_1 \\ \vdots \\ X_i \\ \vdots \\ X_n \end{bmatrix} = \begin{bmatrix} x_{11} & x_{12} & \cdots & x_{1j} & \cdots & x_{1m} \\ \vdots & \vdots & & \vdots & & \vdots \\ x_{i1} & x_{i2} & \cdots & x_{ij} & \cdots & x_{im} \\ \vdots & \vdots & & \vdots & & \vdots \\ x_{n1} & x_{n2} & \cdots & x_{nj} & \cdots & x_{nm} \end{bmatrix} \tag{4-32}
$$

其中，x_{ij} 表示测量的第 i 个激光脉冲在第 j 个测量点的测量信号。计算机对这些测量数据（应该是双通道，包括反斯托克斯信号和斯托克斯信号）存储并累加处理，消除噪声，获得测量的微弱信号。因为被测信号为确定性的信号，所以多次平均计算后仍然为信号本身。而干扰噪声为随机噪声，多次平均后其有效值会大为减少，从而提高信噪比。

设被测量信号为

$$
x(t) = s(t) + n(t) \tag{4-33}
$$

其中，$s(t)$ 为有用信号；$n(t)$ 为干扰噪声。则第 i 次测量第 j 个测量点的测量信号 x_{ij} 可以表示为

$$
x_{ij}(t) = x(t_i + j \cdot T_s) = s(t_i + j \cdot T_s) + n(t_i + j \cdot T_s) \tag{4-34}
$$

其中，t_i 是第 i 个取样周期中开始取样的时刻。因为 $s(t)$ 是确定性信号，而且温度变化缓慢，所以对于不同的采样周期 i，第 j 个测量点的取样值基本相同，可以用 s_j 来表示；而噪声 $n(t)$ 是随机信号，其数值既取决于 i，又取决于 j，所以式（4-34）可以写为

$$
x_{ij} = s_j + n_{ij} \tag{4-35}
$$

当测量 n 次后，线性累加平均的计算过程可以表示为

$$
\overline{x_{nj}} = \frac{1}{n} \sum_{i=1}^{n} x_{ij} \tag{4-36}
$$

对传感光纤所有点的累加结果可以写为向量形式：

$$
\overline{X} = [\overline{X_1} + \overline{X_2} + \cdots + \overline{X_j} + \cdots + \overline{X_m}] \tag{4-37}
$$

其中,省略了测量计算次数 n。

设噪声为高斯分布零均值白噪声,n_{ij} 的有效值(均方根值)为 σ_n。对于单次取样(无累加计算),$x_{ij}=s_j+n_{ij}$,其有用信号数值为 s_{ij},则平均处理之前的信噪比为

$$SNR_i = s_j/\sigma_n \qquad (4\text{-}38)$$

进行 n 次累加计算,根据式(4-36)和(4-37),有

$$\sum_{i=1}^{n} x_{ij} = \sum_{i=1}^{n} s_j + \sum_{i=1}^{n} n_{ij} \qquad (4\text{-}39)$$

由于,s_j 为确定性信号,n 次累加后幅度会增加 n 倍。而噪声 n_{ij} 的幅度变化是随机的,累加的过程不是简单的幅度相加,而要从其统计量的角度来考虑。则取样累加后噪声的均方值为

$$\bar{n}_j^2 = E(n_{1j}+n_{2j}+\cdots+n_{ij}+\cdots+n_{nj})^2 = E\left(\sum_{i=1}^{n} n_{ij}^2\right) + 2E\left(\sum_{i=1}^{n-1}\sum_{l=i+1}^{n-1} n_{ij}n_{lj}\right)$$
$$(4\text{-}40)$$

其中,右边的第一项表示噪声的各次取样值平方和的数学期望值;第二项表示噪声在不同时刻的取样值两两相乘之和的数学期望值。只要信号周期 T 足够大,则不同时刻的噪声取样值 n_{ij} 与 $n_{lj}(i\neq l)$ 互不相关,其乘积的数学期望值为零,式(4-40)右边第 2 项为零,则有

$$\bar{n}_j^2 = E\left(\sum_{i=1}^{n} n_{ij}^2\right) = n\sigma_n^2 \qquad (4\text{-}41)$$

所以,累加后噪声信号的有效值为

$$\sigma_{n0} = (\bar{n}_j^2)^{1/2} = \sqrt{n}\sigma_n \qquad (4\text{-}42)$$

累加后信号的有效值为

$$\sum_{i=1}^{n} s_j = ns_j \qquad (4\text{-}43)$$

则 n 次累加后输出信号的信噪比为

$$SNR_0 = \frac{ns_j}{\sqrt{n}\sigma_n} = \frac{\sqrt{n}s_j}{\sigma_n} \qquad (4\text{-}44)$$

根据式(4-38)和(4-44),可得信噪比改善为

$$SNIR = \frac{SNR_0}{SNR_i} = \sqrt{n} \qquad (4\text{-}45)$$

式(4-45)说明,当噪声主要为白噪声时,n 次不同时刻取样值的累加平均可以使信噪比改善 $\sqrt{n}$ 倍,即 $\sqrt{n}$ 法则。式(4-43)表示的累加平均过程是一种线性累加平均过程,每个取样数据在累加中的权重都一样。这是一种批量算法,采集完 n 个数

据后,再由计算机计算其平均值。这种算法的缺点是计算量较大,需要作 n 次累加和一次除法才能得到一个平均结果,所以获得结果的频次较低。根据式(4-45),由于噪声为白噪声的情况,平均过程能够实现的信噪比改善为 $\sqrt{n}$。

2)递推式平均算法

线性累加平均过程的计算存储数据量较大,占用系统资源,增加了系统运算的时间。为了增加获得平均结果的频次,可以在每次取样数据到来时,利用上次的平均结果作更新运算,以获得新的平均结果。用 $\bar{x}_{n-1}$ 表示时刻 $n-1$ 的前 $n-1$ 个数据的平均结果,$\bar{x}_n$ 表示时刻 n 的平均结果,$x(n)$ 表示时刻 n 的取样值,由式(4-36)可得

$$\bar{x}_{nj} = \frac{1}{n} \sum_{i=1}^{n} x_{ij} = \frac{n-1}{n} \cdot \frac{1}{n-1} \sum_{i=1}^{n-1} x_{ij} + \frac{1}{n} \cdot x_{nj} = \frac{n-1}{n} \cdot \bar{x}_{(n-1)j} + \frac{x_{nj}}{n}$$

$$(4\text{-}46)$$

利用这种递推式平均算法,当每个取样数据到来后,可以利用新数据对上次的平均结果进行更新,这样相对于每个取样数据,都会得到一个平均结果。随着一个个取样数据的到来,平均结果的信噪比越来越高,被测信号的波形逐渐清晰。

由式(4-46),可以得到

$$\bar{x}_{nj} = \bar{x}_{(n-1)j} + \frac{x_{nj} - x_{(n-1)j}}{n} \qquad (4\text{-}47)$$

可见,每次递推的过程都是对上次的运算结果附加一个修正量,修正量的大小取决于新的取样数据与上次平均结果的差值以及平均次数 n。随着时间的推移,平均次数 n 越来越大,式(4-47)中第二项所表示的修正量会越来越小,则新数据的作用也越来越小。数字电路和计算机中的数据都有一定的字长和范围,当 n 大到一定程度后,该修正量会趋向于零,此后继续取样和递推都不会对信噪比的改善起作用,平均结果稳定不变。如果被测信号波形发生了变化,平均结果也不能跟踪这种变化,所以该算法不适于对时变信号进行处理。

3)指数加权平均算法

在式(4-47)中,如令 $\alpha=(n-1)/n$,为保持系统精度,有 $n \gg 1$,则有 $0<\alpha<1$,所以有

$$\bar{x}_{nj} = \alpha \cdot \bar{x}_{(n-1)j} + (1-\alpha) \cdot x_{nj} \qquad (4\text{-}48)$$

由于上式是由式(4-47)得出,所以,它也是在每次取样数据到来时,根据新数据对上次的平均结果进行修正,得到本次的平均结果。参数 α 决定了递推更新过程中新数据和原平均结果各起多大作用。所以,算法的特性对 α 的依赖性很大。将式

(4-48)展开并整理,有

$$
\begin{aligned}
\bar{x}_{nj} &= \alpha \cdot [\alpha \cdot \bar{x}_{(n-2)j} + (1-\alpha) \cdot x_{(n-1)j}] + (1-\alpha) \cdot x_{nj} \\
&= \alpha^2 \cdot \bar{x}_{(n-2)j} + \alpha \cdot (1-\alpha) \cdot x_{(n-1)j} + (1-\alpha) \cdot x_{nj} \\
&= \alpha^2 \cdot [\alpha \cdot \bar{x}_{(n-3)j} + (1-\alpha) \cdot x_{(n-2)j}] + \alpha \cdot (1-\alpha) \cdot x_{(n-1)j} + (1-\alpha) \cdot x_{nj} \\
&= \alpha^3 \cdot \bar{x}_{(n-3)j} + \alpha^2 \cdot (1-\alpha) \cdot x_{(n-2)j} + \alpha \cdot (1-\alpha) \cdot x_{(n-1)j} + (1-\alpha) \cdot x_{nj} \\
&= \cdots\cdots \\
&= \alpha^{n-1} \cdot \bar{x}_{1j} + \alpha^{n-2} \cdot (1-\alpha) \cdot x_{2j} + \cdots + \alpha \cdot (1-\alpha) \cdot x_{(n-1)j} + (1-\alpha) \cdot x_{nj} \\
&= (\alpha^{n-1} \cdot x_{1j} + \alpha^{n-2} \cdot x_{2j} + \cdots + \alpha \cdot x_{(n-1)j} + x_{nj}) \\
&\quad - \alpha \cdot (\alpha^{n-1} \cdot x_{1j} + \alpha^{n-2} \cdot x_{2j} + \cdots + \alpha \cdot x_{(n-1)j} + x_{nj}) \\
&= \sum_{i=1}^{n} \alpha^{n-i} \cdot x_{ij} - \alpha \cdot \sum_{i=1}^{n} \alpha^{n-i} \cdot x_{ij} \\
&= (1-\alpha) \cdot \sum_{i=1}^{n} \alpha^{n-1} \cdot x_{ij}
\end{aligned}
\tag{4-49}
$$

由式(4-49)可见,平均过程是把每个取样数据乘以一个指数函数,再进行累加。所以这种指数加权平均,数据的序号 i 越大,权重越大。因此,在平均结果中,新数据比老数据起的作用要大。最新的数据 $i=n$ 权重为 1。

在实际应用中,数字式平均算法一般是以大规模可编程器件及存储器为核心实现多种平均模式及其他数字信号处理功能,在算法设计时应充分考虑系统实时性和测量精度要求。在以下的光纤拉曼温度传感器的数据采集系统设计实例中,提供了线性累加平均算法的具体实现方案。

3. 传感器的数据采集系统设计

下面结合具体的设计实例,给出一个 ROTDR 数据采集系统的开发实例来具体说明数据采集系统的构建方法。

此系统的设计目标是实现对 30km 数据采集卡的温度数据采集和处理,采用"硬采集、硬处理"的方式。数据采集系统的采样速率设计目标为最大 125Mb/s,采用实时累加平均的数据处理方法。系统的硬件结构如图 4-30 所示。

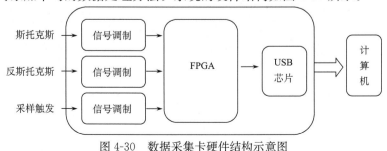

图 4-30　数据采集卡硬件结构示意图

　　了解系统设计是非常重要的一个环节,知道了系统的要求就能够快速选择所需器件。对于全分布式光纤温度传感器的数据采集系统,其性能参数见表 4-9。

表 4-9　数据采集系统性能参数

输入通道	2
输入模拟带宽	0~125MHz
输入阻抗	50Ω
输入信号幅值	0~1V
触发方式	外触发、内触发可选
采样速度	单个通道 20~200mS/s 可调,步长 1mS/s
ADC 分辨率	12bits
累加次数	0~65536 次可调

1）信号处理电路的设计[121~127]

　　在这种中频(100MHz)采样系统中,AD 前端信号处理电路的设计是非常重要的。在信号处理电路的设计上,主要考虑系统的模拟带宽、输入阻抗、输入信号等技术指标。信号处理电路中主要解决三个问题:滤波、阻抗匹配和差分转换。本例中选择 AD8318 作为前端器件。由于数据采集卡的技术要求中对信号输入带宽的范围要求比较宽,所以采用简单的 R-C 滤波。并且对输入阻抗的性能指标作如图 4-31信号处理电路的简单处理。

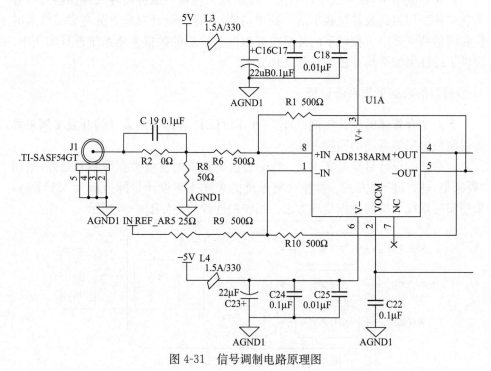

图 4-31　信号调制电路原理图

差分输入方式相对单端输入方式有很多优点。首先,抗干扰能力强,因为两根差分走线之间的耦合很好,当外界存在噪声干扰时,几乎是同时被耦合到两条线上,而接收端关注的只是两个信号的差值,所以外界的共模噪声可以被完全抵消。其次,能有效抑制 EMI,同样的道理,由于两个信号的极性相反,它们对外辐射的电磁场可以相互抵消,耦合越紧密,泄漏到外界的电磁能量越少。当前输入信号为单端输入时,为了达到 AD 的最佳性能,要采用差分输入的方式使信号接入 AD,所以用 AD8138 实现单端到差分的转变。

AD8318 作为一个高速器件对 PCB 布线非常敏感,在工程实践中有下面几个部分需要特别注意。首先,在器件周围需要布尽可能多的地平面。但是,在高速运放的两个输入端应该与地平面保持至少几毫米的距离,对于多层线路板,内层和底层的地平面也应该去除掉。这样做可以减小管脚的寄生电容,保持不同频率信号的增益平稳度。其次,每一个电源管脚都应该加两种旁路电容:高频旁路电容$(0.01 \sim 0.1 \mu F)$和低频旁路电容。为了减少寄生效应的影响,差分信号线应尽量离得近,"短"而"直"。

根据采样速度和 AD 分辨率,本例选择了 AD9433 作为 AD 采样器件。AD9433 器件是一个不带缓冲的开关电容型 ADC,因此输入阻抗是时变的,随模拟输入的频率而改变。为确定器件的输入阻抗,请参考 AD9433 的产品说明[129]。借助产品说明找到 110MHz 跟踪模式下测得的阻抗。在本例中,ADC 内部输入负载等效于一个 $6.9 k\Omega$ 差分电阻与一个 4pF 电容的并联,最好与 ADC 的追踪模式相匹配,因为此时 ADC 正在采样。在选择 AD 器件时,最好选择缓冲型的 ADC。非缓冲型 ADC 或开关电容型 ADC 具有时变输入阻抗,在高频数据的情况下更难设计。如果使用非缓冲型 ADC,任何情况下都应以跟踪模式进行输入匹配。虽然缓冲型 ADC 比非缓冲型 ADC 的功耗大,但缓冲型 ADC 往往更容易设计。本例中选择的 AD9433,在使用过程中功耗过大,单片功耗达到了 1.3W。目前市场上已经出现了性能更好、功耗达到了毫瓦级的 AD 采样芯片,如 AD9246等,在设计时可以参考使用。原理图如图 4-32 所示。在实际工程中仍然要注意PCB 布线的问题,除了通常的阻抗匹配之外,对于 AD9433 这样一个功耗大的器件,要适当地留出散热孔位以确保其稳定工作,必要时可以加散热片或者风扇等散热措施。本例的设计要求采样速度为最大 125MHz,但是随着全分布式光纤温度传感器测量距离的增加和空间分辨率的提高,需要更大采样速度的数据采集卡。随着采集速度的提升,电路设计、逻辑设计和 PCB 设计都面临着更大的挑战。获得更大的采样速度,就要使用采样速度更高的 AD 芯片,或者采取其他等效采样的办法。在数据采集中使用多个 A/D 变换器。所使用的采样时钟频率相同,设为f_s,但是在相位上彼此相差$\dfrac{2\pi}{N}$(其中 N 为并行 A/D 的个数)。假设所有的 A/D 都

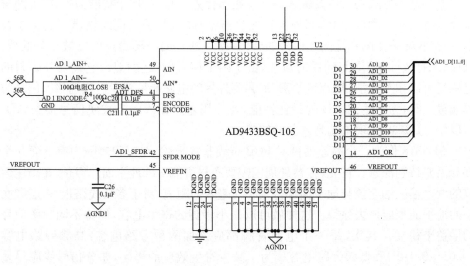

图 4-32　AD 原理图

在时钟的上升沿进行采样,那么在一个时钟周期内,各个 A/D 轮流进行一次采样。等价的结果便是采样速率提高到 $N*f_s$。以 $N=4$ 为例,四片 A/D 的时钟频率相同,相位差为 $90°$,如图 4-33 所示。四路 A/D 分别使用"时钟 1"、"时钟 2"、

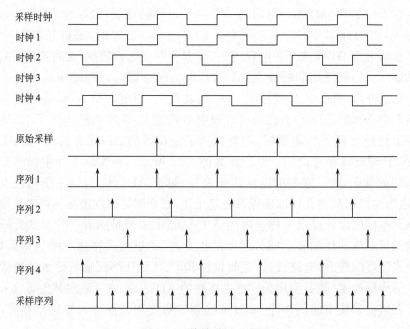

图 4-33　等效采样示意图

"时钟 3"和"时钟 4",得到"序列 1"、"序列 2"、"序列 3"和"序列 4"。将四路数据进行综合的结果便得到"采样序列"。可见虽然时钟频率不变,但实际的采样频率为原来的 4 倍。由此可以类推到多路 A/D 并行工作的应用。多路时钟的产生视系统对采样时间间隔要求而定,简单的多路时钟可由计数器产生,如果需要精密控制采样间隔,则可以借助锁相环来实现时钟的设计。通过这种设计,可以使多个 A/D 转换器并行工作,解决了 A/D 转换速度和精度的矛盾,实现高的空间分辨率和温度分辨率的测量。但是这种设计是以增加硬件电路的复杂性和成本为代价的,在实际系统设计时,应结合具体情况选用。

2) FPGA 器件的选型

　　FPGA 器件从开发的角度来看相对于其他 ASIC 产品有一些自身的特点。FPGA 的生产厂家比较少,全球主要有 4 家公司的 FPGA 产品有广泛的应用;而每家公司都有自己的技术特点和擅长的领域,这就导致了其开发环境和开发手段存在着一定差异。另外,每个公司的产品也有不同的系列。随着集成电路工艺的发展,FPGA 产品的更新非常快。以 ALTERA 公司为例,现在的产品线上并存了从 28nm、40nm、60nm、65nm、90nm 到 130nm 工艺的产品。虽然产品更新非常快,但几乎所有公司的新产品都存在着新产品软件更新不完善的缺点。所以在选型时应该尽量选择已经得到广泛应用的成熟产品。对于产品本身来说,在设计时要考虑到产品的升级所带来的兼容性问题,尽量选择不同型号的产品都可使用的器件封装。所以,FPGA 器件的选型中应该着重遵循三个前提:尽量选择成熟的产品系列,尽量选择兼容性好的封装,尽量选择与以前产品一个公司的产品。而在确定了产品的系列后,在具体的型号选择中,应该本着性能与成本并重的原则来选择具体器件。

　　对于全分布式光纤温度传感器的数据采集系统,决定 FPGA 型号的瓶颈在于其内部存储空间的大小。首先来看设计的要求,对两路 12bits、100Mb/s 的 AD 进行触发采样。具体的采样时序如图 4-34 所示,以外触发采样为例,每次外触发两

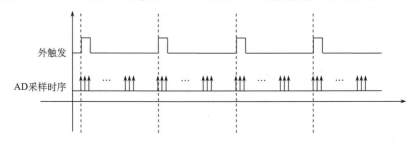

图 4-34　外触发采样时序

路 AD 即对外部信号进行一个深度的采样。对于光纤温度传感系统来说,如果设计目标为 30km,空间分辨率为 1m,那么采集深度至少为 30km,即每次外触发信号使能后,AD 要对外部输入信号进行 30 000 次采样。对于每次采样的结果,要进行相应的数据处理,以提高其信噪比。本例选择的数据处理算法为线性累加平均算法,具体实现方法为将一个采集深度内的每次采样结果按次序相加,当累加次数结束后,向 USB 输出累加结果。在 FPGA 内部的逻辑实现上,本例采用如图 4-35 所示的结构。输出数据用 FIFO 隔开,这样做的好处是在仿真调试时可以通过观察 OUTFIFO 的数据来确定具体问题是出现在前端采样部分的逻辑还是后端累加部分的逻辑,同时便于将逻辑分块,方便一个研发团队内多个成员协同工作。但是,这样做的缺点是耗费了 FPGA 芯片内部珍贵的 RAM 资源。当 RAM 资源紧张时,不建议采取这种做法。

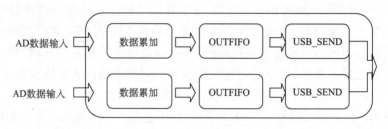

图 4-35　累加模块结构

每一路采样的 AD 分辨率为 12bits,需要对每次采样的结果作最大 65 536 次的累加,那么单点累加结果需要 28bits 的存储空间。另外,采集深度为 30km,所以在累加过程中需要 28bits×30k = 840kbits 的 RAM 作为累加寄存器。另外,还需要分配 INFIFO 和 OUTFIFO 的存储空间。INFIFO 和 OUTFIFO 并不需要太大的存储空间。两路采集就一共需要 1680kbits 的 RAM 存储。AL-TERA 公司的 FPGA 产品 CycloneIII 系列选型资料如表 4-10 所示。其中 EP3C55 在 I/O、乘法器等方面均可满足系统要求,所以可以选择 EP3C55 系列的芯片。FPGA 内部的 RAM 是非常稀缺的资源,有较大容量 RAM 的芯片价格也非常高,但是其能够达到很高的读写速度,也可以降低开发难度和 PCB 面积。在实际的系统设计时,如果对成本要求非常严格,还是建议采用外部高速 RAM 作为累加缓冲区。

系统对 USB 传输部分的速度要求并不高。以对 30km 的光纤进行数据采集、累加 65 536 次为例,每次数据采集需要传输 210kBytes 的数据。由于每次累加的时间较长(以 10kHz 的激光脉冲触发频率为例,累加 10 000 次大概需要 10s 左右的时间),USB 传输即使采用 USB 1.1 接口(约 1MBytes/s 的传输速度),也可以在带宽比较宽裕的情况下实现数据传输。本例选择 USB 2.0 芯片 CY68013。

表 4-10 ALTERA 公司 CycloneⅢ 系列 FPGA 性能参数[127]

		EP3C5	EP3C10	EP3C16	EP3C25	EP3C40	EP3C55	EP3C80	EP3C120
	LEs	5136	10 320	15 408	2 424	39 600	55 856	81 264	119 088
	total RAM(kbits)	414	414	−504	594	1134	2340	2745	3888
density and speed	M9K block(8kbits+512pa riy bits)1	46	46	56	66	126	260	305	432
	speed grades(fastest to slowest)2	6,7,8	6,7,8	6,7,8	6,7,8	6,7,8	6,7,8	6,7,8	7,8

3）累加算法的具体实现

在 4.2.8 节所有提到的算法中，线性累加平均算法是最容易实现的，而且在实际应用中，该算法的降噪效果却是非常明显的。下面介绍该算法用 Verilog 语言实现的过程。

由于在如表 4-10 所示的性能要求中，性能参数要求可调，所以在 FPGA 内部要构建一个寄存器控制模块，用于接受 USB 控制芯片的参数控制，将此参数写入寄存器，用寄存器值来控制采样。

参考如图 4-36 所示的累加结构示意图。该模块完成的工作为：检测当前的采样是否是首次采样，如果是则将采样数据直接存储到累加缓冲区中；如果不是则将采集到的 AD 数据，与对应的累加缓冲区中存储的数据读出来进行累加，直至最后一次打入 INFIFO。数据累加模块检测到有数据输入时，即从 INFIFO 中取数据进行累加，当累加次数达到预设累加次数时，将累加结果打入 OUTFIFO 中，USB_SEND 检测到 OUTFIFO 中为非空时，即读取其中的数据送至 FPGA 芯片外部的 USB 传输芯片，将数据通过 USB 传输至 PC。这样就完成了一次数据采集。由于两路 AD 采样在时序上是同步的，所以两路 AD 采样的实现和一路 AD 采样的实现过程是一样的，只不过在最后的采样数据输出至 USB 芯片时，把两路 32 位的数据，分 4 次沿 FPGA 传输到 USB 的 16 位的并行总线写入 USB 芯片。

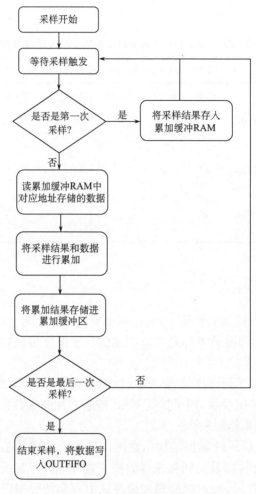

图 4-36　累加结构示意图

4.3　拉曼光频域反射(ROFDR)技术[129~137]

　　在 OTDR 技术中,输入光纤的是脉冲光,要提高测量的空间分辨率就必须降低脉宽。脉冲光的脉宽越窄,输入光纤的光脉冲能量就越低,测量所需的带宽也越宽。能量降低和测量带宽增加都会使系统的信噪比变差,这样测量所需的时间就会大大变长。为了解决这个问题,人们提出了多种方案,如 COTDR、光子计数 OTDR 等,这些方法都有自己的一些优点,但也都有各自的缺点。

　　上述方案都是以时域技术为基础的,另外还有一种以频域技术为基础的方案,也就是光频域反射技术（optical frequency domain reflectometry, OFDR）[138,139]。在 OFDR 中,输入光纤的是连续的频率调制光。和 OTDR 相比, OFDR 采用的是连续光,这样系统的信噪比就和空间分辨率没有关系,有可能在不损失信噪比的情况下提高空间分辨率。如果再和相干检测结合,就更有优势,可以在大幅度提高灵敏度的同时实现厘米级甚至毫米级的空间分辨率[140]。

　　ROFDR 技术中,输入光纤的是连续频率调制光,然后分别测量出斯托克斯拉曼散射光和反斯托克斯拉曼散射光在不同输入频率下的响应,通过反傅里叶变换计算出系统的脉冲响应,得到时域的斯托克斯拉曼散射和反斯托克斯拉曼散射 OTDR,再按照 ROTDR 的方法计算温度分布[122]。

4.3.1　ROFDR 原理

1. ROFDR 基本原理与装置

　　ROFDR 的基本配置如图 4-37 所示。在 ROFDR 中,输入光纤的是正弦强度调制光。调制频率从直流开始,每次增加一个调制频率的步长 Δf_{mod},一直到最大调制频率 $f_{\mathrm{mod,max}}$。对激光器的调制,可以采用外调制,也可以采用内调制。激光器输出的光被分为两部分,绝大部分通过双向耦合器耦合进光纤,还有一小部分功率（大约为总功率的 1%）被引出作为参考光。背向散射光通过光学滤波器滤出斯托克斯拉曼散射光和反斯托克斯拉曼散射光,然后送入信号检测和处理部分。在检测的时候,因为参考光的功率比较大,所以可以用光电二极管检测,而斯托克斯拉曼散射和反斯托克斯拉曼散射的功率非常低,所以一般用 APD 检测。

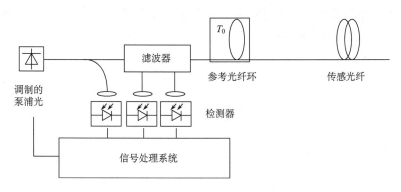

图 4-37　ROFDR 实验装置

　　光电二极管检测的参考光信号和频率调制的输出成正比,信号处理系统计算出参考光信号的相位和频率信息并存储下来。

输入光功率可以表示为

$$P_0(t) = \overline{P}_0 + \hat{P}(\omega_{\mathrm{mod},m})\cos[\omega_{\mathrm{mod},m}t + \phi_0(\omega_{\mathrm{mod},m})] \tag{4-50}$$

其中，$\overline{P}_0$ 是平均输入功率；$\hat{P}(\omega_{\mathrm{mod},m})$ 是功率调制幅度；$\phi_0(\omega_{\mathrm{mod},m})$ 是初相位。

对于每个测量频率 f_{mod} 都需要检测出斯托克斯拉曼散射和反斯托克斯拉曼散射相对于参考光的振幅和相位信息并保存下来，以便后续处理，理想情况下 $\overline{P}_0 = \hat{P}(\omega_{\mathrm{mod},m})$，也就是说调制深度等于1。但为了让激光器工作在线性区，调制深度一般都小于1。背向散射的斯托克斯和反斯托克斯拉曼散射光的功率分别可以表示为

$$P_{\mathrm{S}}(t) = \overline{P}_{\mathrm{S}} + \hat{P}_{\mathrm{S}}(\omega_{\mathrm{mod},m})\cos[\omega_{\mathrm{mod},m}t + \phi_{\mathrm{S}}(\omega_{\mathrm{mod},m})] \tag{4-51}$$

$$P_{\mathrm{AS}}(t) = \overline{P}_{\mathrm{AS}} + \hat{P}_{\mathrm{AS}}(\omega_{\mathrm{mod},m})\cos[\omega_{\mathrm{mod},m}t + \phi_{\mathrm{AS}}(\omega_{\mathrm{mod},m})] \tag{4-52}$$

其中，$\overline{P}_{\mathrm{S}}$ 和 $\overline{P}_{\mathrm{AS}}$ 分别是斯托克斯光和反斯托克斯光的平均功率；$\hat{P}_{\mathrm{S}}(\omega_{\mathrm{mod},m})$ 和 $\hat{P}_{\mathrm{AS}}(\omega_{\mathrm{mod},m})$ 分别是斯托克斯光和反斯托克斯光的功率调制幅度；$\phi_{\mathrm{S}}(\omega_{\mathrm{mod},m})$ 和 $\phi_{\mathrm{AS}}(\omega_{\mathrm{mod},m})$ 是初相位。斯托克斯光和反斯托克斯光的振幅和初相位与调制频率相关，并且受温度分布和光纤衰减的影响。

根据测量到的振幅和相位信息，信号处理系统可以确定不同频率下斯托克斯和反斯托克斯信号的传递函数：

$$H_{\mathrm{S}}(\omega_{\mathrm{mod},m}) = \frac{\hat{P}_{\mathrm{S}}(\omega_{\mathrm{mod},m})}{\hat{P}_0(\omega_{\mathrm{mod},m})} \cdot \exp[\mathrm{i}\phi_{\mathrm{S}}(\omega_{\mathrm{mod},m}) - \mathrm{i}\phi_0(\omega_{\mathrm{mod},m})] \tag{4-53}$$

$$H_{\mathrm{AS}}(\omega_{\mathrm{mod},m}) = \frac{\hat{P}_{\mathrm{AS}}(\omega_{\mathrm{mod},m})}{\hat{P}_0(\omega_{\mathrm{mod},m})} \cdot \exp[\mathrm{i}\phi_{\mathrm{AS}}(\omega_{\mathrm{mod},m}) - \mathrm{i}\phi_0(\omega_{\mathrm{mod},m})] \tag{4-54}$$

然后，由信号处理系统计算出这些离散传递函数的反傅里叶变换。对于线性系统，上述传递函数的反傅里叶变换：

$$h_{\mathrm{S}}(t_q) = IFFT\{H_{\mathrm{S}}(\omega_{\mathrm{mod},m})\} \tag{4-55}$$

$$h_{\mathrm{AS}}(t_q) = IFFT\{H_{\mathrm{AS}}(\omega_{\mathrm{mod},m})\} \tag{4-56}$$

是斯托克斯和反斯托克斯拉曼散射脉冲响应的良好近似，其中 $t_q = q\Delta t$，$q = 0,1,2,\cdots,M-1$；Δt 为时间分辨，等于 $1/f_{\mathrm{mod,max}}$，也就是最大调制频率。上述脉冲响应的实部之间的比就是传感器的信号：

$$h_{\mathit{sens}} = \frac{\mathrm{Re}[h_{\mathrm{S}}(2z_q n_{gr}/c)]}{\mathrm{Re}[h_{\mathrm{AS}}(2z_q n_{gr}/c)]}\exp(\Delta\alpha_q z_q) \tag{4-57}$$

其中，z_q 为光纤距输入端的距离，等于 $t_q c/2n_{gr}$；而

$$\Delta\alpha_q = \alpha_q(\lambda_{\mathrm{S}}) - \alpha_q(\lambda_{\mathrm{AS}}) \tag{4-58}$$

是斯托克斯光和反斯托克斯光的损耗差，可以通过实测获得。

在时域测量的脉冲响应函数是实函数,而调制传递函数 $H_{Ph}(\omega_{mod})$ 是实脉冲响应 $h_{Ph}(\omega_{mod})$ 的傅里叶变换。对于实脉冲响应 $H_{Ph}(\omega_{mod}) = H_{Ph}^*(\omega_{mod})$。在频域分析中,调制函数 $H_S(\omega_{mod})$ 的测量范围是 $0 < f_{mod} \leqslant f_{mod,max}$,其中最大调制频率 $f_{mod,max} = \Delta f_{mod}(M-1)$。这样对于 $\omega_{mod} < 0$,$H_S(\omega_{mod}) = 0$。负频率为零的传递函数的脉冲响应是复数函数。在我们的推理中,传递函数可以被看做分析信号,则物理脉冲函数可以看做分析响应函数的实部。$H_S(t)$ 的虚部是实部的希尔伯特变换,不包含任何额外的信息。

2. ROFDR 调制、解调的基本过程

ROFDR 调制、解调的基本过程基本分成三步[137]。

(1)由实验得到光纤斯托克斯和反斯托克斯拉曼信号的频率分布曲线(频谱曲线)如图 4-38 所示。

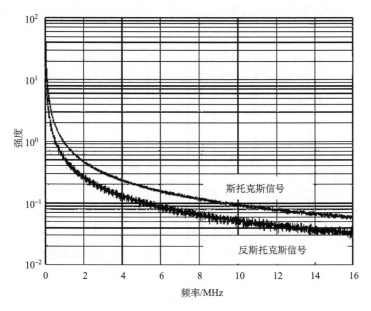

图 4-38　光纤斯托克斯和反斯托克斯拉曼信号的频率分布曲线

(2)通过傅里叶变换,得到光纤斯托克斯和反斯托克斯拉曼信号的空间(光纤长度)的分布曲线,如图 4-39 所示。

(3)通过斯托克斯和反斯托克斯拉曼信号的温度解调,得到温度沿光纤长度的分布曲线,如图 4-40 所示。

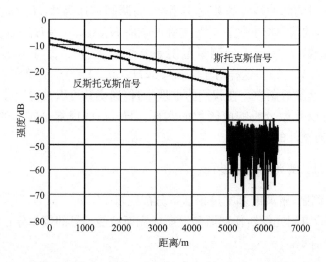

图 4-39　光纤斯托克斯和反斯托克斯拉曼信号的空间(光纤长度)的分布曲线

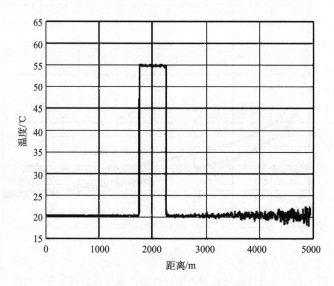

图 4-40　光纤的温度分布曲线

4.3.2　ROFDR 的空间分辨率和传感距离

式(4-52)和(4-53)中 $H_S(\omega_{\text{mod},m})$ 和 $H_{AS}(\omega_{\text{mod},m})$ 这样的离散频谱的反傅里叶变换是周期函数,时域中的背向散射曲线就包括在频率响应的反傅里叶变换的一个周期里面。该周期的长度由 Δf_{mod} 确定：

$$t = \frac{1}{\Delta f_{mod}} \tag{4-59}$$

将式(4-59)转换到空间域中，就得到 ROFDR 可以探测的最大长度：

$$L_{max} = \frac{c}{2n_{gr}} \frac{1}{\Delta f_{mod}} \tag{4-60}$$

其中，c 为真空中的光速；n_{gr} 是光纤的群折射率。这样，ROFDR 技术可以探测的最大长度取决于调制频率的步长 Δf_{mod}。

采用数值反傅里叶算法的时候，可以解析的点数不能大于频域的测量次数或者样本数。根据这个事实，再代入式(4-60)，可以得到

$$\frac{\Delta L}{L_{max}} = \frac{\Delta f_{mod}}{f_{mod,max} - f_{mod,min}} \tag{4-61}$$

因为时域中的响应是实函数，所以负频率的传递函数是正频率的共轭，这样测量的时候只需从 0 测量到 $f_{mod,max}$。但计算的时候可以认为 $f_{mod,min} = -f_{mod,max}$，这样 $f_{mod,max} - f_{mod,min} = 2f_{mod,max}$，则 ROFDR 的空间分辨率就对应于频率为 $f_{mod,max}$ 的正弦输入光在光纤中长度周期的 $1/4$：

$$\Delta L = \frac{c}{4n_{gr}f_{mod,max}} \tag{4-62}$$

在 ROFDR 系统中空间分辨率取决于最大调制频率，而在 ROTDR 中，在输入脉冲宽度 τ_p 需小于或等于两个采样点之间的时间间隔，也就是采样周期为 $1/f_{samp}$。这样，在 ROTDR 中，两个测量点之间的最小距离

$$\Delta z_{ROTDR} = \frac{c}{2n_{gr}} \frac{1}{f_{samp}} \tag{4-63}$$

这样，要获得同样的分辨率，ROTDR 需要的脉冲宽度是 ROFDR 中的最小脉宽的 $1/2$[133]。

4.3.3　ROTDR 和 ROFDR 的对比

ROTDR 和 ROFDR 都可用于基于拉曼散射的全分布式光纤温度传感器，目前采用这两种技术的系统性能相当，最长长度都是 30km，空间分辨率都在米量级。但这二者的检测方案不同，也导致二者各有自己的特点。

1. 对器件的要求

一般来说，用于 ROTDR 的所有无源光器件，如耦合器、光学滤波器都可以同样被用在 ROFDR 系统当中。但对有源光器件如激光器和光电探测器，以及电子

器件的要求却有很大的不同。

根据方程(4-62)，要达到 1m 的空间分辨率，信号采集的周期最少应该是 10ns（采样频率为 100MHz），而激光器的脉冲宽度也是 10ns。而在 ROFDR 中，要达到同样的分辨率，所需的最高调制频率是 50MHz，信号采集的周期是 20ns。

在 ROTDR 中，信号为脉冲光，而在 ROFDR 中，信号为连续光，因此要达到相同的信噪比，ROTDR 所需的峰值功率要大许多。根据 Farahani 等的分析，ROFDR 中采用 100mW 的连续调制光的噪声和 ROTDR 中采用 7W 的峰值功率的效果是一样的。

在 ROTDR 中，因为信号要微弱许多，ROTDR 中接收器的暗电流要非常小，放大倍数也要非常高，以保证能够探测功率在皮瓦范围的信号，而且噪声也要小。为了更好地检测小信号，有时会采用光子计数技术[134]。

2. 系统的信噪比和测量时间

和时域方法相比，频率方法在系统信噪比上有突出的优点。

首先，ROFDR 可以采用比较窄的带宽工作。ROTDR 系统中，为了能够分辨脉冲的上升沿（几纳秒），必须进行宽带测量；而在 ROFDR 中，传递函数是一个个调制频率测量的，所以每次只需用很窄的带宽进行测量就可以。窄带宽测量可以降低噪声，这样在频域进行累加平均比在时域进行累加平均的效率就要高许多。

例如，考虑测量光纤的长度为 10km、分辨率为 1m 的情况。采用 ROTDR 技术时，1m 长光纤的脉冲响应时间大约是 10ns，所需的脉冲宽度最大为 10ns，脉冲在光纤中来回传输所需的时间大约是 0.1ms，这样 20 000 次采样所需的时间最少为 2s（0.1ms 乘以 20 000 次），但每 1m 的有效平均时间只有 0.2ms（10ns 乘以 20 000 次）。而采用频域方法的时候，测量带宽可以设置为 10kHz，这对应于 0.1ms 的测量时间，光在光纤中走一个来回的时间和 ROTDR 一样，也是 0.1ms。为了获得 1m 的空间分辨率，需要测量 10 000 个频率，这样测量时间是 1s，再考虑到离散反傅里叶变换的平均效应，有效平均时间就是 1s。这样，在同样时间里，ROFDR 的噪声比 ROTDR 要高许多。根据 Farahani 等的分析，100mW 的连续调制光的噪声和时域里的 7W 是一样的。在 ROFDR 中，测量带宽可以很低，信号平均是传感器自身自动进行的。而在 ROTDR 中，要获得可用的信噪比，必须对单脉冲的响应进行成千上万次的平均，测量时间有很大一部分被用于计算和数据采集。从这个方面来说，频域方法更加高效，测量时间可以得到降低。ROFDR 传感器系统中，不需高速的数据采样和数据获取技术，对于几百兆赫兹量级的频率，它的高频分量用模拟的方法很容易获得，也比较便宜。

3. 并行测量

在 ROFDR 中,从理论上说还有可能进行并行测量:在输入端用包括几个不同频率成分的信号调制激光器,在接收端通过滤波的方法区分不同的频率成分并同时确定不同频率成分的传递函数,这样就可以同时测量几个不同的调制频率。总的测量时间还可以进一步降低。而在时域传感器中,这种并行测量是不可能的。

虽然理论上并行测量是可行的,但目前并没有见到实际采用这种技术。而 ROTDR 中可以通过增加平均次数、牺牲时间来提高信噪比,这一点在 ROFDR 中却又是无法做到的。

4.3.4　ROFDR 的研究现状

上面对 ROTDR、ROFDR 各自的特点进行了讨论,但无论从文献和实际产品上,ROFDR 的报道都比 ROTDR 少得多。

2006 年,Emir Karamehmedovic 采用中心波长为 1545nm 的 CW 激光器泵浦、传感光纤为 13.8km 的单模光纤,所得结果如图 4-41 所示[133],图中的曲线是解调后的温度分布曲线,扭曲和倾斜现象很明显,下面的图线为标准偏差。在 13.8km 光纤尾端的标准温度偏差(STD)为 2℃。

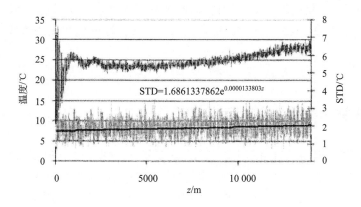

$$STD = 1.6861337862e^{0.0000133803z}$$

图 4-41　ROFDR 在 13.8km SMF 光纤上解调后的温度
分布和标准温度偏差曲线

Emir Karamehmedovic 采用 24km 单模光纤为传感光纤的实验结果如图 4-42 所示[134],温度分布曲线扭曲与倾斜现象更为严重。起始端温度约为 32℃,在 12km 处为 22℃,在 24km 光纤尾端为 40℃,温度偏差很大,接近 70℃。

目前市场上可以找到的产品也只有德国 LIOS 公司推出的 ROFDR 系统,其

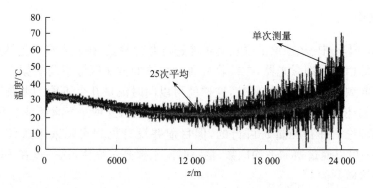

图 4-42　ROFDR 在 24km SMF 光纤上解调后的温度分布曲线

传感长度最长为 30km,通常为 5km,空间分辨率可以做到 0.5m,通常为 1～2m,技术水平和 ROTDR 相当。

造成这种情况的原因主要有以下几点:

(1) ROFDR 有固有的一些缺点,包括在输入端需要精确地进行频率调制,对激光器和调制器的要求比较高;在接收端测量传递函数并进行反傅里叶变换,信号处理系统就比较复杂。虽然 ROFDR 不需要高速的数据采样和数据获取技术,但系统总体上还是比 ROTDR 复杂。

(2) ROTDR 相关的技术进展比较快,如高功率的脉冲激光器技术、高频率的数字信号采集卡等,导致 ROFDR 技术在信噪比等方面的优势无法体现。

4.4　全分布式光纤拉曼温度传感器的应用[138～155]

4.4.1　在智能电网中的应用[138～143]

智能电网明确要求将目前电网的"故障报警"机制提升至"故障预测"机制。光纤拉曼温度传感器不带电,是本质安全的,而且体积小、可嵌入、外形可变、质量轻、成本低、耐高电压和强电磁场、耐电离辐射,能在有害环境中安全运行,反应快、抗腐蚀,系统具有自标定、自校准和自检测功能,是智能电网中温度监测和电力电缆载流量检测的重要技术。

电力系统一般由发电、送电、配电、用电四大环节构成。具体由发电厂、高压电网、变电站、配电站、低压电网、用户端单元等组成。其中大量应用的基本电力设备是发电机、变压器、电力电缆、开关以及无功补偿器等。这些设备运行中的环境特点是高电压、强电场、热负荷运行(特别是过压、过流、突波、雷击)、点多面、广大区域分布且大多无人值守等。

电网作为城市生命线的工程基础设施系统,由于涉及千家万户的用电需求,是维持国民生产、生活的基础。安全运行为第一要务,因为系统一旦失效,将造成广泛的社会困难和巨大的经济损失。因此电力行业要求高可靠性的防灾减灾安全措施。

1. 电网的热灾害故障

1) 温度的剧烈变化是电网运行的大敌

在保障电网的安全运行中,电网设施的运行温度是一个重要的因素。如 2008 年冬天的严寒雪灾造成的过低温度给全国电网的安全运行带来灾难性的毁坏。而电网设备因故障产生的过高温度也会发生电气火灾,给国家财产和人民生命安全造成巨大的损失。

电力电缆是发电厂、变电站和传输电网维持正常运行的重要组成部分。电缆在发电厂、变电站内的广布性,电缆的易燃性,电缆着火的串延性,电缆着火后果的严重性,使电缆的高温发热与火灾自动探测消防报警工作受到了电力部门、消防机构的高度重视。据不完全统计,全国近十年来发生因电缆着火蔓延成灾的重大事故逾百起,累计烧毁电缆 30 多万米,仅少供电量的损失就达 100 多亿元。电缆火灾事故还会使得控制回路失效造成事故扩大,甚至损坏主设备。

电线电缆引发火灾的原因,主要是在过负荷、接触电阻过大及短路、局部过热等及外热作用下,绝缘材料绝缘电阻下降、失去绝缘能力,甚至燃烧,进而引发火灾。据公安消防部门统计,因电线、电缆本身故障造成整体大楼火灾事故的事故率占 40% 左右。

电力变压器是电力供电系统的一个重要环节,变电装置为增强绝缘性能,大多使用油纸等绝缘物,这些绝缘物若遇到火花和电弧不但本身会燃烧,而且还会形成区域性停电和由此而引发的火灾事故。在电力生产火灾事故中,特别是在重特大火灾事故中,变压器火灾事故占有一定的比例。在 1996 年对全国发电厂及变电所发生的火灾进行案例调查的 63 起重大事故中,变压器火灾事故共有 16 起,约占 25% ,其中发电厂 5 起,变电所 11 起。另据原电力部安环司的有关资料,在 1981~1989 年间全国火电厂发生的 200 多起火灾事故中,变压器火灾事故占 4.4% ,在其中的重特大火灾事故中,变压器火灾事故占 17.8% 。

采用 A 级绝缘的变压器(我国电力变压器大部分采用 A 级绝缘)在正常运行状态下,当周围空气温度达到 40℃时,变压器绕组的极限工作温度为 105℃。由于绕组的平均温度比油温高 10℃,同时为了防止油质劣化,所以规定变压器上层油温最高不得超过 95℃。而若变压器的温度长时间超过允许值,则变压器的绝缘材料容易损坏。绝缘材料长期受热后要老化,温度越高,绝缘老化越快,当绝缘老化到一定程度时,在运行的震动和电动力的作用下,绝缘容易破坏,且易发生电气击穿而造成故障,因此,必须要有有效的温度测量技术,时刻检测变压器是否在其允许的温度范围内运行,以保证变压器合理的使用寿命。

此外,变电所设计中规定,在全户内布置的变电所内,在主变压器室、配电装置室、电容器室、消弧线圈及接地变室、地下电缆室、二次设备室、通信室等重要场所均应设置配套的感烟、定温报警探测器,在主变本体、电缆隧道、竖井、二次设备室及通信室活动地板下的电缆层之间敷设感温探测器。

综上所述,加强对电力电缆和变压器等重要电力设施设备的"温度探测"和"火灾报警"一直是电网安全运行的重要研究课题之一。国内外科研机构和企业也先后研究并不断推出了相关的新技术和新产品。

2) 温度的剧烈变化也是电网故障最显著的前期征兆

在变电站内电缆的火灾通常有两种,即内部火源和外部火源。内部火源主要是指电缆传输电流过载、电缆接头处阻抗大、绝缘皮老化等,致使电缆表面升温,电缆绝缘层和保护层产生阴燃,并伴随大热量、可燃气体的产生,随着温度进一步上升即产生烟雾,从而发展为火灾。外部火源是指电缆隧道或电缆夹层内其他火源及隧道外各种火源。外部火源可使电缆表层着火,同时产生大量的热和烟。

对于普通电缆,一般情况下护套材料在温度150℃以上开始释放一定量的可燃气体,此时并不产生烟雾;温度在270℃范围内会大量释放可燃气体和烟雾,内含有毒气体。温度高于270℃时处于极不稳定期,随时可能燃烧,对于自燃来讲可能温度要达到近390℃才会燃烧,但对于由于外界火源造成的灾害,在存在大量可燃气体的情况下即会燃烧,对于阻燃或难燃这一类电缆仍然会发生火灾。与普通电缆不同的是,自燃起火温度值提高到了480℃,190℃以上开始产生一定量可燃气体,但无烟雾产生;到270℃产生大量可燃气体。从电缆头过热到事故的发生,其发展速度比较缓慢、时间较长,通过电缆在线监测系统完全可以防止、杜绝此类事故的发生。

变电站的一次电气设备一般由断路器、变压器、电缆、母线、开关柜等电气设备组成。其相互之间由母线、引线、电缆等连接,由于电流流过产生热量,所以几乎所有的电气故障都会导致故障点温度的变化。变压器火灾尤其是油浸电力变压器火灾,波及广、影响大、损失严重。引起变压器火灾的主要原因是短路故障、导线接触不良、变压器过热、雷击过电压、绝缘损坏等。同时变电站内不少二次设备因发热也有可能引起火灾,如蓄电池柜、补偿电容等。但是变电站的火灾一般都是在经过一段时间(数小时以上)的逐步发热升温(数百上千度)后才引起火灾。高温毁坏的开关柜如图4-43所示。

综上所述,从多次事故分析发现电网热灾害的特点是发热、少烟、发热过程长。

图 4-43　高温毁坏的开关柜

为此热电厂多年前就总结出这一经验,利用人工每天进行电缆中间接头温度的巡测,根据温度的改变而分析其运行状况,耗费大量的人力,但避免了多次事故的发生,因此说电缆沟在线监测系统对发电厂安全运行有着非常重要的意义。

虽然大部分发电厂不惜大量资金早已进行电缆沟的防火封堵及安装普通消防报警装置,但是电缆沟火灾仍有发生,这些措施只能起到电线着火后减轻事故范围的作用,没有从根本上限制或减少火灾的发生。进行电缆沟在线监测才是从根本上限制电缆沟内火灾发生的有效可行的方法。随着国家对电力网的大量投资建设,一大批无人值守的远程输配电站(所)内的变压器、开关柜、电缆等设施需要有能够长期、有效、精确、可靠、低成本的监控技术手段进行防火、防盗、防损坏的监控。在电厂与变电站,有大量的室内室外高低压开关设备、变压器、电阻排、母线、隧道电缆、地下电缆。这些电力设备处于高电压、高温度、高磁场以及极强的电磁干扰环境中。传统的测温仪表如热电偶、红外测温仪等易受到这些因素的干扰和影响,因而无法对这些位置进行直接接触测量,从而也就无法真正得到高压开关柜的真实工作状态,以致设备内部局部过热却仍在“带病”运行,在长期的运营中会由于各种原因引起温度的异常而导致各类事故的发生。

因此,电力系统中设备故障的预兆基本上与异常发热相关。积极采用新技术手段,控制运行设备的发热点,有效地检测这些异常发热点并采取相应的措施,可使设备的强迫故障停运转变为有计划的检修,可大大降低设备停运对系统的冲击,并使检修工作有条不紊,降低事故发生的概率。

2. 智能电网所涉及的传感技术与解决方案

根据国标 GB 50116—98《火灾自动报警系统设计规范》要求,在城市建设、工厂企业建设中,地下电缆室、电缆夹层、电缆隧道等区域均需设置缆式线型火灾自动报警探测器。变电站火灾自动报警系统的功能是火灾探测器采集变电站内的建筑物和电气设备的火灾信号,并将火灾信号发给火灾报警控制器,根据火灾情况启动相关的灭火设备,关闭相关的防火阀,开启相关通风系统,驱动警铃或声光报警器,发出火警信号,并根据要求将火灾信号上传到中心变电站或调度中心。目前的变电站火灾自动报警系统大多由烟感探测器、温感探测器、烟温复合式探测器、管道吸气式感烟、可燃气体探测器、红外对射探测器、感温电缆、信号输入模块、手动报警按钮等组成。针对不同的保护区域设置不同的探测器,实现对不同类型的火灾探测。由于大多烟感探测器、温感探测器、烟温复合式探测器、管道吸气式感烟、可燃气体探测器、红外对射探测器、感温电缆均是采用电探测工作方式,不太适合于强电磁环境的变电站火灾自动报警。容易造成火灾误报警,从而给变电站的管理带来困扰。传统的烟(温)感报警器是属于"事后报警型"工作方式。全分布式光纤温度传感器的探测光缆是不带电的,光纤传感器本质安全,体积小、可嵌入、外形可变、质量轻、成本低、不导电、耐高电压和强电磁场、耐电离辐射,能在有害环境中安全运行,反应快、抗腐蚀,系统具有自标定、自校准和自检测功能,是属于"火灾预警型"工作方式。全分布式光纤温度探测器与几类常用温度探测及火灾报警产品性能比较如表 4-11 所示。

表 4-11　全分布式光纤温度探测器与几类常用温度探测及火灾报警产品比较表

产品技术	点(管)型电子感温	线型电缆感温	点型红外线测温	光纤光栅型测温	全分布式光纤测温
探测区域	点区域	200m 线段区域	点区域	不连续的有限点区域	几千米长距离连续线型区域
探温方式	感温	感温	测温	测温	测温
报警方式	定温报警	定温报警	预警及定温报警	预警及定温报警	预警及定温报警
定位精度	探测区域	200m 段内	探测区域	光栅节点布置处	光缆敷设范围内 ±1m
报警温度点及监测位置设置	固定单点单个位置	固定单点单个位置	多点可调单个位置	多点可调有限点位置	多点可调探测范围内任意位置
抗电磁干扰能力	弱	弱	弱	强	强

　　ROTDR 具有本质安全、易于实现网络化监测、易现场施工调试维护、易远程监测、高性价比等特点。ROTDR 技术在电力行业中可以有着较广泛的应用前景。主要包括以下三点。

1) 电气设备故障温度预(报)警

　　(1) 长距离电缆隧道、电缆竖井、电缆沟、电缆夹层、地下管道内敷设的高压电力电缆的温度检测与火灾报警。

　　(2) 各种建筑的闷顶内、地板下及重要设备隐蔽处等不适合点型探测器安装的危险场所,尤其是高温、潮湿、多尘及各类有害、腐蚀型气体存在的恶劣环境中的温度检测和火灾预警。

　　(3) 及时发现电网线路上的发热点,实时监测全网缆线完好性。

　　(4) 为电缆燃爆和突发热故障提供预警,有效地对电缆温度进行实时监测,对电缆温度过高或温升速度过快进行报警;并实时确定电缆导体线芯实际工作温度。

　　(5) 变电站等强电磁场环境中的大型电缆类区域电力分布系统温度检测、自动化控制与火灾预警。

　　(6) 对地下变电站和户内封闭式变电站的设备温度监测。

　　(7) 实时监测电网(包括分支网络)的负荷变化,优化电力资源配置。

　　(8) 提供全程全网的环境温度分布(包括直埋电缆周边回填土热阻变化),为动态负荷测定系统提供温度数据。

2) 电气设备运行温度在线监测与设备管理维护记录

　　ROTDR 除了在发生火灾时的报警作用外,在日常的设备运行管理中也有设备温度数据采集辅助管理作用,实现了平时与受灾时相结合,大大提高系统的投资效益。在变电站电气设备正常运行时,ROTDR 将采集记录变电站内各区域的一年四季的温度变化状况,通过变电站的通信通道传输相关数据,供设备运行管理人员作为维修依据,同时供调度人员作为电力负荷调度参考。因此,在事故发生之前,系统已经进行了长期有效的温度监测,在变电站电气设备温度(温差)出现异常时,可利用经验值根据温度情况做出合理判断,ROTDR 及时将发生温度(温差)异常的位置及数据发送给变电站值班显示屏幕,提醒有关人员前往查看,以消除可能发生火灾的隐患,在火灾发生之前对事故发展情况进行掌控,达到火灾事前预警的目的,真正做到防患于未然。同时,由于能够在火灾发生前温度发生异常时进行预警,从而减少因误报火警启动灭火装置给管理人员带来的麻烦。ROTDR 在变电站组网监测的应用系统如图 4-44 所示。ROTDR 对变电站中的设备和设施等部位进行有效的在线温度监测如图 4-45 所示。

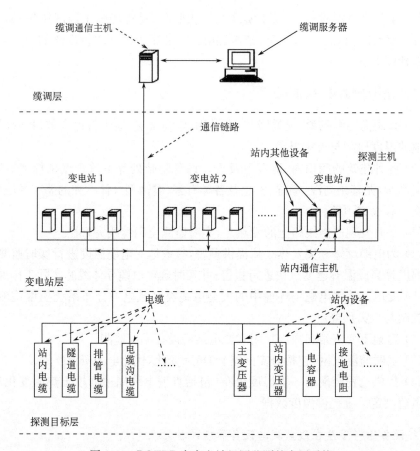

图 4-44   ROTDR 在变电站组网监测的应用系统

(a) 变压器

(b) 电容器

图 4-45   ROTDR 对变电站中主要设备的温度监测

3）电网运行负荷载流量监测（动态载流量分析技术）

ROTDR 系统可以在线实测电缆因负荷变化而引起的电缆表面温度变化，再配以根据不同电缆敷设环境实验开发出来的"动态载流量专家数据分析系统"，就可在线动态给出 ROTDR 所监测电缆的当前载流量以及该电缆在若干时间段的安全超负荷能力，满足电网高效安全运行的需要。

电网是国家投入巨资建设的国家基础设施。在国家投入了大量的财力建成后，希望其能够充分发挥经济效益，做到物尽其用，即希望在安全运行条件下，尽量采用节约型供电网路"小截面电缆"设计，这就需要了解真实的电网运行温度及散热环境。而当电网某区域电路故障需要从其他电力网路调度电能应急时，电网调度又希望了解相关电网的电缆可以提供的负荷过载能力。这也需要及时了解当前相关电缆的负荷状况和载流能力。由于电缆的负荷电流大小与电缆的发热温升呈正相关，因此要安全有效地调度电力网的电能输配，就需要实时监控承担电力输配重任的电缆发热温度及周边散热环境状况，以此判断电力网电缆的当前最佳载流量。但因原来缺少能够长期、有效、精确、可靠、低成本的电缆温度监控技术手段，在电网输配电调度中，均以实际经验形成的规范要求，按最保守工况条件（8 缆并行供电）和最差散热环境条件，来决定输配电缆的安全负荷载流能力，从而决定各变电站、供电所的出力。ROTDR 系统可以在线实测电缆因负荷变化而引起的电缆表面温度变化，再配以根据不同电缆敷设环境实验开发出来的"动态载流量专家数据分析系统"，就可在线动态给出 ROTDR 所监测电缆的当前载流量以及该电缆在若干时间段的安全超负荷能力，满足电网的高效安全运行的需要。电缆导体温度分布及导体载流量 ROTDR 传感网络结构如图 4-46 所示。

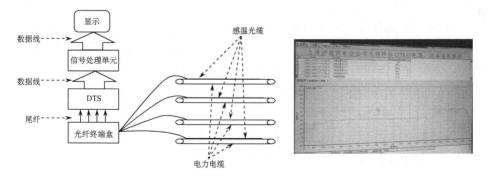

图 4-46 电缆导体温度分布及导体载流量 ROTDR 传感网络结构

3. ROTDR 在上海智能电网的成功应用案例

1）在上海长江隧桥工程中电缆火灾预警的应用

上海长江隧桥工程采用"南隧北桥"方案，是目前世界上最大的桥隧工程，如图 4-47 所示。通道南起浦东五号沟，接上海郊区环线，过长江南港水域，经长兴岛再过长江北港水域，止于崇明岛陈家镇。其中，以隧道方式穿越长江南港水域，长约 8.9km；以桥梁方式跨越长江北港水域，长约 10.3km；长兴岛和崇明岛接线道路长约 6.3km，全长 25.5km，项目总投资约 126 亿元。目前在该项目的"220kV 高压电缆越江桥隧"中采用了 ROTDR 系统进行电缆温度监测与火灾预警，如图 4-47 所示。

图 4-47　ROTDR 系统在上海长江隧桥工程中电缆火灾预警的应用

2）在上海世博会地下变电站中的应用

"110kV 超高压蒙自地下变电站"建于国家电网公司 2010 年上海世博会企业馆地下，主要服务于上海世博会（图 4-48，在整个上海世博会输变电系统中承担着承上启下的重要作用）。针对温度异常突发事件，温度监测系统能否正常投入运行、实现故障早期预警以及压制和扑灭早期火灾是非常重要的。目前该项目中已安装了 ROTDR 系统，用于绝缘母线与二次缆桥架温度监测［图 4-49，变压器温度监测见图 4-50(a)，接地阻箱温度监测见图 4-50(b)，传感主机见图 4-50(c)］。

3）在上海漕泾电厂燃料输送廊道与圆形室内储煤场中的应用

位于上海金山地区的上海漕泾电厂是国家为了减少碳排放、"上大压小"而新建的 2×1000MW 热电厂，该项目建设中采用了许多新技术和新工艺。图 4-51(a) 所示为上海漕泾电厂，图 4-51(b) 为圆形室内储煤场，图 4-51(c) 为燃料传送系统

图 4-48　上海世博会的"110kV 超高压蒙自地下变电站"

图 4-49　用于绝缘母线与二次缆桥架温度监测的 ROTDR 系统

(a) 变压器温度监测　　　　　　(b) 接地阻箱温度监测　　　　　　(c) ROTDR传感主机

图 4-50　上海世博会的"110kV 超高压蒙自地下变电站传感网"

(a) 上海漕泾电厂

(b) 圆形室内储煤场

(c) 燃料输送廊道光纤温度传感网

图 4-51　ROTDR 在上海漕泾电厂的应用

并配有温度监测的 ROTDR 系统。

4）在上海东海大桥风力发电海底电缆导体温度与载流量监测中的应用

　　上海东海大桥 100MW 海上风电示范项目位于上海市东南、东海大桥东侧的上海海域，总装机容量为 102MW。根据本风电场场址海域范围，风电场布置最北端距离南汇嘴岸线 8km，最南端距岸线 13km，在东海大桥东侧海域布置 4 排、34 台单机 3MW 级风力发电机组，如图 4-52 所示。风电场集电线路采用 35kV 电压等级，风机采用一机一变的方式升压至 35kV。根据风电场场内风机布置，8 台或 9 台风电机组组合成一个联合单元，共四条海底电缆集电线路接入 110kV 升压站，如图 4-52 所示。

图 4-52　东海大桥风电场

4.4.2　在地铁中的应用[144～147]

　　全分布式感温光纤火灾监测系统在公路隧道中已经广泛使用，但地铁隧道与公路隧道具有完全不同的特点,其线路长、空间有限、设备众多、活塞风较大、救灾设备运行模式复杂、火灾报警系统(FAS)庞大,需要多套监控设备才能完成对整个地铁隧道火灾的监测。因此地铁火灾监测系统的组网方式决定其在线监测的实时性、可靠性和监测覆盖的时效性。光纤感温火灾监测系统的组网方式是否满足地铁隧道火灾监测要求,是该项技术能否应用于地铁隧道的关键。

地铁隧道内的防排烟控制要根据列车与着火点的相对位置关系,隧道两相邻车站的 TVF 风机、U/O 风机及其相连的组合风阀进行一系列的正反转、开闭控制后,在隧道内形成一个与疏散方向相反的迎面风速,当车头或前方着火时,前方站排风,后方站送风;当车尾或后方着火时,后方站排风、前方站送风,以便乘客向迎风方向(避开烟雾)迅速有效地疏散。图 4-53 隧道通风系统设计示意图。

隧道通风系统:

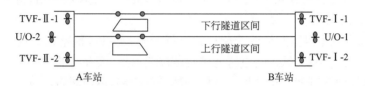

隧道火灾时的消防控制:
- 控制中心控制方式(自动控制方式)
- 车站控制方式(半自动控制方式)
- 车站手动控制方式(MCP盘控制方式)

图 4-53 隧道火灾时的环控防排烟设计示意图

由图 4-53 可以看出,隧道火灾的防排烟需要由两个车站共同完成,由行车调度指挥中心(OCC)统一下达指令,由着火区间相邻的两个车站共同完成隧道的防排烟控制,在地铁隧道防排烟控制模式中,OCC 应是最高控制级。

1. 光纤火灾监测系统设计方案

1)一站一个系统的方案设计

一站一个系统的车站系统组成如图 4-54 所示。该布置方案的特点为:

(1)每站设置一台测温主机,每台测温主机管辖与车站相邻半个区间的火灾报警。

(2)火灾监测系统与 FAS 及其他设备系统的运营管理体制一致。

(3)每站设置一台测温主机,投资费用较高。

一站一个系统布置方案需要注意的问题:

(1)该方案可以开发或选配四路光纤的测控主机,每路光纤从车站延伸到一

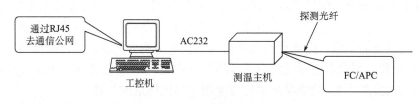

图 4-54　车站系统组成示意图

个隧道区间的中部。相对每路光纤的长度较短,等于从车站到隧道区间中部的距离,再考虑一定的绕行余量,余量系数为 1.2~1.3。

(2) 该方案也可以开发或选配两路光纤的测控主机,每路光纤从车站延伸到一个隧道区间的中部,然后通过区间中部的联络通道,经并行的另一个隧道绕回。相对每路光纤的长度较长,等于从车站到隧道区间中部距离的两倍,再考虑一定的绕行余量,余量系数为 1.2~1.3。

(3) 该方案也可以开发或选配一路光纤的测控主机,每路光纤从车站延伸到一个隧道区间的中部,然后通过区间中部的联络通道,经并行的另一个隧道绕回车站,然后继续前进延伸到车站另一侧区间隧道的中部,再经联络通道走另一个隧道回到车站,相当于围绕车站两侧的四个半程区间走一周。相对每路光纤的长度更长,等于车站相邻两个隧道区间中部联络通道之间距离的两倍。此外,还需要考虑一定的绕行余量,余量系数为 1.2~1.3。

以上几种情况都可以采用单端连接方式或环行连接方式。

2) 多站一个系统的设计方案

多站一个系统布置方案是若干个车站设置一台光纤测温主机,探测光缆贯穿几个车站的区间隧道布置。该布置方案的特点为:

(1) 每站设置一台测温主机,每台测温主机管辖几个相邻区间的火灾报警。

(2) 火灾监测系统与 FAS 及其他设备系统的运营管理体制不一致。

(3) 由于每台光纤测温主机输出的光纤长度较大,在报警分区相同的情况下,每台主机的继电器输出数量较多,导致接口设备较多。

(4) 由于测温主机在系统投资中所占比重最大,因此该方案的最大优点是节省投资。

多站一个系统布置方案需要注意的问题:

(1) 测控主机的开发或选配与一站一个系统相同,可以为一路、两路、四路光纤,可以单端连接或环接。

(2) 每路光纤的长度更长,应按实际覆盖的隧道区间距离计算,再考虑一定的绕行余量,余量系数为 1.1~1.2。

（3）由于光纤总长度受响应时间的制约，一般不应超过三个站布置一套测控主机，为了提高响应速度，必要时可以扩充内存容量。

2. 光纤火灾监测系统组网方案

1）FAS 对光纤火灾监测系统组网方案

对于大多数的地铁项目，FAS 采用的是直接用火灾报警控制盘进行全线系统联网，其组网方式如图 4-55 所示。

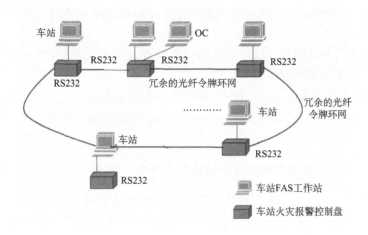

图 4-55　FAS 组网方式示意图

FAS 主网络一般采用双环拓扑结构对等式环网，主控制级与分控制级均作为网络中的一个节点。当网络发生单点故障时，不会影响通信；当发生多点故障时，网络可自动重组，生成小的"子网络"，仍然可以进行通信。但由于火灾报警控制器在软件编程和数据处理方面的局限性，光纤测温主机与火灾报警控制器的通信，利用其令牌环网与控制中心互传信息较为困难。另外，对于改造项目，由于地铁不能停止运营，也不便和能源监控系统 EMCS（制动辅助系统 BAS）共网，在上述情况下，光纤火灾监测系统应该考虑独立组网。

如果 FAS 独立组网，光纤火灾监测系统还应该向所在站的火灾报警控制器输出报警信号，以达到警示作用。考虑由于国内外火灾报警控制盘通信协议的不开放性，光纤火灾监测系统与火灾报警控制盘不能进行通信互联，因此只能作继电器接口。

如果采用一站一个系统，光纤火灾监测系统的组网及光纤布置应考虑地铁的运营管理模式。各车站的探测光纤布置可以优先考虑由本站向相邻站区间隧道延伸敷设到区间隧道中部，因为这与地铁绝大部分设备系统的运营管理是相同的。

　　由于综合监控系统已经成为地铁设计的发展趋势,因此 FAS 的组网不直接采用火灾报警控制盘,而利用每个车站的综合监控系统工作站连成以太网。

2) 综合监控系统的组网方案

　　组网方案中影响地铁的设备系统种类繁多,除 FAS 外,还有门禁、乘客资讯系统、屏蔽门、通信等十几个设备系统,为了资源共享、节省地铁车控室有限的空间、提高地铁运营的自动化程度,将光纤火灾监测系统作为子系统整合在综合监控系统中已经成为一种发展趋势,这样光纤火灾监测系统独立组网就不能满足系统集成的要求。在这种情况下,光纤火灾监测系统可以通过以下两种方式达到满足系统集成的要求:

　　(1) 光纤火灾监测系统可以通过通信协议和其他系统互联,通过综合监控网络达到光纤火灾监测系统全线联网的目的。

　　(2) 光纤火灾监测系统控制器的 RS232 口直接和车站级综合监控系统工作站进行通信,作为一个子系统通过综合监控系统的全线网络达到系统组网及集成的目的。

3) 光纤火灾监测系统组网对火灾数据流向的影响分析

　　由于光纤火灾监测系统有独立组网和与其他系统共网的不同方案,因此火灾报警及联动控制信号数据流向也有所不同,独立组网和共网方案的火灾报警及联动控制信号数据流向如图 4-56 和图 4-57 所示。

4) 光纤火灾监测系统工作站数量及上传数据量

　　上传 OCC 的数据量按每个采样点占用 2 字节考虑,可以采用公式:2Bytes×光纤长度/dl(取样间隔),若每个测温主机所带光纤长度最大为 6km,则每个站上传的最大数据量为 2B×6000/1.25＝10kB,数据量很小,可以采用星型拓扑的以太网。以太网采用的媒体访问控制技术是载波监听多路访问/冲突检测(CSMA/CD),有访问机会公平、负荷小时表现出色的优点,所以适合光纤火灾监测系统的网络特点。

5) 光纤测温系统独立组网方式

　　图 4-58 为光纤测温系统独立组网方式示意图。
　　独立组网方式的特点:
　　(1) 光纤火灾监测系统占用独立的通信通道(或传输媒体)。
　　(2) 由于光纤火灾监测系统独立组网,隧道火灾报警信号除通过光纤火灾监测系统网络上传 OCC 外,还可由继电器接口通过 FAS 网络同时上传 OCC,火灾

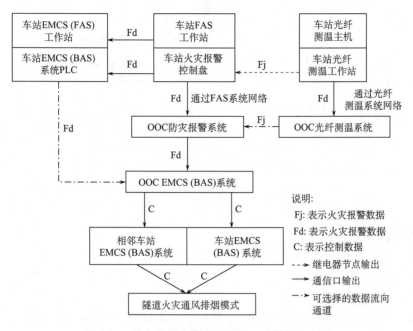

图 4-56　独立组网方案光纤测温系统数据流向图

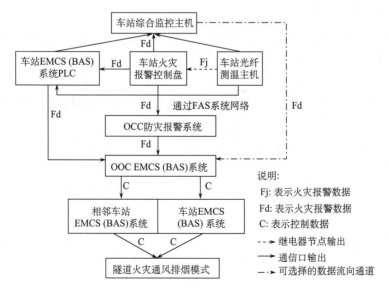

图 4-57　共网方案光纤测温系统数据流向图

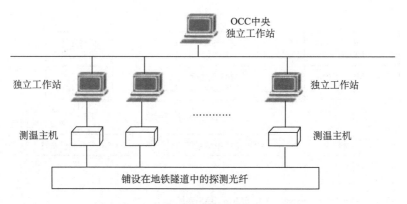

图 4-58　光纤测温系统独立组网示意图

报警网络更加可靠。

（3）独立网络可以采用星型拓扑以太网。

（4）系统的集成度不高。

独立组网方式的适用条件：

在无系统集成要求，并且 FAS（火灾报警系统）网络采用环网的情况下，或者既有项目改造为了不影响其他系统运营时，可以优先采用独立组网方式。

6) 综合系统共网方式

在地铁工程中均有专用的通信平台，只要提供给光纤火灾监测系统独立的以太网口，光纤火灾监测系统就可以利用通信通道完成系统网络的构建，可以节省投资。

图 4-59 为光纤火灾监测系统与其他系统共网的车站网络构成示意图（与能源监控系统 EMCS 共网方式）。共网方式的特点：

（1）光纤火灾监测系统不再单设工作站，通过其他系统的通信通道达到全线联网的目的。

（2）可由继电器接口通过 FAS 网络同时上传，达到网络冗余的目的。

综上所述，光纤测温系统的布置方案可以分为一站一个系统和多站一个系统。网络组成可以分为系统独立组网和与其他系统共网，而且两种布置方案和两种组网方式可以任意组合。通过对地铁隧道火灾模式及 FAS、能源监控系统 EMCS（制动辅助系统 BAS）等相关系统进行分析，利用全分布式通信技术，研究的各种组网方式合理，网络吞吐量、响应时间、网络可靠性满足工程实际需要，接口形式满足与相关系统和设备的兼容性要求，网络具备开放性和可扩展性，在及时进行火灾报警、联动全线消防设备、历史数据处理、系统设备运行状态监视等方面具备先进

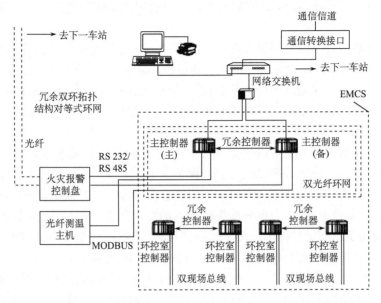

图 4-59　光纤火灾监测系统与其他系统共网的车站网络构成示意图

性和可靠性。针对不同项目 FAS 的构成，可以选择不同的组网方式，成果的应用比较灵活方便，易于推广。

4.4.3　在油井和石油管道监测中的应用[148~154]

在石油的开采过程中，井下温度是必不可少的测量参数，准确的井下温度测量对于地质资料解释和油井监测等都具有重要的作用。尤其在重质油热采工艺中，需要监测井下温度场变化情况。在传统的测量井温过程中，使用了红外测温仪、红外热成像仪、温度传感器阵列等，但由于井下恶劣环境将对测试仪器产生很大的影响，容易造成测试误差，且对于温度场的测量有很多不足。而现代的全分布式光纤温度传感器具有测量点多、精度高、轻巧且能承受井下恶劣环境等优点，可以获取整个光纤分布区域的温度场信息。目前全分布式光纤温度传感器已实现井下温度场等参数的测量，在重质油热采过程中温度场的测量具有广阔的应用前景。

温度资料在稠油油藏开发动态监测中始终扮演着重要角色，通过温度变化可以分析油层的动用程度、供液能力等重要信息，它们对制订开发方案、提高油层动用程度及采收率十分重要。我国大部分稠油油藏已经进入中后期开发阶段，开发方式已由蒸汽吞吐转向蒸汽驱和水平井蒸汽辅助重力泄油（SAGD），但开发效果评价及生产动态调整对动态监测提出了相当高的要求，要求在时间和空间上对蒸汽腔的发育进行连续监测，特别是对蒸汽驱过程中井温的变化要进行长期的实时监测。

目前常规的井下温度测量仪存在以下缺点：①温度传感器的热平衡时间长，只能从温度低能场到高能场测量，响应速度慢，测速低（小于600m/h）；②传感器的移动会影响井下原始温度场的分布；③长期稳定性较差，无法在高温、高压环境下对井下的温度场分布进行长期的监测；④高温环境漂移大；⑤只能解决一个时间点的剖面测量。

我国石油管道频繁发生被挖掘、钻孔、盗油等事件，给石油企业带来重大经济损失。为防止人为破坏管道、减少损失、保证企业正常生产，研究石油管道安全监测技术具有非常积极的意义。常用的油气管道在线检测报警系统多数是基于声波检测法、瞬变流模型法、压力点分析法而建立的振动声波防盗技术、流量差报警技术、流量报警负压波定位技术。由于受检测原理、传感器性能等因素限制，这些方法灵敏度低、定位误差大、误报警率高，而且是在管道泄漏后检测，不能提前预报警。全分布式光纤传感器是一种传感型光纤传感器，具有同时获取在传感光纤区域内随时间和空间变化的被测量分布信息的能力，准确度高、抗电磁干扰、耐腐蚀、可实现远距离全分布式传感，体积小、易于安装埋设等优点。利用这些特性，在石油管道铺设的同时铺设一条或几条光缆，利用光纤作为传感器，在管道遭到破坏、发生泄漏时可实现立即报警。

石油输油管线地处野外，环境条件复杂，油品泄漏和输油沿线的盗油事件一直是企业的很大困扰。目前，输油管线安全监测的常规方法有负压波法、漏噪声探测法、热红外成像法、压力梯度法、应力波检测法等。这些方法都是泄漏发生时或发生后进行检测，不能预报警，而且都存在着定位准确度低、距离短、成本高等缺点。全分布式光纤传感技术可以实现长距离输油管线安全实时监测预报警系统。

全分布式光纤测温系统是近年来发展起来的一种用于实时测量空间温度场分布的传感系统，它是一种全分布式的、连续的功能型光纤温度传感器。由于它没有井下电子线路，具有体积小、易于安装、精度高、频带宽、响应速度快、动态范围大、不受电磁干扰、耐高温高压、能在恶劣环境下工作等优点，可以集传感与传输于一体，非常适合注蒸汽井井下温度以及石油管道安全的监测。

1. 光纤测温在油田开发中的应用[148~152]

在油田的开发过程中，测量油井的可靠性和准确性是至关重要的，而传统的电子基传感器无法在井下恶劣的环境诸如高温、高压、腐蚀、地磁地电干扰下工作。光纤传感器可以克服这些困难，其对电磁干扰不敏感且能承受极端条件，包括高温、高压以及强烈的冲击与振动，可以高精度地测量井筒和井场环境参数。井下全分布式光纤测温技术可以快速便捷地获取井下温度资料，决定了其在油田的开发过程中有着广泛的应用。光纤传感器主要进行压裂效果评价,找水、找漏、找窜(油水窜动),温度剖面监测,实时井下监测和井下设备状况监测。

1) 压裂效果评价

随着油田进入中后期开发阶段,对油气储集层实施压裂作业是主要的增产措施之一,油井温度测量目的之一是评价压裂效果。由于压裂液黏度较大,常规的电缆测井成功率较低,因此,利用光纤测温方法评价压裂效果要优于常规油井温度的测量油井工艺。

2) 找水、找漏、找窜(油水窜动)

油田开发后期,油水井漏、油水窜动现象严重,而油井逐渐加深,注水井压力逐年上升,利用常规多参数测井仪器进行找水、找漏、找油水窜动位置时,由于电缆及下井仪的体积大、井底压力高,仪器经常下不去。因此,使用新的光纤测井技术替代电缆测井非常必要。

3) 温度剖面监测

常规井温测量仪器由于耐温指标的限制,无法用于稠油注蒸汽井和蒸汽驱观察井的温度剖面测试,而全分布式光纤温度传感器其温度指标优于常规井温仪器,充分满足了高温井筒的需要,从而为稠油高温蒸汽井的剖面测试提供了一条新途径,解决了油水井的产出注入剖面、注蒸汽井的吸气剖面的测试、判断产气层位等问题,还可用于水平生产井的产层部位监测。

4) 实时井下监测

常规测井往往根据出现的问题或修井和作业计划来进行,因此,对于诊断生产问题或油藏变化,临时测井很难及时发现。此外,周期性监测的作业成本及产量损失可能是很大的。固定式光纤监测可以连续或根据需要提供数据,因此大大地降低了数据采集的作业成本。几十年来,采油公司都在地面采集数据,这些测量不能准确地反映生产趋势及出现的问题。根据实时井下监测数据,可以及时地发现水、气或注入流体的早期突破等问题,并采取有效的措施。

5) 井下设备状况监测

监测电潜泵和螺杆泵的工作温度,以便提前警告故障隐患;监测配置有气举阀的部位压力和温度,以确定气体在何处进入油管,使产量达到最大,从而优化其气举过程;监控采油井的泵吸入排出口压力温度,合理确定油井工作制度,避免过载或欠载引起的井下设备事故;还可监测油田油气水管线的穿孔和泄漏。

1）生产井井筒温度分布及热传递模型分析与处理

当流体从井内产出时，井筒温度会偏离地层温度。生产井中，生产层上部的流体温度要高于地层温度。井筒的温度是动态变化的，变化快慢取决于流量、完井方式、流体和地层导热特性等。

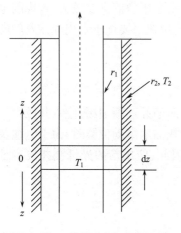

图 4-60　井内热传递示意图

图 4-60 是理想的井内热交换模型。井深度 z 是计算点离流体入口点的距离；井口流体质量总流量为 W（单位 lb/d，非法定计量单位，1lb = 0.453 59kg，下同）；油管内半径为 r_1；油管内流体温度为 T_1。$T_1(z,t)$ 是深度 z 和生产时间 t 的函数；套管内半径为 r_2；套管外表温度为 T_2，$T_2(z, t)$ 也是深度 z 和生产时间 t 的函数。

××井为油水两相流动，总产液量为 75.0m³/d，地面测试含水率为 89.6％，产液量为油 7.8m³/d，水 67.2t/d。该井分别在 3131.10～3133.50m、3160.00～3161.50m、3163.125～3166.25 m、3167.50～3171.50m 有 4 个射孔层。由于后 3 个射孔层相距较近，解释过程中将其合为 1 个生产层进行解释。通过全分布式光纤井温测井得到井温资料，采用上述方法进行资料处理解释，得到测井评价结果如图 4-61 和表 4-12 所示。解释表明：总流量的 75.6％来自底部层段，即第 2 号层为主产层，产液量为 56.7t/d，而 24.4％的流量来自顶部 1 号层段。解释结果与实际生产情况相符。

表 4-12　　××井处理结果表

层号	井段/m	厚度/m	分层产量/（m³/d）	（分层产量/总产量）/％
1	3131.10～3133.50	2.5	13.5	18
2	3160.00～3171.50	11.5	61.5	82

2）高温定标实验

高温定标实验装置结构见图 4-62，由于加热温度较高，已不能用水浴恒温，采用沸点高达 400℃的二甲基硅油保温。使用油浴加热不仅可以起到保护不锈钢管的作用，还可以使光纤均匀受热，增大测量精度。为了使光缆快速升温，并且达到较好的恒温效果，特别研制了自动显示温度的高温恒温加热装置，见图 4-63 和图 4-64。测量精度可达到±0.1℃。

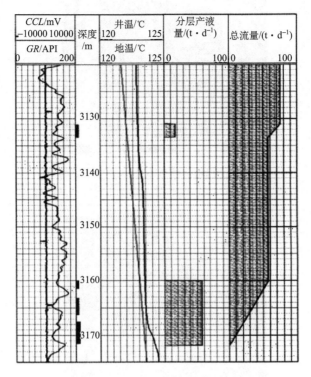

图 4-61　××井光纤井温法测井结果图

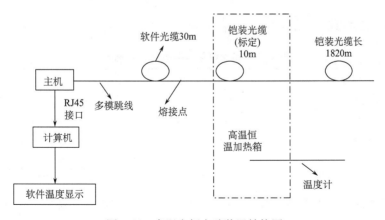

图 4-62　高温定标实验装置结构图

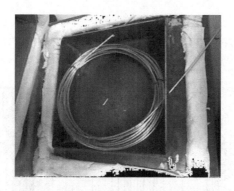

图 4-63　高温恒温加热装置（内部放置光缆）

图 4-64　高温恒温加热装置（整体结构）

不锈钢管铠装光缆性能指标见表 4-13。

表 4-13　不锈钢管铠装光缆性能指标

性能指标名称	指标值	备注
光缆外径	3.7mm	不锈钢管铠装结构，内填充油膏
光纤类型	62.5/125μm	多模光纤，双芯
耐温范围	−40～350 ℃	聚酰亚胺涂敷
衰减	≤0.6dB/km	衰减小，提高测量精度

　　将不锈钢铠装光缆约 10m 盘成一盘，放入加热装置中。在选取标定点时应该注意以下两点：第一，定标光纤的位置应该尽量放在整条光缆的前端，使得因为光纤损耗造成的信号能量损失最小；第二，定标光纤缠绕带来的系统附加损耗对测量有较大影响，因此缠绕时应注意缠绕半径和松缠绕。

　　不锈钢管铠装光缆一端焊接约 30m 跳线连接仪器，另一端接剩余铠装光缆。

一共约 1900m。由于不锈钢铠装光缆采用填充油膏的结构,所以在连接软光缆跳线时采用特殊的光缆密封卡套,防止油膏在高温压力下损坏光纤,见图 4-65。连接测温仪及软件,对定标光缆部位均匀升温,在 0～350℃温度范围均匀取 10 组以上数据,记录水银温度计的值和系统测量值并进行实验数据处理。

图 4-65　光缆密封卡套

3) 定标数据处理

将实际温度值作为 Y 值,系统测量值作为 X 值进行二次拟合,结果如图 4-66所示。从图中可以看出利用二次拟合公式在较高温度下拟合线性度比较理想。

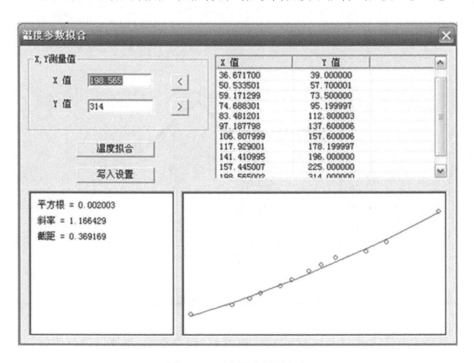

图 4-66　温度拟合设置程序

在拟合实验中总结出：①温度范围在 100℃ 以内时，拟合的线性度比较好，在 100～350℃ 范围内误差较大。因此在高温范围内选取尽量多的点进行拟合，提高拟合度。②标定的精度决定系统温度精度，使定标光缆均匀受热并且达到稳定状态时再进行计数。

拟合公式为：$Y = 0.002\ 003X^2 + 1.166\ 429X + 0.369\ 169$。

应用全分布式光纤测温系统能通过测量温度来对稠油热采井的井下动态情况进行监测，它对于了解生产井纵向上分布情况及生产情况、判断注汽井地层温度的分布情况等都具有极大的意义。DTS 全分布式光纤测温系统对某油田生产井进行温度测量，测量深度为 992.7～1091.2m，井的射孔数据和解释结果如表 4-14 所示。

表 4-14　××井射孔数据和解释结果

层号	射孔井段/m	解释结果
9	1058.0～1059.9	稠油
10	1061.9～1066.3	水淹
11	1066.6～1068.0	稠油
12	1068.6～1070.4	稠油
13	1074.3～1079.4	稠油
14	1080.4～1084.6	稠油

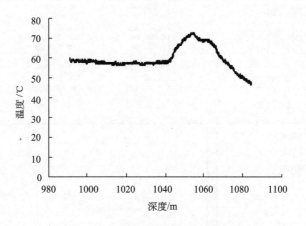

图 4-67　××井产液剖面测温数据

从图 4-67 看出在 1061.9～1066.3m 井段，由于水淹，温度曲线有所波动，但总体趋势是随着稠油的产出，温度逐渐降低。

图 4-68 是利用该系统对某油田××注蒸汽井进行测量的结果。测量采用移

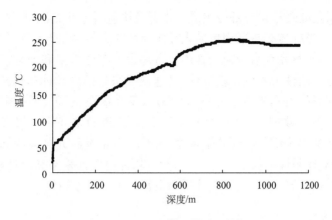

图 4-68　××注蒸汽井测温数据

动式工作方式，传感光纤位于隔热管内，测量长度 1300m，测量时间 7min。该注汽井设计加温层段为 850～1000m，蒸汽温度为 280℃。从测量的结果看该层段的井温稳定在 260℃，基本达到了设计要求。从温度曲线上还可以看到在井深 618～663m 温度曲线有一小段变化。实践证明全分布式光纤测温系统的测温精度和空间分辨率完全能够满足温度测井的需要，并且能在高温等复杂的环境下工作。

2. 在石油管道监测中的应用[153～154]

1）全分布式光纤温度传感监测系统设计

图 4-69 所示为一套长距离输油管道在线监测系统。系统由光源模块、光纤传

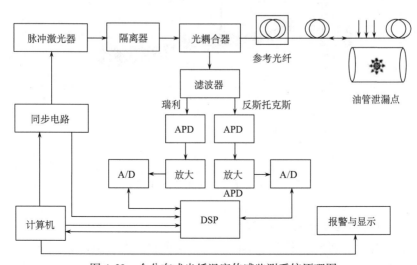

图 4-69　全分布式光纤温度传感监测系统原理图

感头和信号采集处理模块三部分组成。光源模块包括脉冲光源、1×2 双向光纤耦合器、分光器。光纤传感头采用单模光纤作为系统的传感和传输光纤,构成线型光纤传感探头,将传感光纤沿着输油管道上方埋设。信号采集和处理模块分为硬件和软件两部分。硬件由光电转换模块、高速数据采集模块和计算机构成。光电转换模块由带尾纤的雪崩光电二极管(APD)以及高增益、宽带、低噪声的放大器和滤波器组成。高速数据采集模块由 A/D、DSP、CPLD 和 FIFO 组成,在 A/D 与DSP 之间加入高速 FIFO 进行数据缓冲,由 CPLD 根据激光脉冲的同步信号将每个测量点的 A/D 采样数据依次写入 FIFO。软件由数据采集和处理程序、保存和管理数据的数据库管理系统、数据分析和报警显示三部分构成。

2) 系统测试结果

利用所设计的监测系统在长度为 5km 的传感光纤上进行了以下实验室模拟检测。

(1) 对外界扰动压力的测量实验

在距光纤入射端 1700m 处施加压力,在入射端测量,得到背向瑞利散射光沿光纤长度的光强分布曲线如图 4-70 所示。从图中可以看出,瑞利散射随着时间和空间的变化而不断衰减,获取的信号里有大量的噪声,但是从曲线上仍能看出在1680m 左右有一突变衰减,即由于该处受到外界扰动压力的作用所致。计算定位为 1685m 与实际位置仅差约 15m,相对误差 0.89%。

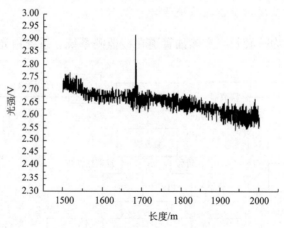

图 4-70　受扰动时瑞利光分布曲线

(2) 对外界温度变化的测量实验

① 温度标定　将光纤前部 200m 长光纤绕组和标准石英晶振测温计放在双层杜瓦结构的恒温箱内,恒温箱温度稳定性<0.1℃,对全分布式光纤传感系统进

行逐点温度定标。图 4-71 为温度标定拟合曲线,线性度 γ 达到 0.996。测量时温度值是在规定的测量时间内进行多次(现设定为 10 次)测量,取平均值与标准温度计的指示值进行比较,求出偏差而得到的。$T=25℃$ 时的最大偏差为 $±1.8℃$。

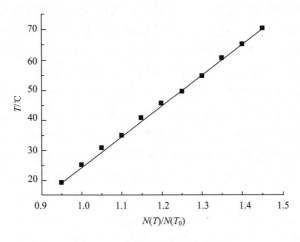

图 4-71　系统的温度标定曲线

　　② 对扰动温度的测量　分别在距光纤入射端 1400m 处和 2700m 处对光纤加热,由 25℃ 加热到 60℃ 和 50℃ 并在入射端测量。得到解调后的温度信号曲线,如图 4-72 所示。经系统计算得:温度测量值分别为 55.6℃ 和 45.5℃,定位距离分别为 1392m 和 2712m,温度偏差分别为 4.4℃ 和 4.5℃,定位偏差分别为 8m 和 12m。当输油管道某处原油发生泄漏时,由于其温度高于环境温度,通过测温而判定是否发生泄漏,并对泄漏点定位。

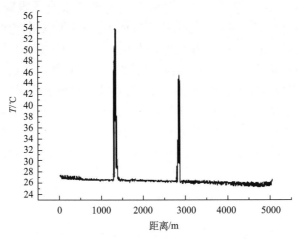

图 4-72　解调后传感光纤测温分布曲线

　　全分布式光纤测温具有耐高温、无迟滞、长期使用稳定、本质安全等特点,可以实现生产井全井段等间距井温剖面长期连续测量,温度测点间隔最小可达 0.5m。从测井角度来看,该系统测得的井下流体温度资料能够反映生产井的产液情况。

　　从测井资料解释的角度看,全分布式光纤温度测井对数据的分析不像流量测井那样简单,仅凭井温单一测井资料定量解释困难比较大,可以与地面产量数据进行对比,利用井内热交换模型分析方法进行半定量解释井下产层和产量的变化情况。主要为单相流动,如果两相混合较为均匀时,也近似适用。

　　生产井井温法确定流量,需考虑以下条件:①是否有可靠的地温梯度线;②生产井是否在稳定产量下生产了足够的时间;③层间距离是否足够大。

　　全分布式光纤测温系统为井温测量提供了一种全新的测量手段,特别是对稠油热采井下动态监测起到了无法估量的作用,它对于了解油井纵向上动用程度、判断平面上蒸汽前缘、热连通以及分析蒸汽腔的形成过程都具有重要意义。系统使用体积小、质量轻、绝缘的光纤作为传感和传输介质,不受任何电磁干扰,安全、可靠,并能在高温、高压的恶劣环境下对形态复杂的温度场进行实时快速、连续的检测和定位,具有传统井温测量方法无法比拟的优势,必将在未来的井温测量市场中占据主导地位。

　　利用 ROTDR 技术的全分布式光纤传感器管道安全实时监测系统是集计算机技术、光电技术于一体,利用光纤的物理特性,实现对管道泄漏、人为破坏管道等事件进行在线监测。经检测,采用的全分布式光纤监测系统达到的主要技术指标如下:光纤长度 5km(可延长),测温范围 $0\sim90℃$(可扩展),温度测量偏差小于 5℃,对扰动外力和温度的定位偏差小于 15m,而负压波法检测泄漏的定位精度为 1000m。它的优点是可以实现远距离全分布式监测;测试速度快,定位精度高;既可以测量静态特性,也可以测量动态特性;能够对管道安全预报警;由于使用了光纤和光信号,可以在危险环境下使用,抗干扰能力强;既可以用于远距离石油、天然气输送管道的实时监测,也可以用于城市供热供气主干网的实时监测。

　　利用全分布式光纤技术对石油输油管道的人为破坏和原油泄漏两个过程同步监测和定位,能实现对输油管道安全的预报警和油品泄漏的实时监测,将对石油储运企业带来不可估量的经济效益。因为一条 200km 的输油管线被人为偷盗和泄漏的直接损失每年达 200 多吨,折合人民币约 50 万元。目前全国的输油管线达一万多公里,每年的损失约 2.5 亿元。因此,本应用有巨大的经济效益和社会效益。

4.5　总　　结

　　拉曼散射效应被发现后,主要应用于光与物质相互作用的研究,拉曼散射光谱的检测成为研究与鉴定物质结构及其运动状态的重要手段,广泛地应用于化学和凝聚态物理中。20 世纪 60 年代,华裔科学家高锟预言光纤将成为光通信的主要手段之后,科学家们一直关注光纤原材料的提纯、光纤拉制工艺,为制备低损耗的光纤进行了大量工作,并对光纤的光学特性进行了全面的研究。1972 年,R. H. Stolen 等发表了光纤拉曼增益光谱图,进行了光纤拉曼散射增益特性的研究。由于光纤分子振动能级的粒子数分布服从玻尔兹曼热分布规律,拉曼散射光强度与光纤振动能级的粒子数分布有关,因此自发拉曼散射光的强度与光纤的温度状态有关,受温度调制,特别是反斯托克斯拉曼散射有明显的温度效应。根据这种效应与光时域反射原理,1985 年,A. H. Hartog 和 J. P. Dakin 发明了全分布式光纤拉曼温度传感器,开创了全分布式光纤拉曼散射光纤温度传感器的研发和应用。1976 年,R. H. Stolen 等发表了背向拉曼放大可以应用于光通信的论文,之后相继开展了光纤拉曼放大与光纤拉曼激光器的系列研究。但由于光纤受激拉曼散射的阈值高,缺少可用的泵浦光源,直到 20 世纪 90 年中后期随着技术的进步,出现了高功率半导体激光器泵浦光源和光耦合技术,21 世纪初产生了可实用的光纤拉曼放大器和光纤拉曼激光器。

　　在光纤中存在多种光学散射现象,有瑞利散射和自发拉曼散射、受激拉曼散射、自发布里渊散射和受激布里渊散射等非线性散射,根据各种光散射的光谱特征和光纤波分复用原理提出了基于非线性效应融合原理的光纤散射光子传感技术。

　　基于拉曼散射效应的全分布式光纤传感技术包括:光纤激光器技术,光时域反射(OTDR)技术,波分复用技术,光纤传感器的调制与解调原理,弱信号的光电接收、放大技术和信号采集处理技术。本章讨论了全分布式光纤拉曼温度传感器的结构、主要技术指标和优化设计思路,介绍了国内外全分布式光纤拉曼温度传感器的研究现状,短程、中程和长程全分布式光纤拉曼温度传感器产品的现状,提出了发展趋势与研究方向,探索新一代光纤非线性效应融合的光纤传感机制;根据不同应用的需求,提高全分布式光纤传感器系统的测温精度、空间分辨率、测量长度、测量时间和提高系统的可靠性,实现多参量检测是当前发展传感技术的关键;采用光纤色散与损耗光谱的自校正方法提高系统的可靠性、空间分辨率和测温精度;采用脉冲编码调制光源提高系统的信噪比和测温精度;根据光纤非线性效应的光纤传感融合原理,研究和设计了新一代的全分布式光纤拉曼与布里渊散射光子传感器、集成光纤拉曼放大器超远程的全分布式光纤拉曼温度传感器、集成光纤拉曼放大器的新型光纤布里渊时域分析器(BOTDA)、集成光纤拉曼放大器的超远程全分布式光纤拉曼与布里渊散射传感器;讨论了信号采集和处理系统对全分布式光纤拉曼温度传感器主要技术指标测温精度、空间分辨率、测量时间的影响;讨论了全分布式光纤拉曼温度传感器的三种信号处理算法、线性累加平均算法、递推式平均算法和指数加权平均算法;最后还讨论了数据采集系统的设计,包括信号处理电路的设计、FPGA 器件的选型和累加算法的具体实现。全分布式光纤拉曼温度传感器中的温度信号的信噪比低、噪声类型中白噪声占主要优势以及背向散射的信号强度随着距离增加而减弱等特点,决定了对斯托克斯和反斯托克斯信号的采集方案和处理算法。全分布式光纤传感器系统通过时分、波分复用技术组成星形或环形的局域传感网,通过无线网和因特网,组成综合的智能传感网是发展趋势。

本章介绍了基于拉曼光频域反射(ROFDR)技术的全分布式光纤拉曼温度传感器系统,讨论了 ROFDR 技术的基本原理和 ROFDR 的空间分辨率、传感距离等主要特性,对 ROFDR 与 ROTDR 作了比较,相对来说 ROTDR 技术比较成熟,性价比好,已广泛地嵌入和装配到电网、铁路、桥梁、隧道、公路、建筑、供水系统、大坝、油气管道等各种设施中,最后讨论了 ROFDR 的研究发展趋势。

光纤传感器的传感光纤不带电,具有抗电磁干扰、电绝缘、耐腐蚀等特点,是本质安全的,光纤传感器同时还具有多参量(温度、应力、振动、位移、转动、电磁场、化学量和生物量)、灵敏度高、质量轻、体积小、可嵌入(物体)的特点。全分布式光纤瑞利、拉曼和布里渊散射传感器网络是一种 3S(smart materials, smart structure and smart skill)系统,把传感器嵌入和装配到电网、铁路、桥梁、隧道、公路、建筑、供水系统、大坝、油气管道等各种设施中,组成新一代智能化光纤传感网并通过接口和协议接入无线网和因特网,组成物联网。本章介绍了 ROTDR 在智能电网、地铁、油井测温和石油管道监测中的应用。

附记

本章由中国计量学院光电子技术研究所张在宣教授任主编,李晨霞副教授协编,浙江大学周文教授主审。4.1 节、4.2 节和 4.5 节由张在宣教授执笔,龚华平博士绘图,袁琨博士撰写信号处理部分;4.3 节由刘红林副教授执笔;4.4 节由吴海生、徐海峰等供稿,由王剑锋副教授执笔。

参 考 文 献

[1] Rojers A J. Polarization optical time domain reflectometry. Electron. Lett. , 1980, 16: 489-490
[2] Hartog A H, Payne D N. Fiber optic temperature distribution sensor. Proceedings of IEEE Colloq Optical Fiber Sensors, 1982
[3] Dakin J P, Pratt D J, Bibby G W. Distributed anti-stokes ratio thermometry. Proceedings of OFC 3, San Diego, 1985:PDS-3
[4] Hartog A H, Payne D N. Distributed temperature sensor in solid-core fibers. Electron. Lett. , 1985, 21: 1061

[5]　Dakin J P, Pratt D J, Bibby G W. Distributed optical fiber Raman temperature sensor using a semicon-ductor light source and dector. Electron. Lett. , 1985, 21: 569-570

[6]　Rogers A J. Distributed optical fiber sensors for the measurement of pressure, strain and temperature. Physics Reports, 1988, 162: 99-143

[7]　张树霖. 拉曼光谱学与低维纳米半导体. 北京: 科学出版社, 2008

[8]　Raman C V, Krishnan K S. A new types of secondary radiation. Nature, 1928, 121: 501

[9]　Raman C V, Krishnan K S. The production of new radiation by light scattering. Proc. Roy. Soc. , 1929, 122: 23

[10]　Landsberg G, Mandelstam L. A novel effect of light scattering in crystals. Naturwiss, 1928, 16: 557

[11]　张在宣, 张步新, 陈阳, 等. 光纤背向激光自发拉曼散射的温度效应. 光子学报, 1996, 25(3): 273-278

[12]　张在宣. 光纤分子背向散射的温度效应及其在分布光纤温度传感网络上应用研究的进展. 原子分子物理学报, 2000, 17(3): 559-565

[13]　Zhang Z X, He J M, Wang W, et al. The signal analysis of distributed optical fiber Raman photon temperature sensor(DOFRPTS) system(invited paper). Proceedings of SPIE, 1996, 2895: 126-131

[14]　张在宣, 沈力学, 吴孝彪. 分布型光纤传感器系统及应用. 激光与红外, 1996, 26(4): 250-252

[15]　张步新, 陈阳, 陈晓竹, 等. 红外分布光纤温度传感器系统及特性研究. 光电子激光, 1995, 6(4): 200-205

[16]　刘天夫, 张在宣. 光纤后向拉曼散射温度特性及应用. 中国激光, 1995, 22(5): 250-252

[17]　Zhang Z X, Liu T F, Chen X Z, et al. Laser Raman spectrum of optical fiber and the measurement of temperature field in space. Proceedings of SPIE, 1994, 2321: 185-188

[18]　张在宣, 冯海琪, 郭宁, 等. 光纤瑞利散射的精细结构谱及其温度效应. 激光与光电子学进展, 1999, 9: 60-63

[19]　Zhang Z X, Kim I S, Wang J F, et al. Distributed optical fiber sensors system and networks. Proceedings of SPIE, 2000, 4357: 35-53

[20]　Zhang Z X, Liu H L, Guo N, et al. The optimum designs of 30km distributed optical fiber Raman photons temperature sensors and measurement network. Proceedings of SPIE, 2002, 4920: 268-279

[21]　Lees G P, Leach A P, Hartog A H, et al. 1. 64μm pulsed source for a distributed optical fiber Raman temperature sensor. Electron. Lett. , 1996, 32(19): 1809-1810

[22]　Wait P C, Gaubicher S, Sommer J M, et al. Raman backscatter distributed temperature sensor based on a self-starting passively modelocked fiber ring laser. Electron. Lett. , 1996, 32(4): 388-389

[23]　Wait P C, de Souza K, Newson T P. A theoretical based comparison of spontaneous Raman and Bril-louin fiber optic distributed temperature sensors. Optics Communication, 1997, 144: 17-23

[24]　Kee H H, Lees G P, Newson T P. 1. 65μm Raman-based distributed temperature sensor. Electron. Lett. , 1999, 35(21): 1869-1870

[25]　Cho Y T, Alahbabi M, Gunning M J, et al. 50km single-ended spontaneous-Brillouin-based distribu-ted-temperature sensor exploiting pulsed Raman amplification. Optics Letters, 2003, 28 (18): 1651-1653

[26]　Cho Y T, Alahbabi M N, Gunning M J, et al. Enhanced performance of long range Brillouin intensity based temperature sensors using remote Raman amplification. Meas. Sci. Technol. , 2004, 15: 1548-1552

[27] Alahbabi M N, Cho Y T, Newson T P, et al. 100km distributed temperature sensor based on coherent detection of spontaneous Brillouin backscatter. Meas. Sci. Technol. , 2004, 15: 1544-1547

[28] Cho Y T, Alahbabi M N, Brambilla G, et al. Remote amplification in long range distributed Brillouin-based temperature sensors. Proceedings of SPIE, 2005, 5855: 72-75

[29] Alahbabi M N, Cho Y T, Newson T P. Simultaneous temperature and strain measurement with combined spontaneous Raman and Brillouin scattering. Optics Letters, 2005, 30(11): 1276-1278

[30] Alahbabi M N, Cho Y T, Newson T P. 150km-range distributed temperature sensor based on coherent detection of spontaneous Brillouin backscatter and in-line Raman amplification. J. Opt. Soc. Am. B, 2005, 22(6): 1321-1324

[31] Alahbabi M N, Cho Y T, Newson T P. Long-range distributed temperature and strain optical fiber sensor based on the coherent detection of spontaneous Brillouin scattering with in-line Raman amplification. Meas. Sci. Technol. , 2006, 17: 1082-1090

[32] Belal M, Cho Y T, Ibsen M, et al. A temperature-compensated high spatial resolution distributed strain sensor. Meas. Sci. Technol. , 2010, 21: 015204

[33] Brown K, Brown A W, Colpitts B G. Combined Raman and Brillouin scattering sensor for simultaneous high-resolution measurement of temperature and strain. Proceedings of SPIE, 2006, 6167: 616716-1-10

[34] Soto M A, Sahu P K, Faralli S, et al. Distributed temperature sensor system based on Raman scattering using correlation-codes. Electron. Lett. , 2007, 43(16)

[35] Soto M A, Bolognini G, Pasquale F D, et al. Simplex-coded BOTDA fiber sensor with 1m spatial resolution over a 50km range. Optics Letters, 2007, 35(2): 259-261

[36] Bolognini G, Park J, Soto M A, et al. Analysis of distributed temperature sensing based on Raman scattering using OTDR coding and discrete Raman Amplification. Meas. Sci. Technol. , 2007, 18: 3211-3218

[37] Soto M A, Sahub P K, Faralli S, et al. High performance and highly reliable Raman-based distributed temperature sensors based on correlation-coded OTDR and multimode graded-index fibers. Proceedings of SPIE, 2007, 6619: 66193B-1-4

[38] Bolognini G, Soto M A, Pasquale F D. Fiber-optic distributed sensor based on hybrid Raman and Brillouin scattering employing multiwavelength Fabry-Pérot lasers. IEEE Photonics Technology Letters, 2009, 21(20): 1523-1525

[39] Soto M A, Bolognini G, Pasquale F D, et al. Use of Fabry-Pérot lasers for simultaneous distributed strain and temperature sensing based on hybrid Raman and Brillouin scattering. Proceedings of SPIE 2009, 7503: 750328-1-4

[40] Suh K, Lee C. Auto-correction method for differential attenuation in a fiber-optic distributed -temperature sensor. Optics Letters, 2008, 33(16): 1845-1847

[41] Suh K, Lee C, Sanders M, et al. Active plug & play distributed Raman temperature sensing. Proceedings of SPIE, 2008, 7004: 700435-1-5

[42] Dong Y K, Bao X Y, Li W H. Fiber differential Brillouin gain for improving the temperature accuracy and spatial resolution in a long-distance distributed fiber sensor. Applied Optics, 2009, 48(22): 4297-4301

[43] 黄尚廉,梁大巍,刘龚. 分布式光纤温度传感器系统的研究. 仪器仪表学,1991,12(4):359-364

[44] 张在宣,沈为民,郭宁,等. 分布光纤喇曼光子传感器系统的一种解调方法. 光子学报,1998,27(5):467-471

[45] Zhang Z X, Liu H L, Wang J F, et al. Optimum design of 30km long-distance distributed optical fiber Raman temperature sensor system(invited paper). Photonics in ASIA, Proceedings of SPIE, 2004, 5634:182-190

[46] 张在宣,余向东,郭宁,等. 分布光纤 Raman 光子传感系统的优化设计. 光电子·激光,1999,10(2):110-112

[47] Liu H L, Zhang Z X, Zhuang S L. The optimization of the spatial resolution of 30km distributed optical fiber temperature sensing. Photonics in ASIA, Proceedings of SPIE, 2004, 5634

[48] Zhang Z X, Liu H L, Guo N, et al. The optimum designs of 30km distributed optical fiber Raman photons temperature sensors and measurement network. Proceedings of SPIE, 2002, 4920:268-279

[49] Zhang Z X, Wang J F, Liu H L. The long range distributed fiber Raman photon temperature sensors. Optoelectronics Letters, 2007, 3(6):0404-0405

[50] 张在宣,Kim I S,王剑锋,等. 在单模光纤中放大的反斯托克斯拉曼背向自发散射的温度效应. 光学学报,2004,24(5):609-613

[51] 张在宣,王剑锋,刘红林,等. 30km 远程分布光纤拉曼温度传感器系统的实验研究. 中国激光,2004,31(5):613-616

[52] 张在宣,王剑锋,刘红林,等. 30 公里远程分布光纤拉曼温度传感器系统. 光电子激光,2004,15(10):1174-1177

[53] 张艺,张在宣,金仁洙. 远程分布式光纤温度传感系统的设计和制造. 光电工程,2005,32(4):45-48

[54] Zhang Z X, He J M, Wang W, et al. The signal analysis of distributed optical fiber Raman photon temperature sensor(DOFRPTS) system(invited paper). Proceedings of SPIE, 1996, 2895:126-131

[55] Zhang Z X, Wang J F, Liu H L, et al. The long range distributed fiber Raman photon temperature sensors. Optoelectronics Letters, 2007, 3(6):404-405

[56] 刘红林,张在宣,余向东,等. 30km 分布光纤温度传感器的空间分辨率研究. 仪器仪表学报,2005,26(11):1195-1199

[57] Zhang Z, Wang J, Feng H, et al. Measurement of performance characters of a 10km LD distributed optical fiber temperature sensor(LDOFTS) system. Proceedings of SPIE, 2000, 4220:245-249

[58] 王玮,周邦全,张在宣,等. 分布型光纤拉曼光子温度传感系统的测温精度. 光学学报,1999,19(1):100-105

[59] 张在宣,张步新,周邦全,等. DOFRPTS 系统的温度灵敏度. 光学仪器,1997,19(4-5):70-74

[60] 盛健,张在宣,王剑锋,等. 30 公里远程分布光纤拉曼温度传感器系统测试方法与技术的研究. 计量技术,2001,2:16-19

[61] 张在宣,王剑锋,余向东,等. Raman 散射型分布式光纤温度测量方法的研究. 光电子·激光,2001,12(6):596-600

[62] 王剑锋,张在宣,徐海峰,等. 分布式光纤温度传感器新测温原理的研究. 中国计量学院学报,2006,17(1):25-28

[63] 宋牟平,汤伟中,周文. 实现高空间分辨率分布式光纤传感器的理论分析. 光通信技术,1998,23(1)

[64] 赵洪志,李乃吉,赵达尊. 基于背向拉曼散射的分布式光纤温度传感器的研制. 仪表技术与传感器, 1996,(5):7-13

[65] 国兵,牟志华,姜明顺,等. 单模光纤分布式喇曼温度传感系统设计. 光通信研究,2009,4:47-49

[66] 刘建胜,李铮,张其善. 光纤完全分布式温度传感系统研究进展. 电子科技导报,1999,(3):10-13

[67] 刘扬,侯思祖. 基于拉曼散射的分布式光纤测温系统的分析研究. 网络与通信工程,2009,1:23-25

[68] Zhang L, Feng X, Zhang W, et al. Improving spatial resolution in fiber Raman distributed temperature sensor by using deconvolution algorithm. Chinese Optics Letters, 2009, 7(7):560-563

[69] 张磊,冯雪,张巍,等. 基于变脉宽光源的分布式光纤拉曼温度传感器研究. 光子学报,2009, 38(10):2584-2586

[70] 张磊,冯雪,张巍,等. 1.66微米和1.55微米光源对长距离光纤拉曼温度传感器测量时间影响的理论对比. 光子学报,2009,38(11):2805-2808

[71] 张利勋,廖云,欧中华,等. 分布式光纤拉曼温度传感器的对称解调. 光学学报,2007,27(3):400-403

[72] 张利勋,廖云,代志勇,等. 分布式光纤喇曼温度传感器的区域标定法. 光电子·激光,2006, 17(6):772-774

[73] 张利勋,代志勇,欧中华,等. 喇曼温度传感器的一种改进解调方法. 电子科技大学学报,2007, 36(1):134-136

[74] 张利勋,欧中华,刘永智,等. 带光放大器的分布式光纤拉曼温度系统. 强激光与粒子束,2006, 18(4):559-561

[75] 余向东,张在宣,张文生. 采用序列脉冲编码解码的分布式光纤拉曼温度传感器:中国, 201010169596.X. 2011

[76] 张在宣. 拉曼相关双波长光源自校正分布式光纤拉曼温度传感器:中国,ZL200910102201.1. 2011

[77] 张在宣,王剑锋,余向东,等. 色散与损耗光谱自校正分布式光纤拉曼温度传感器:中国, 201010145912.X. 2012

[78] Zhang Z X, Liu T F, Chen X Z. Laser Ramanspectrum of optical fiber and the measurement of temperature field space. Proceedings of SPIE, 1994, 2321:186-190

[79] 张在宣,郭宁,余向东,等. 分布式光纤传感温度报警系统. 计量技术,2000,20(2):24-26

[80] 张在宣,王其良,周邦全,等. DOFRPTS系统的温度灵敏度. 光学仪器,1997,2:31-33

[81] 苏国彬,李铮. 分布式光纤喇曼测温系统光接收机的动态范围及测温数据的修正. 光子学报,2002, 31(4):475-479

[82] 常程,李铮,周荫清. 基于喇曼散射测温系统温度标定问题的研究. 北京航空航天大学学报,2001, 27(5):521-524

[83] 耿军平,许家栋,李焱韦,等. 基于光频域喇曼散射的全分布式光纤温度传感器模型研究. 光子学报,2002,31(10):1261-1265

[84] 贾振安,周晓波,乔学光,等. 分布式光纤温度传感器发展状况及趋势. 光通信技术,2008,11: 36-39

[85] Zhang X, Liu D M, Liu H R, et al. High-power EDFA applied in distributed optical fiber Raman temperature sensor system. Front. Optoelectron. China, 2009, 2(2):210-214

[86] 李志全,白志华,王会波,等. 分布式光纤传感器多点温度测量的研究. 光学仪器,2007,29(6): 8-11

[87] 张悦,张记龙,李晓,等. 光纤中拉曼散射回波超高灵敏度探测技术研究. 光谱学与光谱分析,

2009, 28(5)：1300-1303

[88]　Chakaborty A L, Sharma R K, Saxena M K, et al. Compensation for temperature dependence of Stokes signal and dynamic self-calibration of a Raman distributed temperature sensor. Optics Communications,2007, 274：396-402

[89]　Park O, Bolagnini G, Lee D, et al. Raman-based distributed temperature sensor with simplex coding and link optimization. IEEE Photonics Technology Letters, 2008, 18(17)：1879-1881

[90]　Dakin J P. Distributed optical fiber sensors. Proceedings of SPIE, 1992, 1797：76-108

[91]　Rogers A J. Distributed optical fiber sensing. Proceedings of SPIE, 1991, 1504：78-81

[92]　宋牟平，汤伟中，周文. 实现高空间分辨率分布式光纤传感器的理论分析. 光通信技术, 1999, 23(1)：64-69

[93]　宋牟平，汤伟中，周文. 喇曼型分布式光纤温度传感器温度分辨率的理论分析. 仪器仪表学报, 1998, 19(5)：485-488

[94]　李少慧，宁雅农. 光纤传感器. 武汉：华中理工大学出版社, 1997

[95]　周胜军，张志鹏. 提高分布式光纤温度传感器测量准确性的方法. 光学仪器, 1997, 19(6)：3-7

[96]　Zhang Z X, Dai B Z, Wang J F, et al. Gain flattened distributed fiber Raman amplifier. Optoelectronics Letters, 2007, 3(5)：0339-0341

[97]　Dai B Z, Zhang Z X, Li C X, et al. Design of S-band gain flattened distributed fiber Raman amplifier with chirped fiber Bragg grating filter. Optoelectronics Letters, 2006, 2(1)：9-11

[98]　Dai B Z, Zhang Z X, Geng D, et al. Study and manufacture of gain flattened S-band dispersion compensation fiber Raman amplifier. The 20th Congress of the International Commission for Optics (ICO20), Proceedings of SPIE, 2006, 6027：60270I

[99]　Dai B Z, Zhang Z X, Huang Y, et al. Manufacture and test of gain flattened C-band and S-band distributed dispersion compensation fiber Raman amplifier. Asia Pacific Optical Communication(APOC), Proceedings of SPIE, 2005, 6019：601920

[100]　Zhang Z X, Jin S Z, Wang J F. The research of distributed optical fiber Raman gain amplifier. Proceedings of SPIE, 2001, 4579：53-56

[101]　张在宣，刘红林，戴碧智. 分布式光纤拉曼放大器研制的进展. 中国计量学院学报, 2005, 16(2)：93-99

[102]　Kidorf H, Rottwitt K, Ma M, et al. Pump interaction in a 100nm bandwidth Raman amplifier. IEEE Photon. Technol. Lett., 1999, 11：530-532

[103]　He J S, Guo T W, Lei B, et al. Optimal design of multiwave pumped fiber Raman amplifier with simplified model. Acta Optica Sinca, 2003, 23(7)：819-822

[104]　张在宣，王剑锋，郭宁，等. 分布式光纤拉曼温度传感器与光纤拉曼放大器. 光子学报, 2001, 30(Z1)：26-30

[105]　Zhang Z X, Gong H P. Amplification effect on SBS and Rayleigh scattering in the backward pumped distributed fiber Raman amplifier. Chinese Optics Letters, 2009, 7(5)：393-395

[106]　Zhang Z X, Dai B Z, Li X L, et al. Experimental study of Raman amplification on stimulated Brillouin scattering in the G652 fibers at 1520nm. The 20th Congress of the International Commission for Optics(ICO20), Proceedings of SPIE, 2006, 6027：602742

[107]　Zhang Z X, Dai B Z, Li X L, et al. Amplification effect on stimulated Brillouin scattering in the forward-pumped S-band discrete DCF fibers Raman amplifier. Asia Pacific Optical Communication

(APOC)，Proceedings of SPIE，2005，6019：60191Z

[108]　Zhang Z X, Dai B Z, Li X L, et al. The amplification effect on stimulated Brillouin scattering in the S-band forward G652 fiber Raman amplifier. Chinese Optics Letters，2005，3(11)：629-632

[109]　刘红林，冯春媛，张在宣，等．光纤拉曼放大器中级联的受激布里渊散射．光电工程，2005，32 (11)：30-33

[110]　Liu H L, Zhang Z X, Li C X, et al. The amplification of stimulated Brillouin scattering in backgward pumped S band distributed fibers Raman amplifier. Proceedings of SPIE，2007，6595：65954G

[111]　张在宣，王剑锋，李晨霞，等．S波段光纤拉曼放大器中级联受激布里渊散射串扰的实验研究．光学学报，2004，24(12)：1672-1676

[112]　Zhang Z X, Li L X, Geng D, et al. Study on forward stimulated Brillouin scattering in a backward pumped fiber Raman amplifier. Chinese Optics Letters，2004，2(11)：627-629

[113]　Zhang Z X, Li L X, Geng D, et al. Forward and backward cascade stimulated Brillouin scattering in a S-band distributed G652 fiber Raman amplifier. Proceedings of SPIE，2005，5851：20-23

[114]　Zhang Z X, Li L X, Geng D, et al. Forward cascaded stimulated Brillouin scttering in a S-band distributed G652 fiber Raman amplifier(invited paper). Photonics in ASIA，Proceedings of SPIE，2004，5633：110-119

[115]　李来晓，张在宣，耿丹．光纤拉曼放大器中级联的前向受激布里渊散射．光电子·激光，2004，15(12)：1502-1505

[116]　张在宣，龚华平，李裔，等．远程分布式光纤拉曼与布里渊光子传感器：中国，200710156868.0. 2008

[117]　张在宣，张淑琴．新型光纤布里渊光时域分析器：中国，200810063711.8. 2010

[118]　张在宣．全分布式光纤瑞利与拉曼散射光子应变、温度传感器：中国，200910099463.7. 2010

[119]　张在宣，王剑锋，金尚忠．超远程100km全分布式光纤瑞利与拉曼散射传感器：中国，201010566550.1. 2012

[120]　张在宣，金尚忠，王剑锋，等．新型分布式光纤拉曼、布里渊散射传感器：中国，201010145912.X. 2010

[121]　AD9246：14-bit，80 MSPS/105 MSPS/125 MSPS，1.8V analog-to-digital converter datasheet

[122]　AD9433：12-bit，105/125 MSPS analog-to-digital IF sampling converter datasheet

[123]　AD8138：low distortion differential ADC driver

[124]　Analog device, ADC front design. www.analog.com

[125]　Koen M. High speed data converter. BURR-BROWN Application Report

[126]　Cyclone III datasheet. Altera Corporation Datasheet

[127]　Cypress 68013 USB2.0 controller datasheet. Cypress Corporation Datasheet

[128]　林理忠，宋敏．微弱信号检测学．北京：中国计量出版社，1996

[129]　Yuksel K, Wuilpart M, Moeyaert V, et al. Optical frequency domain reflectometry：a review. Proceedings of the 11st International Conference Transparent Optical Networks ICTON '09，2009：1-5

[130]　Sang A K, Froggatt M E, Gifford D K, et al. One centimeter spatial resolution temperature measurements in a nuclear reactor using Rayleigh scatter in optical fiber. IEEE Sensors Journal，2008，8(7)：1375-1380

[131]　Farahani M A, Gogolla T. Spontaneous Raman scattering in optical fibers with modulated probe light for distributed temperature Raman remote sensing. Journal of Lightwave Technology，1999，

　　　　　　17(8)：1379-1391

[132]　Garcus D，Gogolla T，Krebber K，et al. Brillouin optical-fiber frequency-domain analysis for distrib-
　　　　uted temperature and strain measurements. Journal of Lightwave Technology，1997，15（4）：
　　　　654-662

[133]　Karamechmedovic E. Incoherent optical frequency domain reflectometry for distributed thermal
　　　　sensing. PhD thesis，Technical University of Denmark，2006

[134]　Feced R，Farhadiroushan M，Handerek V A，et al. Advances in high resolution distributed temper-
　　　　ature sensing using the time-correlated single photon counting technique. IEEE Proceedings-Optoe-
　　　　lectronics，1997，144(3)：183-188

[135]　李伟良. 光频域喇曼反射光纤温度传感器的频域参量设计. 光子学报，2008，37(1)：86-90

[136]　Geng J P. An improved model for the fully distributed temperature single-mode fiber optic sensor
　　　　based on Raman optical frequency-domain reflectometry. J. Opt. A：Pure Appl. Opt.，2004，6：
　　　　932-936

[137]　LIOS Technology GmbH，Germany 公司提供的宣传资料

[138]　吴海生. 分布式光纤拉曼温度传感器在上海智能电力传感网的应用. 第五届光纤传感器的发展与
　　　　产业化论坛大会报告，广州，2010

[139]　周芸，杨奖利，基于分布式光纤温度传感器的高压电力电缆温度在线检测系统. 高压电缆，2009，
　　　　45(4)：74-77

[140]　刘媛，张勇，雷涛，等. 分布式光纤测温技术在电缆温度监测中的应用. 山东科学，2008，21(6)：
　　　　50-54

[141]　李秀琦，侯思祖，苏贵波. 分布式光纤测温系统在电力系统中的应用. 电力科学与工程，2008，
　　　　24(8)：37-40

[142]　郑晓亮，胡业林. 基于分布式光纤测温技术的井下电缆温度检测系统设计. 煤炭工程，2009，(9)：
　　　　19-21

[143]　李荣伟，李永倩. 高压电缆分布式光纤传感检测系统. 光纤与光缆及其应用技术，2010，(1)：
　　　　38-41

[144]　阎善郁，荣文芋. 分布式感温光纤地铁火灾监测系统组网方式研究. 铁道运输与技术，2009，
　　　　31(3)：16-20

[145]　曾铁梅，徐卫军，侯建国. 分布式光纤测温技术在隧道火灾和渗漏探测中的应用. 防灾减灾工程
　　　　学报，2007，27(1)：52-56

[146]　蒋奇. 分布式光纤温度传感技术在隧道监测中的应用. 应用光学，2005，26(3)：20-22

[147]　涂勤昌，李涉英，顾海涛，等. 分布式光纤温度传感系统及在隧道监测中的应用. 控制工程，
　　　　2010，17(增刊)：114-116

[148]　宋红伟，郭海敏，戴家才，等. 分布式光纤井温法产液剖面解释方法研究. 测井技术，2009，
　　　　33(4)：384-387

[149]　杜双庆，肖华平. 分布式光纤测温技术及其在稠油开采中的应用. 内蒙古石油化工，2009，(4)：
　　　　113-115

[150]　朱鸿，袁其祥. 分布式光纤测温技术在油田开发中的应用. 胜利油田职工大学学报，2009，23(1)：
　　　　42-44

[151]　葛亮，胡泽，李俊兰. 基于分布式光纤的油井温度场测量系统设计. 现代电子技术，2009，
　　　　292(5)：102-104

［152］　刘媛，雷涛，张勇，等．油井分布式光纤测温及高温标定实验．山东科学，2008，21(6)：40-44

［153］　王忠东，闫铁，王宝辉，等．分布光纤式输油管道安全监测预警系统．微计算机信息，2008，24(11-3)：58-60

［154］　王忠东，王宝辉，闫铁，等．一种分布式光纤石油管道防盗监测系统．大庆石油学院院报，2008，32(4)：70-74

第5章　基于布里渊散射的全分布式光纤传感技术

1972年，Ippen等首次观察到了光纤中的受激布里渊散射[1]。最初，布里渊散射只用于测量光纤本身的特征参数[2,3]，直到有研究者发现光纤中的布里渊散射与温度和应变有着密切的关系[4,5]，基于布里渊散射的光纤传感技术才被作为一种新的传感技术得到重视。目前基于布里渊散射的全分布式光纤技术主要有布里渊光时域反射(BOTDR)技术、布里渊光时域分析(BOTDA)技术、布里渊光频域分析(BOFDA)技术和基于布里渊光栅的传感技术。

5.1　研究概况

尽管对于不同的光纤，同样大小的应变或温度引起的布里渊频移不完全相同，但应变或温度与布里渊频移都呈线性关系[6,7]。据此，1989年Horiguchi等提出了基于受激布里渊散射放大效应的BOTDA技术[8]。在BOTDA技术中，从光纤一端射入脉冲光，另一端射入频率与脉冲光频率相差约一个布里渊频移的连续光，两路光之间由于受激布里渊效应会产生能量转移，通过改变两路光的频率差并探测它们之间能量转移的大小来确定布里渊频移，再利用光时域反射原理来确定布里渊频移在光纤中的位置，便可实现对光纤沿线的应变或温度的测量。1993年，Bao等提出了基于布里渊损耗的BOTDA技术，并在32km长的光纤上实现了全分布式温度传感，系统获得了5m的空间分辨率[9]。同一年，T. Kurashima等提出了基于自发布里渊散射的BOTDR技术[10]。该技术仅需从光纤的一端入射脉冲光，并在光纤同一端通过探测脉冲光的自发布里渊散射光谱进行传感。这种传感方法虽然在实际应用中非常容易实现，但是由于自发布里渊散射信号非常微弱，需要利用相干接收的方法来对其进行探测[11]。1996年，D. Garus等提出了基于受激布里渊放大效应的BOFDA技术[12]。在该技术中，光纤两端分别入射脉冲光和连续光，连续光与脉冲光频率相差约为一个布里渊频移，并且用一个频率线性变化的调制信号对连续光进行幅度调制，通过对所接收到的信号进行频域分析就可以对光纤中的温度和应变进行定位测量。BOFDA技术可以获得高的空间分辨率，但其测量范围远小于BOTDA技术[13~21]。2002年，K. Hotate等提出了基于相干连续波的布里渊相干域分析的BOCDA技术，可以在短距离光纤上获得厘米量级的空间分辨率[22]，但从严格意义上讲，这种技术不是全分布式测量，而且它的传感距离也很短[23～26]，目前其最长的传感距离为 1km，空间分辨率为 30cm[27]。

　　除了传感原理上的创新外，研究人员还对已有的传感技术进行改进，使得布里渊传感器可以获得更长的传感距离。2001 年，S. M. Maughan 等利用微波外差检测法将 BOTDR 系统的传感距离提高到了 57km，其空间分辨率为 20m，布里渊频移测量精度为 3MHz[28]。2005 年，南安普顿大学 M. N. Alahbabi 等用反向泵浦拉曼在线放大的方法将 BOTDR 系统的传感距离提高到了 150km[29]。2010 年，Y. Dong 等采用时分复用方法，解决了长距离 BOTDA 系统中泵浦损耗的问题，将系统的传感距离提高到了 100km[30]。2011 年，A. M. Soto 等采用全分布式拉曼放大技术，使得 BOTDA 系统获得了 120km 的传感长度[31]；同一年，他们采用脉冲编码和预放大技术在 120km 传感距离上实现了 3m 的空间分辨率[32]。

　　在基于布里渊散射的光纤传感技术中，当使用脉冲光进行传感时，由于光纤中声学声子的弛豫时间为 10ns（相当于光在光纤中往返 1m 的时间），宽度小于 10ns 的脉冲光会导致布里渊散射谱急剧展宽，从而造成布里渊频移测量的误差增大[33,34]。因此，理论上利用脉冲光作为探测信号的布里渊光纤时域传感技术的最高空间分辨率为 1m。然而研究发现，通过对探测信号进行改进，并采用相应的信号处理方法可以使得 BOTDR 和 BOTDA 系统的空间分辨率小于 1m[33～40]。例如，A. W. Brown 等提出的暗脉冲技术以及 W. Li 等提出的差分脉冲技术，使得 BOTDA 系统的空间分辨率达到厘米量级[33,38]。此外，Y. Koyamadea 等提出的预泵浦脉冲方法[36]以及 Y. Sakairi 提出的双脉冲方法[39]，也使 BOTDR 系统实现了厘米量级的空间分辨率[39]。

　　到目前为止，国外对基于布里渊散射光纤传感技术的研究已有二十多年，对传感原理、传感性能改善有着广泛和深入的研究，同时对 BOTDR 和 BOTDA 的应用研究也非常广泛，这些研究涉及了桥梁、大坝、管道和海底光缆检测等诸多方面[41～47]。目前一些公司也相继开发出了商业化的产品，如日本的 YOKOGAWA、NEUBREX，瑞士的 OMnisens，加拿大的 OZ Optics 和英国的 SENSORNET 等公司均有商业化产品，这些产品的传感距离一般在 30km 以上，布里渊频移测量精度为 1MHz 左右。其中 NEUBREX 公司的产品 NEUBRESCOPE 最高空间分辨率可达 10cm。

　　国内对基于布里渊散射光纤传感技术的研究起步较晚，主要侧重于对 BOTDR 的研究，研究单位主要有南京大学、重庆大学、浙江大学、华北电力大学、上海光机所等[48～63]。南京大学光通信工程研究中心自 2002 年以来，对 BOTDR 的传感机制、系统结构、性能改善（空间分辨率提高、微弱布里渊信号放大、快速信号采集与处理等）、应变温度交叉敏感特性等方面开展了大量深入的研究；同时，在 BOTDR 的工程应用方面也有很大的突破。其中，南京大学光通信工程研究中心首次将 BOTDR 技术应用于海底光缆健康监测与故障定位，并于 2010 年成功研制出了国内首台 BOTDR 样机[55~57,61~63]；南京大学光电传感工程监测中心对桥梁、路面和隧道等结构的健康状况监测也取得了很大的进展[58~60]。

5.2　技 术 原 理

5.2.1　光纤中的布里渊散射

从物理机制来看,布里渊散射与拉曼散射一样都是光纤中光与物质相互作用的非弹性散射过程。不同的是,拉曼散射是入射光场与介质的光学声子相互作用产生的非弹性光散射,而布里渊散射是入射光场与介质的声学声子相互作用而产生的一种非弹性光散射现象[64]。光纤中的布里渊散射分为自发布里渊散射(spontaneous Brillouin scattering,Sp-BS)和受激布里渊散射(stimulated Brillouin scattering,SBS),以下对这两种散射分别介绍。

1. 自发布里渊散射

组成介质的粒子(原子、分子或离子)由于自发热运动会在介质中形成连续的弹性力学振动,这种力学振动会导致介质密度随时间和空间周期性变化,从而在介质内部产生一个自发的声波场,该声波场使介质的折射率被周期性调制并以声速 V_a 在介质中传播,这种作用如同光栅(称为声场光栅),当光波射入到介质中时受到声场光栅作用而发生散射,其散射光因多普勒效应而产生与声速相关的频率漂移,这种带有频移的散射光称为自发布里渊散射光[65,66]。

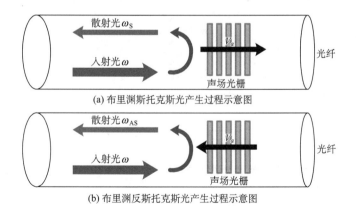

(a) 布里渊斯托克斯光产生过程示意图

(b) 布里渊反斯托克斯光产生过程示意图

图 5-1　光纤中的布里渊散射物理模型示意图

　　在光纤中,自发布里渊散射的物理模型如图 5-1 所示。不考虑光纤对入射光的色散效应,设入射光的角频率为 ω,移动的声场光栅通过布拉格衍射反射入射光,当声场光栅与入射光运动方向相同时,由于多普勒效应,散射光相对于入射光频率发生下移,此时散射光称为布里渊斯托克斯光,角频率为 ω_S,如图 5-1(a)所示。当声场光栅与入射光运动方向相反时,由于多普勒效应,散射光相对于入射光频率发生上移,此时散射光称为布里渊反斯托克斯光,角频率为 ω_{AS},如图 5-1(b)所示。

　　假设光纤的入射光场和光纤中分子热运动引起的周期性声波场分别为

$$E(z,t) = E_0 e^{i(\vec{k} \cdot \vec{r} - \omega t)} + c.c. \tag{5-1}$$

$$\Delta p = \Delta p_0 e^{i(\vec{q} \cdot \vec{r} - \Omega t)} + c.c. \tag{5-2}$$

其中,$c.c.$ 为各等式右边第一项的复共轭项;E_0 为入射光场的振幅;$\vec{k}$ 为入射光的波矢;$\vec{r}$ 为位移;ω 为入射光波的角频率;Δp_0 为声波场幅度;$\vec{q}$ 为声波的波矢;Ω 为声波的角频率。

　　光纤中的散射光场遵循波动方程:

$$\nabla^2 \vec{E} - \frac{n^2}{c^2} \frac{\partial^2 \vec{E}}{\partial t^2} = \frac{4\pi}{c^2} \frac{\partial^2 \vec{P}}{\partial t^2} \tag{5-3}$$

其中,n 为光纤介质的折射率;c 为真空中的光速;$\vec{P}$ 为介质中极化强度起伏所引起的附加极化,可以表示为

$$\vec{P} = \frac{\Delta \varepsilon}{4\pi} \vec{E} \tag{5-4}$$

其中,ε 为介质的介电常数,其变化由介质的密度起伏而产生,介质密度的变化又由声波的扰动而产生:

$$\Delta \varepsilon = \frac{\partial \varepsilon}{\partial \rho} \Delta \vec{\rho} \tag{5-5}$$

$$\Delta \rho = \frac{\partial \rho}{\partial p} \Delta \vec{p} \tag{5-6}$$

将式(5-5)和(5-6)代入式(5-4),可得

$$\vec{P} = \frac{1}{4\pi} \left(\frac{\partial \varepsilon}{\partial \rho} \right) \left(\frac{\partial \rho}{\partial p} \right) \Delta \vec{p} \cdot \vec{E} \tag{5-7}$$

将电致伸缩系数 $\gamma_e = \rho_0 \dfrac{\partial \varepsilon}{\partial \rho}$,绝热压缩系数 $C_s = \dfrac{1}{\rho_0} \dfrac{\partial \rho}{\partial p}$,代入式(5-7):

$$\vec{P} = \frac{1}{4\pi} \gamma_e C_s \Delta \vec{p} \cdot \vec{E} \tag{5-8}$$

将式(5-8)与式(5-1)和(5-2)联立,就得到了光纤中布里渊散射所满足的非线性极化波动方程[40]:

$$\nabla^2 \vec{E} - \frac{n^2}{c^2}\frac{\partial^2 \vec{E}}{\partial t^2} = -\frac{\gamma_e C_s}{c^2}\Big[(\omega-\Omega)^2 E_0 \Delta p_0 \mathrm{e}^{\mathrm{i}(\vec{k}-\vec{q})\cdot\vec{r}-\mathrm{i}(\omega-\Omega)t}$$

$$+ (\omega+\Omega)^2 E_0 \Delta p_0 \mathrm{e}^{\mathrm{i}(\vec{k}+\vec{q})\cdot\vec{r}-\mathrm{i}(\omega+\Omega)t} + c.c. \Big] \tag{5-9}$$

式(5-9)右边的项表明,在入射光角频率 ω 的两边,对称分布着斯托克斯和反斯托克斯两部分散射谱线,这些散射光相对入射光的频移等于声场的频率 Ω,它们相对于入射光的频移量称为布里渊频移。

斯托克斯光的角频率 ω_S 和波矢 $\vec{k}_S$ 与入射光角频率 ω 和波矢 $\vec{k}$ 的关系为

$$\omega_S = \omega - \Omega \tag{5-10}$$

$$\vec{k}_S = \vec{k} - \vec{q} \tag{5-11}$$

反斯托克斯光的角频率 ω_{AS} 和波矢 $\vec{k}_{AS}$ 与入射光角频率 ω 和波矢 $\vec{k}$ 的关系为

$$\omega_{AS} = \omega + \Omega \tag{5-12}$$

$$\vec{k}_{AS} = \vec{k} + \vec{q} \tag{5-13}$$

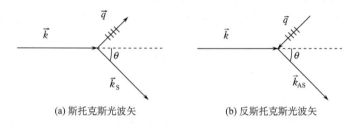

(a) 斯托克斯光波矢　　　　　　(b) 反斯托克斯光波矢

图 5-2　布里渊散射光与入射光和声波之间的波矢关系

图 5-2 简单地反映了斯托克斯、反斯托克斯散射光与入射光及声波之间的波矢关系。为了更好地体现入射光、斯托克斯光和反斯托克斯光之间的动量守恒关系,图 5-3 给出了三者的三角形矢量图。

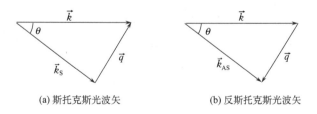

(a) 斯托克斯光波矢　　　　　　(b) 反斯托克斯光波矢

图 5-3　布里渊散射光的矢量守恒关系

由于 $\Omega \ll \omega$、$|\vec{q}| \ll |\vec{k}|$,所以可以认为 $\omega \approx \omega_S \approx \omega_{AS}$、$|\vec{k}| \approx |\vec{k}_S| \approx |\vec{k}_{AS}|$。则由图 5-3 可得

$$|\vec{q}| = 2|\vec{k}|\sin\left(\frac{\theta}{2}\right) \tag{5-14}$$

且入射光及声波的角频率与波矢之间分别有如下关系:

$$\omega = |\vec{k}|\frac{c}{n} \tag{5-15}$$

$$\Omega = |\vec{q}|V_a \tag{5-16}$$

其中, V_a 为光纤介质中的声速,则可由式(5-14)得到布里渊频移

$$\nu_B = \frac{\Omega}{2\pi} = \frac{2nV_a}{\lambda_0}\sin\left(\frac{\theta}{2}\right) \tag{5-17}$$

其中, λ_0 为入射光波长; θ 为散射光波矢与入射光波矢的夹角。由式(5-17)可以看出,布里渊散射光的频移与散射角度有关。在单模光纤中,轴向以外的传播模式都被抑制,因此布里渊散射光只表现为前向和背向传播。当散射发生在前向($\theta=0$)时, $\nu_B = \Omega/2\pi = 0$,即不发生布里渊散射;当散射发生在背向($\theta=\pi$)时, $\nu_B = \Omega/2\pi = 2nV_a/\lambda_0$,可见背向布里渊散射的频移与光纤的有效折射率以及光纤中的声波速度成正比,与入射光的波长成反比。若石英光纤的折射率 $n=1.46$ 、声速 $V_a=5945\mathrm{m/s}$ 、入射光波长 $\lambda_0=1550\mathrm{nm}$,则石英光纤的布里渊频移约为 $11.2\mathrm{GHz}$ 。

实际情况中,声波在光纤介质中有衰减,所以布里渊散射谱具有一定的宽度,并呈洛伦兹曲线形式[64]:

$$G_B(\nu) = G\frac{\left(\frac{\Gamma_B}{2}\right)^2}{(\nu-\nu_B)^2 + \left(\frac{\Gamma_B}{2}\right)^2} \tag{5-18}$$

其中, Γ_B 为布里渊散射谱的半峰全宽(full width at half maximum, FWHM)。 Γ_B 与声子寿命有关,普通单模光纤中 Γ_B 一般为几十兆赫兹。当 $\nu=\nu_B$ 时,信号功率处于布里渊散射峰值 G 处,布里渊散射谱如图5-4所示。

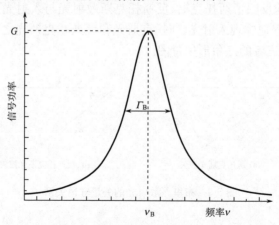

图 5-4　单模光纤中自发布里渊散射谱示意图

2. 受激布里渊散射

1964 年，人们在块状晶体中首次观察到了受激布里渊散射[64]。受激布里渊散射过程可以经典地描述为入射光波、斯托克斯波通过声波进行的非弹性相互作用。与自发布里渊散射不同，受激散射过程源自强感应声波场对入射光的作用。当入射光波到达一定功率时，入射光波通过电致伸缩产生声波，引起介质折射率的周期性调制，而且大大加强了满足相位匹配的声场，致使入射光波的大部分能量耦合到反向传输的布里渊散射光，从而形成受激布里渊散射。

受激布里渊散射过程中，入射光只能激发出同向传播的声波场，因此通常只表现出频率下移的斯托克斯光谱线，其频移与介质中声频大小相同。从量子力学的角度，这个散射过程可看成一个入射光子湮没，产生一个斯托克斯光子和一个声频声子。

受激布里渊散射的入射光场、斯托克斯光和声波场之间的频率和波矢关系与自发布里渊散射过程中的相似，这里不再重复分析。布里渊放大过程是与受激布里渊散射相关的非线性效应，是用于光纤传感技术的重要机制。

受激布里渊散射过程通常由经典的三波耦合方程描述，在稳态情况下，典型的三波耦合方程可以化简为[64]

$$\frac{\mathrm{d}I_p}{\mathrm{d}z} = - g_{\mathrm{B}}(\Omega)I_p I_{\mathrm{S}} - \alpha I_p \tag{5-19}$$

$$\frac{\mathrm{d}I_{\mathrm{S}}}{\mathrm{d}z} = - g_{\mathrm{B}}(\Omega)I_p I_{\mathrm{S}} + \alpha I_{\mathrm{S}} \tag{5-20}$$

其中，I_p 和 I_{S} 分别为入射光波和斯托克斯散射光的强度；α 为光纤的损耗系数。布里渊增益因子 $g_{\mathrm{B}}(\Omega)$ 具有洛伦兹谱型，可表示为

$$g_{\mathrm{B}}(\Omega) = g_0 \frac{(\Gamma_{\mathrm{B}}/2)^2}{(\Omega_{\mathrm{B}} - \Omega)^2 + (\Gamma_{\mathrm{B}}/2)^2} \tag{5-21}$$

其中，峰值增益因子 g_0 可以表示为

$$g_0 = g_{\mathrm{B}}(\Omega_{\mathrm{B}}) = (2\pi^2 n^7 p_{12}^2)/(c\lambda_0^2 \rho_0 V_a \Gamma_{\mathrm{B}}) \tag{5-22}$$

其中，p_{12} 为弹光系数；ρ_0 为材料密度；$\Gamma_{\mathrm{B}} = 1/\tau_p$ 为布里渊增益谱带宽；τ_p 为声子寿命。对于普通单模光纤和 1550nm 的连续入射光，若光纤的折射率 $n = 1.45$，$V_a = 5.96 \mathrm{km/s}$，则 $g_0 = 5.0 \times 10^{-11} \mathrm{m/W}$。由式(5-21)可知，当 $|\Omega - \Omega_{\mathrm{B}}| \gg 0$ 时，布里渊增益将变得很小，而在 $\Omega = \Omega_{\mathrm{B}}$ 处布里渊散射具有最大的增益 g_0，即只有当两光场的频率差 Ω 接近 Ω_{B} 时，才会有明显的受激布里渊放大效应，基于受激布里渊散射的传感技术正是应用了这一放大效应来实现传感的。

3. 受激布里渊散射阈值

阈值特性是受激布里渊散射的重要特性之一[64, 67]。由于组成光纤介质的分

子原子等在连续不断地做热运动,使得光纤中始终存在着不同程度的热致声波场。热致声波场使得光纤折射率产生周期性调制,当有光入射进光纤时,则产生自发布里渊散射光。入射光功率逐渐增加到一定程度时,背向传输的布里渊散射光与入射光发生干涉作用,使得光纤折射率被周期性调制,产生折射率光栅,随着入射光功率的进一步增加,这一折射率光栅将进一步增强,从而使在此光栅上的背向散射光不断增强,导致大部分入射光被转化为背向散射光,产生受激布里渊散射。可见受激布里渊散射具有明显的阈值特性:当入射光的强度较小时,布里渊散射光的功率与入射光的功率呈线性关系;但当入射光功率超过某一数值即受激布里渊散射阈值时,布里渊散射光的功率会急剧增加,产生受激布里渊散射。光纤中的受激布里渊散射阈值在文献中有不同的定义[68],主要可描述为:①入射光功率等于背向散射光功率时的入射光功率;②透射光功率等于背向散射光功率时的入射光功率;③背向散射光功率快速增加时的入射光功率;④光纤入射端的背向散射光功率等于入射光功率的 η 倍时的入射光功率。一种常用的受激布里渊散射阈值公式由式(5-23)给出[67,69]

$$P_{cr} = G \frac{K_P A_{\text{eff}}}{g_0 L_{\text{eff}}} \tag{5-23}$$

其中,G 为受激布里渊散射阈值增益因子;K_P 是偏振因子($1 \leqslant K_P \leqslant 2$),依赖于入射光和布里渊散射光的偏振态;$A_{\text{eff}}$ 是有效纤芯面积;L_{eff} 是有效作用长度:

$$L_{\text{eff}} = [1 - \exp(-\alpha L)]/\alpha \tag{5-24}$$

其中,L 是光纤长度;α 是光纤损耗系数。

Sèbastien Le Floch 等经过理论和实验研究,认为影响光纤中布里渊散射阈值的因素较多,除了光纤长度、光纤截面积外,还有泵浦光的波长等,为此,他提出布里渊散射阈值系数可表示为[70]

$$G \approx \ln\left(\frac{4 A_{\text{eff}} f_B \pi^{1/2} B^{3/2}}{g_0 L_{\text{eff}} k_B T f_p \Gamma}\right) \tag{5-25}$$

其中,f_p 为泵浦光频率;声子衰减速率 $\Gamma = 1/T_B$,$T_B = 10\text{ns}$ 为声子寿命;与光纤色散相关的常数 $B = 21$;k_B 为玻尔兹曼常数;A_{eff} 为有效模场面积。

5.2.2　基于布里渊散射的传感机制

由式(5-17)可得光纤中背向布里渊散射频移为

$$\nu_B = 2n V_a / \lambda_0 \tag{5-26}$$

可见,布里渊频移与光纤的有效折射率以及光纤中的声波速度成正比,与入射光的波长成反比。

已知光纤中的声波速度可用下式表示:

$$V_a = \sqrt{\frac{(1-k)E}{(1+k)(1-2k)\rho}} \tag{5-27}$$

其中,k 为泊松比;E 为杨氏模量;ρ 为光纤介质的密度。折射率 n 和这些参量都是温度和应力的函数,分别记为 $n(\varepsilon,T)$、$E(\varepsilon,T)$、$k(\varepsilon,T)$ 和 $\rho(\varepsilon,T)$,将其代入式(5-26)可得布里渊频移量

$$\nu_B(\varepsilon,T) = \frac{2n(\varepsilon,T)}{\lambda_0} \sqrt{\frac{[1-k(\varepsilon,T)]E(\varepsilon,T)}{[1+k(\varepsilon,T)][1-2k(\varepsilon,T)]\rho(\varepsilon,T)}} \tag{5-28}$$

1. 布里渊频移与应变的关系

在恒温条件下,当光纤的应变改变时,光纤内部原子间的相互作用势发生改变,导致其杨氏模量和泊松比的变化,使得折射率发生改变,从而影响布里渊频移量的变化。

若参考温度为 T_0,则式(5-28)可写成:

$$\nu_B(\varepsilon,T_0) = \frac{2n(\varepsilon,T_0)}{\lambda_0} \sqrt{\frac{[1-k(\varepsilon,T_0)]E(\varepsilon,T_0)}{[1+k(\varepsilon,T_0)][1-2k(\varepsilon,T_0)]\rho(\varepsilon,T_0)}} \tag{5-29}$$

由于光纤的组成成分主要是脆性材料 SiO_2,所以其拉伸应变较小。在微应变情况下,将式(5-29)在 $\varepsilon=0$ 处作泰勒展开,并忽略一阶以上的高阶项,可得

$$\nu_B(\varepsilon,T_0) \approx \nu_B(0,T_0)\left[1 + \Delta\varepsilon \frac{\partial\nu_B(\varepsilon,T_0)}{\partial\varepsilon}\bigg|_{\varepsilon=0}\right]$$

$$= \nu_B(0,T_0)[1 + \Delta\varepsilon(\Delta n_\varepsilon + \Delta k_\varepsilon + \Delta E_\varepsilon + \Delta\rho_\varepsilon)] \tag{5-30}$$

室温下,若取各参数的典型值:$\lambda=1550\text{nm}$,$\Delta n = -0.22$,$\Delta k = 1.49$,$\Delta E = 2.88$,$\Delta\rho=0.33$,则布里渊频移随应力的变化可表示为

$$\nu_B(T_0,\varepsilon) \approx \nu_B(T_0,0)(1+4.48\Delta\varepsilon) \tag{5-31}$$

式(5-31)表明布里渊频移随光纤应变呈正比关系。恒温条件下,当波长为 1550nm 的入射光入射普通单模石英光纤时,应变每改变 $100\mu\varepsilon$,对应的布里渊频移约为 4.5MHz。

2. 布里渊频移与温度的关系

光纤在松弛状态下,即应变 $\varepsilon=0$ 时,由式(5-28)可得

$$\nu_B(0,T) = \frac{2n(0,T)}{\lambda_0} \sqrt{\frac{[1-k(0,T)]E(0,T)}{[1+k(0,T)][1-2k(0,T)]\rho(0,T)}} \tag{5-32}$$

当光纤温度变化时,其热膨胀效应和热光效应分别引起光纤密度和折射率变化,同时光纤的自由能随温度变化使得光纤的杨氏模量和泊松比等物理量也随温度发生

改变。当温度在小范围内变化时，假设温度变化量为 ΔT，对式(5-32)进行泰勒展开，并忽略一阶以上的高阶级数项，可得

$$\nu_B(0,T) \approx \nu_B(0,T_0)\left[1 + \Delta T \frac{\partial \nu_B(0,T)}{\partial T}\bigg|_{T=T_0}\right]$$
$$= \nu_B(0,T_0)[1 + \Delta T(\Delta n_T + \Delta k_T + \Delta E_T + \Delta \rho_T)]$$

(5-33)

在室温($T=20℃$)条件下，对普通单模光纤，入射光波长为 1550nm 时，布里渊频移随温度变化的对应关系为

$$\nu_B(T,0) \approx \nu_B(T_0,0)[1 + 1.18 \times 10^{-4}\Delta T] \tag{5-34}$$

由式(5-34)可知，处于松弛状态的普通单模光纤，在室温 $T=20℃$ 条件下，入射光波长为 1550nm 时，温度每升高 1℃ 对应布里渊频移增大约 1.2MHz。

综合上述分析，布里渊频移变化量 $\Delta \nu_B$ 随光纤温度和应变的变化量近似成线性变化，一般可表示为

$$\Delta \nu_B = C_{\nu,T}\Delta T + C_{\nu,\varepsilon}\Delta \varepsilon \tag{5-35}$$

其中，$C_{\nu,T}$ 和 $C_{\nu,\varepsilon}$ 分别为布里渊频移变化的温度系数和应变系数。当入射光波长为 1553.8nm 时，$C_{\nu,T}=1.1\text{MHz}/℃$，$C_{\nu,\varepsilon}=0.0483\text{MHz}/\mu\varepsilon$[71]。

3. 布里渊散射功率与温度和应变的对应关系

环境温度和应变的变化不仅会改变光纤中的布里渊频移量，而且会改变布里渊散射光的功率。T. R. Parker 等的实验表明[71]，光纤中的布里渊散射光功率与光纤所受应变和温度存在以下对应关系：

$$\frac{100\Delta P_B}{P_B(\varepsilon,T)} = C_{P,\varepsilon}\Delta \varepsilon + C_{P,T}\Delta T \tag{5-36}$$

其中，ΔP_B 为布里渊功率的变化量；$C_{P,\varepsilon}$ 和 $C_{P,T}$ 分别为布里渊散射光功率变化的温度系数和应变系数。根据实验统计，当波长为 1550nm 的入射光入射普通单模光纤时，与应变和温度相关的两个系数值分别为 $C_{P,\varepsilon}=-(7.7\pm1.4)\times10^{-5}\%/\mu\varepsilon$ 和 $C_{P,T}=(0.36\pm0.06)\%/℃$。

自发布里渊散射光信号微弱，光纤中还可能存在插入损耗、熔接损耗、端面反射等，这些都会引起散射光功率的变化，从而造成对布里渊信号功率测量的不准确。因此实际应用中，常常采用 Landau-Placzek 比(LPR)即瑞利散射功率与自发布里渊散射功率的比值来进行传感[72,73]。这种引入瑞利散射光功率的方法可以对光纤损耗引起的误差进行补偿，使得测量结果更准确。

设 LPR 的变化量为 ΔP_B^{LPR}，则其与温度和应变变化量的关系为

$$\Delta P_B^{LPR} = C_{P,T}\Delta T + C_{P,\varepsilon}\Delta \varepsilon \tag{5-37}$$

依据式(5-35)和(5-37)可得到式(5-38)的矩阵方程：

$$\begin{bmatrix} \Delta P_{B}^{LPR} \\ \Delta \nu_{B} \end{bmatrix} = \begin{bmatrix} C_{P,T} & C_{P,\varepsilon} \\ C_{\nu,T} & C_{\nu,\varepsilon} \end{bmatrix} \begin{bmatrix} \Delta T \\ \Delta \varepsilon \end{bmatrix} \tag{5-38}$$

当 $C_{\nu,\varepsilon}C_{P,T} \neq C_{\nu,T}C_{P,\varepsilon}$ 时,根据布里渊频移的变化量和 LPR 的变化量则可以同时确定温度和应变

$$\begin{bmatrix} \Delta T \\ \Delta \varepsilon \end{bmatrix} = \frac{1}{(C_{P,T}C_{\nu,\varepsilon} - C_{P,\varepsilon}C_{\nu,T})} \begin{bmatrix} C_{\nu,\varepsilon} & -C_{P,\varepsilon} \\ -C_{\nu,T} & C_{P,T} \end{bmatrix} \begin{bmatrix} \Delta P_{B}^{LPR} \\ \Delta \upsilon_{B} \end{bmatrix} \tag{5-39}$$

由此估计温度和应变的测量误差为

$$\delta T = \frac{|C_{P,\varepsilon}|\delta\nu_{B} + |C_{\nu,\varepsilon}|\delta P_{B}}{|C_{\nu,T}C_{P,\varepsilon} - C_{\nu,\varepsilon}C_{P,T}|} \tag{5-40}$$

$$\delta\varepsilon = \frac{|C_{P,T}|\delta\nu_{B} + |C_{\nu,T}|\delta P_{B}}{|C_{\nu,T}C_{P,\varepsilon} - C_{\nu,\varepsilon}C_{P,T}|} \tag{5-41}$$

其中,δT、$\delta\varepsilon$、$\delta\nu_{B}$、δP_{B} 分别是温度、应变、布里渊频移和 LPR 的均方根误差。

5.3　布里渊光时域反射(BOTDR)技术

5.3.1　BOTDR 原理

BOTDR 技术利用光纤中自发布里渊散射光功率或频移的变化量与温度和应变变化的线性关系来进行全分布式传感。BOTDR 传感系统基本结构如图 5-5 所示。激光器发出角频率为 ω_0 的连续光被调制器调制成探测脉冲光,探测脉冲光入射到传感光纤,并产生频率为 $\omega_0 \pm \Omega_B$ 的自发布里渊散射,散射光沿光纤返回并进入信号检测和处理系统,对信号检测和处理系统获得的不同时间(对应于不同位置处)的布里渊信号进行洛伦兹拟合,便可以得到光纤沿线的布里渊频移。根据布里渊散射信号的功率或频移与温度和应力的对应关系[式(5-39)],再利用 BOTDR 技术对散射信号进行定位,由此可以得到光纤沿线各点对应的温度或应变信息,从而实现全分布式温度和应变传感。

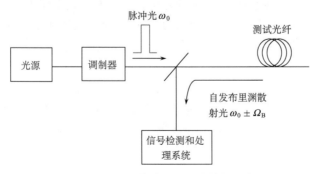

图 5-5　BOTDR 传感系统基本结构示意图

BOTDR 传感系统一般包括光源、调制器、信号检测和处理系统以及传感光纤四部分。其中传感光纤常常为普通单模光纤，以下主要介绍系统的光源、调制器以及信号检测和处理系统。

1. 光源

BOTDR 系统的光源主要有：半导体激光二极管、分布式反馈（DFB）激光器和光纤激光器等，其中最常用的是 DFB 激光器。光源的主要性能指标包括中心波长、峰值功率、光谱线宽度及光源稳定性。为了达到尽可能大的传感距离，光源的中心波长一般选择在光纤的两个低损耗窗波段，即 1310nm 和 1550nm 附近。为了达到更长的传感距离，光路中常常需要用掺铒光纤放大器（EDFA）对探测光进行放大，因而选择 1550nm 更加合适。由于光纤中受激布里渊散射等非线性现象的限制，入射光纤的光功率不能无限增大，理论上说，在不产生非线性现象的前提下，入射光功率越大越好。目前 BOTDR 系统中常用的 DFB 激光器的峰值功率一般为几十到几百毫瓦。在普通单模光纤中，脉冲光对应的布里渊散射信号的谱宽一般为几十至上百兆赫兹，为了准确测量布里渊信号，理论上要求光源的线宽小于布里渊增益谱宽，否则会造成布里渊频移测量的不准确。但光源的线宽过窄（如窄到几千赫兹），则会带来比较严重的相干噪声。若激光器波长为 λ，带宽为 $\Delta\nu$（对应线宽为 $\Delta\lambda$），入射光在折射率为 n 的材料中传输，则其相干长度为[64]

$$L_c = \frac{c}{n\Delta\nu} = \frac{\lambda^2}{n\Delta\lambda} \tag{5-42}$$

对于脉冲宽度为 $\Delta\tau$ 的入射光，在忽略探测器响应带宽和信号采样时间影响的情况下，其空间分辨率为

$$L = \frac{c\Delta\tau}{2n} \tag{5-43}$$

长度等于系统空间分辨率的每一段光纤相当于一个散射单元，若相干长度小于空间分辨率，则相干作用发生在各个散射单元内部，不影响信号的信噪比。反之，当相干长度大于空间分辨率时，在各个散射单元之间发生相干作用，表现为产生周期性低频相干噪声，从而影响系统信噪比，并且这种噪声无法使用传统的平均方式来消除。所以，BOTDR 系统中光源的线宽一般为几兆赫兹至几十千赫兹。

2. 调制器

调制器用于将光源发出的连续光调制成探测脉冲光，一般有电光调制器（electro-optic modulator，EOM）和声光调制器（acousto-optic modulator，AOM）。

1）电光调制器

电光调制器利用了电光晶体的线性电光效应（普克尔效应），当晶体施加电场之

后,将引起束缚电荷的重新分配,导致离子晶格发生微小形变,从而引起介电常数的变化,最终导致晶体折射率的变化,使得通过该晶体的光波发生相位移动,从而实现相位调制。基于布里渊全分布式光纤传感系统常用马赫-曾德尔(Mach-Zehnder)干涉仪型调制器作为脉冲调制器,它由两个相位调制器和两个 Y 分支波导构成,能对光进行强度调制。马赫-曾德尔铌酸锂电光调制器的基本结构如图 5-6 所示[74],从图中可以看出,输入光波经过一段路程后在一个 Y 分支处被分成相等的两部分,然后分别通过光波导的两个支路,接着在第二个 Y 分支处会合形成一个光波后输出。当 EOM 用于脉冲调制时,其中一路光进行相位调制,以通过施加直流电压使两路的相位常数为 0 或 π,分别对应最大输出和最小输出,从而实现脉冲调制。在选择 EOM 时,需要重点考察的参数有调制频率、消光比、插入损耗和稳定性。

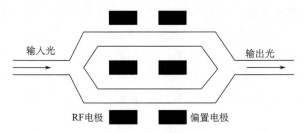

图 5-6　马赫-曾德尔铌酸锂电光调制器的基本结构

2) 声光调制器

　　通常把控制激光束强度变化的声光器件称作声光调制器。声光调制器主要由声光介质和压电换能器构成,如图 5-7 所示。当驱动源的某种特定载波频率驱动换能器时,换能器即产生同一频率的超声波并传入声光介质,在介质内形成周期性折射率变化,光束通过介质时即发生相互作用而产生衍射,改变光的传播方向。当外加信号通过驱动电源作用到声光器件时,超声强度随此信号变化,衍射光强也随之变化,从而实现对光的强度调制。

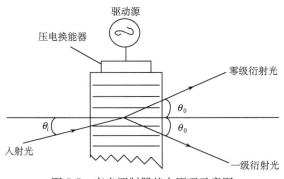

图 5-7　声光调制器基本原理示意图

声光调制器和电光调制器都可以实现光脉冲的调制。两种调制器相比,声光调制器具有较高的消光比(典型值为 50dB),对光的偏振态不敏感,但是声光调制器在调制光脉冲时,脉冲的上升沿较大(一般在 20～150ns),而且调制频率较低(一般只有几十到几百兆赫兹)。电光调制器则具有高的调制频率(典型调制频率为十几吉赫兹)和小的上升沿,适合调制脉宽较窄的光脉冲(可以小至几纳秒),成本比较低,不足之处是其消光比不够高,一般在 30～40dB 范围,并且对光的偏振态敏感。鉴于 BOTDR 系统中,常常需要达到米量级的空间分辨率(对应脉冲为几十纳秒),所以在 BOTDR 系统中一般采用电光调制器。

3. 信号检测和处理系统

信号检测和处理系统一般包括光电探测器和信号采集处理模块。布里渊散射信号微弱,这就要求光电探测器具有低噪声、高增益和高灵敏度,光电探测器的带宽则根据实际测量方式和信号频率而定,常用的探测器有硅基或铟镓砷雪崩光电二极管(APD)。信号采集处理模块用于完成对光电探测器输出的电信号的采集和处理,一般包括模数转换模块(ADC)、数字下变频模块(DDC)和数字信号处理模块(DSP)等。

基于自发布里渊散射的光纤传感系统中,自发布里渊散射信号可以通过直接探测或相干探测两种方法得到。我们将采用直接探测自发布里渊散射方法实现的布里渊光时域反射技术简称为直接探测型 BOTDR,将采用相干探测自发布里渊散射方法实现的布里渊光时域反射技术简称为相干探测型 BOTDR。

5.3.2　直接探测型 BOTDR

直接探测型 BOTDR 中,假定被测信号光以其电场幅度 $\tilde{E}_s(t) = E_s(t)\cos(2\pi\nu_s t)$ 来表示,其中 $E_s(t)$ 相对于光频 ν_s 为慢变项,则其光功率为

$$P_s(t) = K[E_s(t)]^2 \tag{5-44}$$

其中,K 为比例常数,单位为 $W/(V/m)^2$。理想情况下,光电探测器响应时间为零,则输出光电流为

$$i_s(t) = \rho K[\tilde{E}_s(t)]^2 = \rho P_s(t) + \rho P_s(t)\cos(4\pi\nu_s t) \tag{5-45}$$

其中,ρ 为光电探测器的响应度,单位为 A/W。等式右边第一项为慢变项,第二项为光频项。实际上,光电探测器的光电转换过程是对光场的时间积分响应。虽然光电探测器的积分响应时间在极限情况下能达到纳秒量级,但仍远大于光波周期 $T=1/\nu_s$,也就是说截止响应频率远低于光频 f_s,因此式(5-45)右边第二项 $\rho P_s(t)\cos(4\pi\nu_s t)$ 的时间积分为零。若慢变项 $\rho P_s(t)$ 的频谱范围在光电探测器带

宽以内,则光电探测器输出光电流为

$$i_s(t) = \rho P_s(t) \qquad (5\text{-}46)$$

光电流经过跨阻放大电路后转化为电压输出 $u_s(t)$,当整个探测电路的带宽大于 $P_s(t)$ 频谱的最高频率时,有

$$u_s(t) = \rho R P_s(t) = C P_s(t) \qquad (5\text{-}47)$$

其中,R 为探测器跨阻增益,单位为 V/A;而 $C=\rho R$ 被称为探测器转换增益,单位为 V/W。式(5-46)和(5-47)表明,采用直接探测时,光电探测器输出的电流和电压的幅值均正比于被测光功率。

采用直接探测法探测自发布里渊散射信号,其关键是如何将微弱的自发布里渊散射信号从总的背向散射信号中分离出来。目前,多采用滤波的方法来提取自发布里渊散射信号,这些方法主要有法布里-珀罗干涉仪滤波法,马赫-曾德尔干涉仪滤波法和窄带宽光纤光栅滤波法[75~82]。

1. 基于法布里-珀罗干涉仪滤波法的 BOTDR

目前采用直接探测方法的布里渊光纤传感器主要通过测量 LPR 的变化量来实现传感[76,77]。典型的基于 LPR 直接探测的布里渊传感系统如图 5-8 所示。由图可见光纤中的散射光经过滤波系统将布里渊信号和瑞利信号分别滤出并进行探测,测量 LPR 的变化量,再根据式(5-37)即可获得光纤中相对温度或应变的变化。

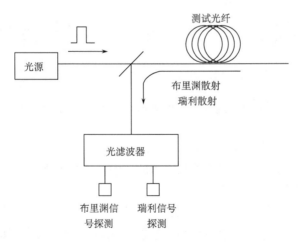

图 5-8　基于 LPR 直接探测的布里渊传感系统示意图

1996 年,P. C. Wait 等采用法布里-珀罗干涉仪将瑞利散射和布里渊散射信号分离,并通过直接探测 LPR 的方法实现了 BOTDR 全分布式温度的测量[76],实验方案如图 5-9 所示。在图 5-9 中,分布式反馈激光器输出功率为 0.9mW,波长为

1537nm。为了抑制受激布里渊散射效应，激光器的注入电流被函数发生器调制成频率为 0.6MHz、峰-峰值为 3mA 的三角波，从而使激光器的有效线宽展宽为 2GHz。声光调制器（AOM）的插入损耗为 4.5dB，上升时间为 44ns，激光器发出的连续光通过脉冲发生器控制的声光调制器被调制成脉宽为 $6\mu s$ 的光脉冲信号，脉冲周期为 $160\mu s$，光脉冲信号经过 EDFA 放大后光脉冲峰值功率达到 18dBm，经 50/50 耦合器 2 注入光纤。耦合器 1 的 6％端口用于光脉冲的监测。背向散射信号中的瑞利散射光与布里渊散射光采用法布里-珀罗干涉仪进行分离，并利用光电探测器分别探测瑞利散射光和布里渊散射光的功率，实现 LPR 比值的测量，由 LPR 的变化量可以实现全分布式温度或者应变的传感。系统获得了 600m 的空间分辨率和 12.9km 的传感距离。

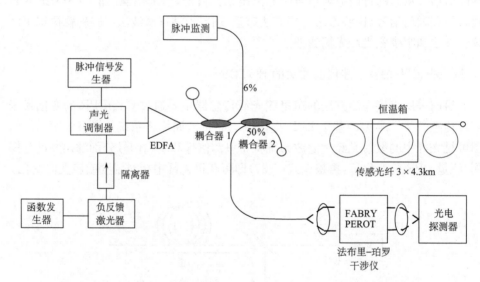

图 5-9　采用法布里-珀罗干涉仪获取布里渊散射信号的 BOTDR 传感系统

　　然而这样的系统存两个问题：

　　（1）窄线宽激光器带来相干瑞利噪声的影响。这种噪声无法使用传统的平均方式来消除，影响了系统的信噪比。

　　（2）法布里-珀罗干涉仪本身的缺陷。采用法布里-珀罗干涉仪滤波需要设计特定自由谱宽（free spectral range，FSR），使得进入探测器的瑞利散射光被抑制，只接收到布里渊散射光信号。法布里-珀罗干涉仪进行滤波时，需要将入射光多次反射，由于存在衍射效应和镜面吸收，导致光功率的损耗，并且反射镜的镜面难以实现理想的全反射，最终引入较大的插入损耗（~10dB）。另一方面，如果背向散射光迅速地变化，法布里-珀罗干涉仪中各路反射光将无法同时到达探测器，从而无法响应，表现为对背向瑞利散射光曲线中的高频成分有抑制作用，光纤沿线的温度若快速变化,则无法测得其变化。总之,法布里-珀罗干涉仪的缺点是损耗大、费用较高、性价比较低,而且体积大,不利于系统的仪器化和商业化。

针对相干瑞利噪声,有两种方式用来消除其影响。一种方式被称为频移平均(FSAV),即通过将激光器频率进行移频,得到不同的瑞利散射光曲线,再进行平均,可以有效地降低相干瑞利噪声,这种方式在 COTDR 系统中被广泛使用。另一种方式则更为直接,使用宽带激光器。P. C. Wait 和 T. P. Newson 提出一种方案,在测量瑞利散射光信号时,利用 EDFA 放大时产生的 ASE 噪声来等效一个宽带激光器("带宽"为 2~5nm),降低瑞利散射光中的相干噪声,从而提高系统信噪比[78]。实验方案如图 5-10 所示。

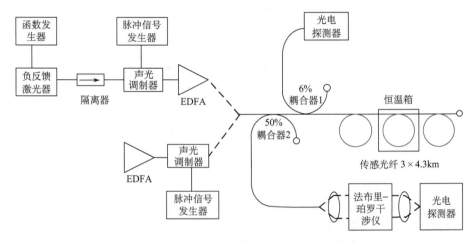

图 5-10　利用宽带激光器降低相干瑞利噪声的实验系统

与图 5-9 中的系统相比,图 5-10 中的实验系统中增加了一个 EDFA 与声光调制器 AOM,它们产生宽带入射光用来测量瑞利散射光,而两图中相似的部分则用来测量布里渊散射光。由于只需要知道 LPR 的相对大小就能获知光纤沿线的温度信息,所以可以使用不同的入射光来分别获得瑞利散射光和布里渊散射光。另一方面,由于布里渊斯托克斯光的受激散射很难被完全抑制,可以使用瑞利散射光与布里渊反斯托克斯光之比(RASR)来替代常用的 LPR。利用这种方法,在测量反斯托克斯光时使用窄线宽激光器,有利于布里渊散射光的探测;而在测量瑞利散射光时,则使用宽带激光器,可以消除相干瑞利噪声的影响。该实验系统得到了 130m 的空间分辨率与 12.9km 的探测距离,温度分辨率从 8.6℃ 提升到 1.5℃[78]。

2. 基于马赫-曾德尔干涉仪直接探测的 BOTDR

为了消除法布里-珀罗干涉仪对 BOTDR 系统的不利影响,K. de Souza 等提出利用单通马赫-曾德尔干涉仪来优化基于 LPR 的全分布式温度传感技术[79]。与法布里-珀罗干涉仪相比,马赫-曾德尔干涉仪仅在耦合器处存在一定的损耗,因而在相同实验条件下,可使信号提高 10 倍,从而提升信噪比,并且马赫-曾德尔干涉仪更为简单可靠,商业竞争力更强,更适合在全分布式温度传感技术中使用。单通马赫-曾德尔干涉仪如图 5-11 所示,它由两个 50/50 的耦合器构成,控制两臂之间的光程差,可以实现将瑞利散射信号和布里渊散射信号分离。

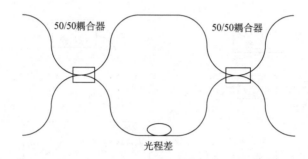

图 5-11　单通马赫-曾德尔干涉仪(MZI)结构图

单通道马赫-曾德尔干涉仪也有不足之处,它的带宽较大,对瑞利信号与布里渊信号的分离效果不佳。此外,系统温度测量精度不仅与电域噪声相关,也与叠加在布里渊信号上的瑞利相干噪声有关,相干噪声表现为布里渊信号的低频扰动。为此,Gareth P. Lees 等采用了双通道马赫-曾德尔干涉仪,通过提高布里渊信号的透过率以及对瑞利信号的高抑制,提高了系统的温度测量精度,并对激光器进行了改进,将脉冲调制以及宽、窄带激光器统一在一起,简化了系统结构[80,81]。双通道马赫-曾德尔干涉仪提取布里渊散射信号原理如图 5-12 所示,相对于单通道干涉仪,双通道马赫-曾德尔干涉仪对瑞利信号的衰减增加了 15dB。采用这样的方案,他们在 6.3km 的传感距离上,得到了 10m 的空间分辨率和 1.4℃的温度测量精度。之后又在 16km 的传感距离上得到了 3.5m 的空间分辨率和 0.9℃的温度分辨率[81]。

相对法布里-珀罗干涉仪方案,采用马赫-曾德尔干涉仪提取布里渊散射信号具有损耗低(可小于 1dB)、廉价、全光纤方式等优点。其缺点是马赫-曾德尔干涉仪两臂长差很小,而且稳定的光程差难以保证。

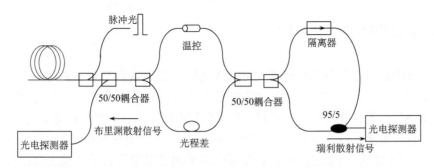

图 5-12　马赫-曾德尔干涉仪(MZI)提取布里渊散射信号原理图

3. 基于光纤布拉格光栅直接探测的 BOTDR

2001 年,P. C. Wait 等提出使用光纤布拉格光栅(FBG)分离布里渊散射光和瑞利散射光[82]。该方法使用两个由光隔离器隔离的 FBG,如图 5-13 所示,保证在探测布里渊散射光时瑞利散射光被充分抑制。在传输距离为 25km 时,该系统得到了 2m 的空间分辨率和 7℃ 的温度分辨率。而在对 20km 光纤进行实验时,得到了 1℃ 的温度分辨率。

另一种方案是利用光纤光栅的高性能滤波特性,针对布里渊散射信号与瑞利信号的频差关系,制作窄带宽的光纤布拉格光栅滤波器(FBGF),这样可大大抑制瑞利散射信号,而使布里渊散射信号衰减最小,从而使检测到的散射信号主要是布里渊散射信号。该方案的效果很大程度上取决于 FBGF 的性能指标,稳定性较差。

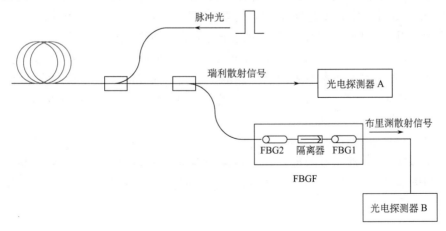

图 5-13　FBGF 提取布里渊散射信号原理图

5.3.3　相干探测型 BOTDR

光纤中自发布里渊散射的光功率非常弱,一般为瑞利散射光功率的 $10^{-3}\sim$ 10^{-2} 倍($-30\sim-20$dB),最直接和简单的办法就是提高探测光的功率,但由于受激布里渊散射等非线性效应的限制,又不能通过无限制增加探测光功率的方法来增强自发布里渊散射光功率。而直接探测法中因为使用法布里-珀罗干涉仪、马赫-曾德尔干涉仪、窄带宽光纤光栅等提取布里渊散射信号会带来较大的损耗,大大限制了可探测的最低自发布里渊散射的光功率,因此,直接探测方法的最长探测距离一般不超过 20km。此外,直接探测方法都很容易受到外界环境的影响,稳定性较差。

为此,人们提出了采用相干探测方法来提高系统的信噪比。相干探测法主要有双光源相干探测方法和单光源自外差相干探测方法。自外差相干探测方法中,探测光和本地参考光为同一光源。该方法不仅可以将太赫兹量级的布里渊高频信号降至易于探测和处理的百兆赫兹的中频信号,而且还可以提高自发布里渊散射谱的探测精度。双光源相干探测方法中,由于两个光源本身不稳定会造成相干探测输出的信号不稳定,从而导致测量误差较大,所以成熟的 BOTDR 技术常采用单光源的自外差相干探测。

1. 自外差相干探测 BOTDR 系统的信号检测方法

自外差相干探测 BOTDR 系统的信号检测方法可分为微波外差和移频光自外差两种实现方式[83~87]。此外,平衡探测器得到的探测信号的功率是单个探测器的两倍,而且获得信号的共模抑制比高、失真小(见第 3 章 3.3.1 节),因此,平衡探测器被普遍用于对光纤中自发布里渊散射光功率的自外差探测。

微波外差的相干探测 BOTDR 结构如图 5-14 所示,光源发出频率为 ν_0 的连续光,被分成探测光和参考光两路。探测光被调制成光脉冲后注入传感光纤,并在光纤中产生频率为 $\nu_0-\nu_B$ 的背向自发布里渊散射信号。参考光频率与光源频率 ν_0 相同,脉冲光的自发布里渊散射信号与参考光在探测器处相干,此时探测器输出的差频电信号的频率即为布里渊频移,约 11GHz。该差频电信号的频率较高,在电域上处理相对困难,为此,将探测器输出的差频电信号与另一路已知频率的电信号混频,使所需处理的差频电信号降到更低的频率,这样使得信号处理相对容易。

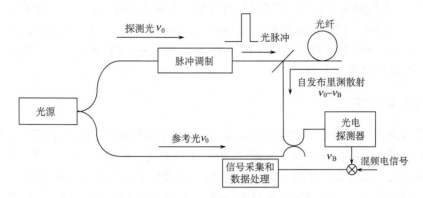

图 5-14　微波外差相干检测的 BOTDR

在 BOTDR 系统中,另一种将高频布里渊信号降至易于探测和处理的百兆赫兹中频信号的方法是将参考光进行移频处理后再与自发布里渊散射信号相干探测,这就是移频光自外差的相干检测 BOTDR,其结构如图 5-15 所示,光源发出的连续光被分成探测光和参考光两路。探测光路仍然是调制成光脉冲注入光纤以产生频移 ν_B 的自发布里渊散射信号,参考光路则通过频移装置产生频移 ν_L,自发布里渊散射光和移频参考光在探测器处相干,探测器输出的电信号频率则为两者的差频 $|\nu_L - \nu_B|$。

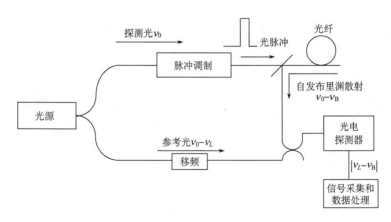

图 5-15　移频光外差相干检测的 BOTDR 原理图

若自发布里渊散射的功率为 P_B,参考光功率为 P_L,那么根据相干探测的原理可知相干检测所获得的差频电信号的交流分量为 $2\sqrt{P_B P_L}\cos(2\pi\Delta\nu t)$,其中 $\Delta\nu$ 为自发布里渊散射光和参考光的频率差。此时探测器能探测到的功率由 $\sqrt{P_B P_L}$ 决定,提升参考光的功率 P_L,可以使探测器探测到功率很低的自发布里渊散射功率

信号 P_B。当探测器带宽为 1MHz 时,通过增大参考光功率,可使可探测的最小功率达到 -90dBm。微波外差的相干检测中,$\Delta\nu\approx\nu_B\approx11$GHz,所以要求探测器带宽大于 11GHz,而移频光外差的相干检测中,$\Delta\nu=|\nu_L-\nu_B|$,若使 ν_L 与 ν_B 相近,可大大降低对探测器带宽的要求。

2. 频率扫描的实现

为得到布里渊谱的整个洛伦兹谱型,需要使用频率扫描的方法,在信号采集和数据处理单元之前设置带通滤波器,使相干检测得到的电信号只有一部分进入数据处理单元。实现频率扫描的方法有两种:一是改变带通滤波器的中心频率;二是改变混频电信号或参考光的频率以改变差频电信号的中心频率。这两种扫频方法原理如图 5-16 所示。例如,在微波外差相干检测的 BOTDR 中,可以通过设置不同频率的混频电信号,改变电外差检测得到的交流电信号的频率 $\Delta\nu$,达到移动整个频谱的目的。移频光自外差相干检测的 BOTDR 中,改变参考光的移频,也可达到相同的效果。当使用频谱分析仪这种可以设置观察频率窗口的仪器作为信号采集和数据处理单元时,可以方便地改变带通滤波器的中心频率以实现对布里渊谱的频率扫描。以下将这两种频率扫描方式的 BOTDR 统一称为基于频率扫描的BOTDR(FS-BOTDR)技术。

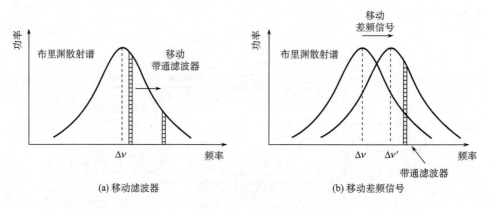

(a) 移动滤波器　　　　　　　　　　　(b) 移动差频信号

图 5-16　BOTDR 的扫频过程示意图

在 FS-BOTDR 技术中,为了获得整个布里渊频谱,需要多次改变本地振荡器的频率并重复向光纤中注入脉冲光进行多次测量。重复测量的次数取决于应变或温度的测量精度、布里渊散射谱的宽度、带通滤波器的带宽以及频率扫描步进的大小,至少需要几十次以上。同时由于自发布里渊散射信号微弱,为了提高信号检测的信噪比,在布里渊谱的每个频率点进行测量时,都要做至少上千次、甚至数万次的累加平均。因此,FS-BOTDR 进行一次完整测量的时间至少需要几十秒,难以用于对光纤中应变和温度的实时测量。

为了提高 BOTDR 的测量速度,使之能够应用于对光纤应变和温度的实时传感,人们提出了一种基于离散快速傅里叶变换的 BOTDR 技术(DFT-BOTDR)[56]。

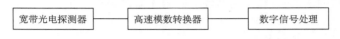

图 5-17　基于 DFT 的布里渊信号检测的基本结构图

图 5-17 所示为基于 DFT 频率检测的基本结构图。与基于频率扫描法对电信号的处理不同,基于 DFT 的信号检测方法是采用可以覆盖整个布里渊反射谱的宽带光电探测器对布里渊反射信号进行光电转换,并利用高速模数转换器将整个布里渊散射谱的宽带信号同时采集下来,由信号处理单元依次选取一定时间长度的信号进行 DFT 处理,从而依次得到光纤沿线所有对应于该时间长度的布里渊频谱。与 FS-BOTDR 相比,由于省去了频率扫描过程,DFT-BOTDR 在传感速度上可以提高数十倍,达到秒量级。此外,因为脉冲光的宽度缩短会导致其布里渊频谱展宽[86],所以在探测短脉冲光的布里渊频谱及光纤沿线的布里渊频移有大范围的波动时,DFT-BOTDR 更能显示出传感速度上的优势。2007 年,南京大学光通信工程研究中心在 1km 的光纤上成功地进行了 DFT-BOTDR 实验,证明了该技术的可行性[56];同年,J. Geng 等将布里渊信号通过差频的方法降到 50~500MHz 后,基于 DFT 的通过数字信号处理(digital signal processing)和现场可编程门阵列(field programmable gate array,FPGA)技术在 1.5km 的光纤上成功测得了布里渊信号,整个测量时间仅为 1s[87]。

与 FS-BOTDR 相比,DFT-BOTDR 也有不足之处。在 DFT-BOTDR 中,为了能够通过 DFT 一次性检测到整个布里渊频谱,要求上百兆赫兹的信号能够全部被光电探测器捕获并被模数转换器无失真地转换为数字信号。这要求光电探测器和模数转换器有很高的带宽。在 FS-BOTDR 中,若通过调节参考光的频率来进行频率扫描,可以使用响应频率只有几十兆赫兹的光电探测器。这样的探测器与宽带的高频探测器比起来具有更高的灵敏度,因此能够探测到更加微弱的布里渊信号,同时由于低速模数转换器与高速模数转换器相比具有更高的分辨率,所以 FS-BOTDR 较 DFT-BOTDR 有更高的信噪比和动态范围。

3. 自外差相干探测 BOTDR 中本地参考光的移频方法

在基于自外差相干探测 BOTDR 系统中,通常采用 1550nm 波段的激光作为相干检测的参考光,其与布里渊散射信号的差频信号频率约为 11GHz,这就需要带宽大于 11GHz 的光电探测器进行探测。然而随着探测器带宽的增加,探测器的等效噪声功率也随之增加,这就降低了 BOTDR 系统的测量精度。此外,随着探测器带宽的增加,系统的成本也会增加。为了避免在 BOTDR 系统中使用宽带探测器,常常要对本地参考光或探测光进行移频,降低自外差探测时输出的差频信号的频率。对本地参考光或探测光进行移频的方法主要有声光频率转换环移频法[84]、电光调制器移频法[88~90]和布里渊环形腔激光器移频法[91,92]。

1) 声光频率转换环移频法

1994 年,K. Shimizu 等采用声光频率转换环的方式实现了对探测光的脉冲调制与频率调制[84]。声光频率转换环的原理如图 5-18 所示,连续光经声光调制器 1 调制成光脉冲后入射到 50/50 耦合器,一路直接从耦合器的其中一个端口输出,另一路经过声光调制器 2 进行多重移频,经过频移环后,输出端有一系列不同频移的脉冲光,最后使用声光调制器 3 来选择具有适当频移的脉冲光。其中 EDFA 用来补偿耦合器与声光调制器 2 带来的损耗,带通滤波器则用来消除 ASE 噪声。

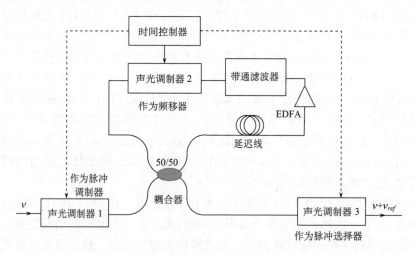

图 5-18　声光频率环的原理图[84]

2) 电光调制器移频法

1996 年,H. Izumita 提出了电光相位调制器移频法[85],该方法利用微波源驱动高频电光相位调制器产生 11GHz 的边带,实现对探测光的移频,如图 5-19 所示。其中 DFB 激光器波长为 1550nm,线宽为 10kHz,激光器发出的光经由 50/50 耦合器 1 分成信号光与本地参考光。信号光由相位调制器实现频率上移,之后由声光调制器 1 对其进行脉冲调制,调制得到的脉冲光再经 EDFA 进行放大到所需功率。由于相位调制器为偏振相关器件,因而需要在它之前加上偏振控制器控制光的偏振态。此外,声光调制器 2 与声光调制器 1 由同一电信号进行同步驱动,声光调制器 2 用来消除 EDFA 产生的自发放大噪声(ASE)。

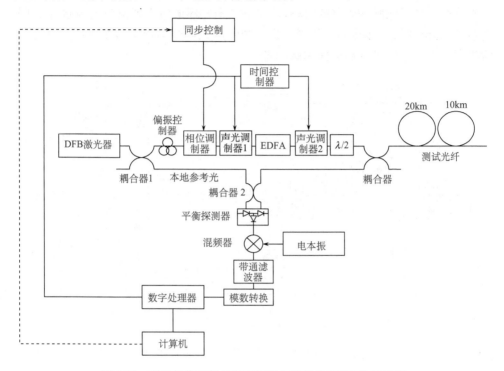

图 5-19　利用相位调制器实现探测光移频的 BOTDR 原理图

　　上述利用电光相位调制器实现探测光移频的方法在结构上比较复杂。目前常用的方法是利用微波源驱动高频电光强度调制器对本地参考光进行移频,其原理和电光相位调制器相似,适当调节电光强度调制器的偏置电压和微波源的射频(RF)功率,使电光调制器工作在抑制 0 阶光频、±1 阶光频功率最大的调制深度上,即可以实现光的移频。

3)布里渊环形腔激光器移频法

　　以上通过调制器实现本振光移频的方案中,声光频率转换环的方式需要准确时序控制才能得到所需的目标频移,这种移频方式对时序要求较高,需要 EDFA 来补偿环路的损耗,并且由于需要加入时延环节,增加了测量时间。通过电光调制器实现的移频方案则在调制过程中会产生多个边带成分光,这些边带光会与返回来的自发布里渊散射光及瑞利散射光产生干涉,这给后端的信号处理带来一定的困难,同时也增加了噪声。

　　2000 年,V. Lecoeuche 等利用锁模布里渊光纤环形激光器,将相干探测与

LPR 的方法相结合，使 BOTDR 实现了 20km 的传感，同时获得了 7m 的空间分辨率和 6℃ 的温度分辨率[91]。其原理如图 5-20 所示，通过控制锁模布里渊光纤环形激光器来实现探测脉冲光路的移频，此布里渊光纤环形激光器由声光调制器 1、隔离器、2.3km 光纤和耦合器 2 组成。系统中的声光调制器用来将布里渊光纤环形激光器输出的连续光调制成探测脉冲光。

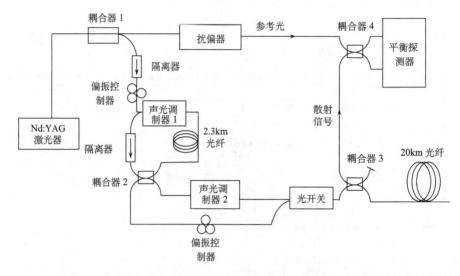

图 5-20　基于锁模布里渊光纤环形激光器的 BOTDR 系统结构图

2012 年，南京大学提出了另一种简易的基于布里渊环形腔激光器作为本地参考光的 BOTDR 系统[68]，其实验装置如图 5-21 所示。其中本地参考光为一个窄线宽布里渊光纤激光器，如图 5-21 中的虚线框所示，它包括一个 EDFA1、环行器 1、隔离器、普通单模光纤和 80/20 的耦合器 2。窄线宽可调谐激光器输出的光经95/5的保偏耦合器 1 分成两束光，其中 5% 的输出光进入到 EDFA1 的输入端，其放大输出的连续光经环行器 1 作为布里渊激光器的泵浦光。为了确保在环形腔中只有一阶斯托克斯光，在斯托克斯光的传播方向上增加了光隔离器。从耦合器 2 的 20% 端口输出的布里渊激光作为参考光入射到 50/50 耦合器的一个分臂，与背向散射的自发布里渊散射信号相干后由光电探测器探测。从耦合器 1 的 95% 输出端口输出的连续光经电光调制器调制成具有一定脉宽的脉冲信号，两个电光调制器串联是为了获得高消光比的脉冲信号，两个调制器由脉冲发生器驱动控制。为了优化注入到第二个电光调制器光信号的偏振态，在这两个调制器之间增加了偏振控制器。调制成高消光比的脉冲信号首先经 EDFA2 进行放大，进入到环行器 2 的第一个端口，从环行器 2 的第二个端口进入到传感光纤中。由于布里渊散射效率与信号光的偏振态有关，所以为了减小信号光的偏振态引起的噪声，在环行器 2 之前增加了扰偏器。在传感光纤中,由脉冲信号激发的自发布里渊散射信号经环行器 1 的第三个端口输出后,进入到 50/50 耦合器的另一个分臂。信号采集处理单元用来处理经光电探测器转换成的电信号。驱动电光调制器的脉冲发生器为信号采集单元提供时钟触发信号。采用布里渊频移与传感光纤的布里渊频移不同的普通单模光纤,便可以使得相干后布里渊频谱的中心频率移至几百兆赫兹量级,这样可以降低所需探测器的带宽,提高探测信号的信噪比。

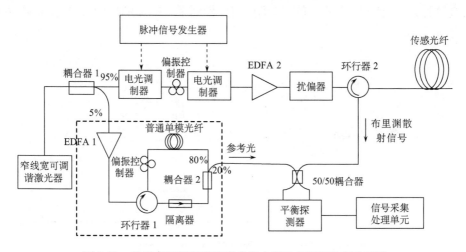

图 5-21　基于布里渊环形腔激光器本振的 BOTDR 实验系统

5.3.4　BOTDR 中的交叉敏感问题

由于光纤中布里渊频移和功率同时受应变和温度的影响,仅由单一的布里渊频移或功率无法分辨出该频移是由应变还是由温度所引起,这种现象称为交叉敏感问题。交叉敏感问题制约了基于布里渊散射的全分布式光纤传感器的实用化。

解决基于布里渊散射的全分布式光纤传感器交叉敏感问题的最初方案,是在测量光纤旁布置参考光纤,让参考光纤处于不受应变的松弛状态,通过测量参考光纤获得待测量场的温度信息,然后从测量光纤的测量信息中扣除温度信息以获得待测量场的应变信息,从而实现温度和应变的同时测量。这种方案由于需要同时并行布置两套光纤,在很多情况下难以实用。1993 年,T. Kurashima 等利用相干探测的方法首次在 BOTDR 系统中实现了温度和应变的同时测量[10]。实验在 11.57km 测量距离上,获得了 3℃ 的温度分辨率和 0.006% 的应变分辨率。1997 年,Parker 等提出一种基于法布里-珀罗干涉仪的频谱扫描方式的温度应力传感器,用于同时测量温度和应变[71]。在1.2km的传输距离上,空间分辨率为40m时,分别得到了4℃的温度测量精度与100με的应变测量精度。2000年,Kee等提出利用马赫-曾德尔干涉仪实现温度和应变同时测量的方案[92],其实验装置如图5-22所示。首先使用一个双通道马赫-曾德尔干涉仪来分离布里渊散射信号与瑞利散射信号,然后布里渊信号进入一个单通马赫-曾德尔干涉仪,该干涉仪将布里渊频移转化成光强变换,由此通过测得的光强变化得到布里渊频移相关的信息。通过这种方式,他们在15km的传输距离上,得到了290με的应力分辨率和4℃的温度分辨率。

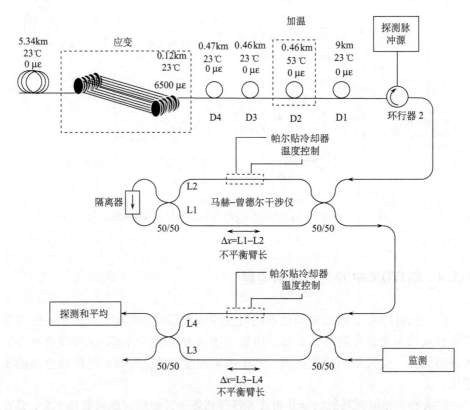

图5-22　基于两个马赫-曾德尔干涉仪结构的温度应变同时测量系统

2001年,Sally M. Maughan等通过将LPR方法和微波外差检测法相结合,使BOTDR在27km长的传感光纤上实现了温度和应变同时测量,其空间分辨率为20m,温度分辨率和应力分辨率分别达到了4℃和100με[88]。

目前对交叉敏感问题研究的方向主要有以下四种:①基于布里渊散射谱的双参量矩阵法[93,94]。其基本思想是选择布里渊频移以外的另外一个参量X,通过利用频移与应变和温度的线性关系以及参量 X 对温度或者应变的不敏感性,或者参量 X 与应变和温度的线性关系,实现应变和温度的同时测量,如根据式(5-39),利用传感系统测量出布里渊频移和布里渊散射归一化功率,则可以同时确定温度和应变。② 基于特种光纤的双频移矩阵法[95,96]。这种方法中使用的特种光纤具有多个布里渊散射峰,可利用某两个布里渊散射峰具有不同的频移应变系数和频移-温度系数的特性,构建一个频移应变系数和频移-温度系数的系数矩阵,从而实现应变和温度的同时测量。③ 基于 LPR 方法[72]。其原理是利用瑞利散射光功率解调布里渊散射光功率,消除由熔接损耗、微弯等情况对布里渊散射光功率造成的影响。这种方法本质上是基于布里渊散射谱的频移和峰值功率双参量矩阵法的一种改进。④ 联合其他物理效应法[29,96~98],如联合拉曼散射和自发布里渊散射效应。

　　上述四种解决基于布里渊散射全分布式传感技术的交叉敏感问题方案中,基于普通单模光纤的布里渊散射谱双参量矩阵法是当前用于解决交叉敏感问题的主要方案。但是由于传感光纤中引起布里渊峰值功率变化的因素很多,测量结果易受外界干扰。基于特种光纤的双频移矩阵法由于需要特种光纤作为传感器件,传感系统的费用会显著增加,而且这种方案也难以应用到已铺设的光纤中去。联合其他的物理效应法,除了需要测量布里渊散射谱外,还要测量瑞利散射或拉曼散射,系统结构比较复杂,实用化困难。2007 年,南京大学提出了一种基于大有效面积非零色散位移光纤的布里渊散射光纤传感器解决交叉敏感问题的方案[55],根据大有效面积非零色散位移光纤的布里渊散射谱与应变和温度的关系,利用其布里渊散射谱中第一个峰和第三个峰的功率差值与应变的关系,结合布里渊频移与温度和应变的线性关系,实现了应变和温度的同时测量,获得了约 $130\mu\varepsilon$ 的应变测量精度和 8℃的温度测量精度。

5.3.5　BOTDR 系统性能改善方案

　　动态范围和空间分辨率是全分布式光纤传感系统的两个重要性能指标,也是目前基于布里渊散射光纤传感技术的重要研究方向,本节将介绍目前比较成功的一些 BOTDR 系统性能改善方案。

1. 提高系统动态范围的方法

　　目前,用于提高系统动态范围的方法有探测光脉冲编码技术、拉曼放大技术和多波长技术。

1) 探测脉冲光编码技术

　　通信中常通过对传输信号进行编码和解码实现信号的纠错或加密。研究发现,采用通信中某些码型对光纤传感器的探测脉冲光进行调制,并依据一定解码规则进行处理,可以提高传感器效率[99]。

将 BOTDR 系统视为线性系统,探测光 $P(t)$ 与其在光纤中的布里渊散射时域电信号 $S(t)$ 满足如下关系:

$$S(t) = P(t) * F(t) * r(t) = P(t) * h(t) \tag{5-48}$$

其中,$F(t)$ 为光纤散射信号的冲击响应;$r(t)$ 为探测器冲击响应;$h(t)$ 为传感系统的冲击响应;$*$ 为卷积运算符。

已知宽度为 τ 的单脉冲 $P_0(t)$ 在系统中的响应为 $S_0(t)$,如图 5-23(a)所示。根据一定的编码规则,对探测光进行编码调制,得到一系列的序列脉冲光,$P_1(t)$,$P_2(t)$,$\cdots$,$P_n(t)$,其中 n 为编码个数。然后,将这些序列脉冲光分别输入光纤,并分别获取它们在系统中的响应:$S_1(t)$,$S_2(t)$,$\cdots$,$S_n(t)$,如图 5-23(b)所示。最后根据一定的解码规则对所测信号 $S_1(t)$,$S_2(t)$,$\cdots$,$S_n(t)$ 进行处理,可以得到等效的单脉冲光在光纤中的响应 $S'_0(t)$,如图 5-23(c)所示。与单脉冲光在光纤中得到的信号 $S_0(t)$ 平均 n 次的结果 $S_0^n(t)$ 相比,解码得到的信号 $S'_0(t)$ 具有更高的信噪比。$S_0^n(t)$ 与 $S'_0(t)$ 的标准差的比值称为序列脉冲光的编码增益。又因为 $S'_0(t)$ 与信号 $S_0(t)$ 相比,只提高了信号的信噪比,不改变信号随时间的变化趋势,因此,采用编码序列脉冲光与单脉冲光在传感系统中所获得的空间分辨率相同,这就是说,采用编码序列脉冲光可以在不降低空间分辨率的前提下提高传感系统的动态范围。

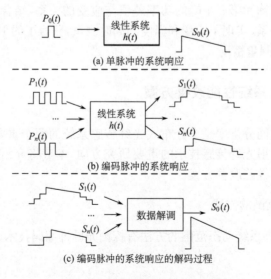

(a) 单脉冲的系统响应

(b) 编码脉冲的系统响应

(c) 编码脉冲的系统响应的解码过程

图 5-23　脉冲光编码技术原理示意图

　　关于光脉冲编码更具体的算法和原理可以参阅文献[100]和[101]。传感系统中使用的探测脉冲光编码技术主要有两种：一种是基于线性组合的光脉冲编码技术如 Simplex 序列；另一种是基于相关运算的光脉冲编码技术如 Golay 互补序列和 Hadamard 序列[101]。

　　（1）基于线性组合的光脉冲编码技术　基于线性组合的光脉冲编码技术是以正交矩阵行向量作为脉冲调制序列，并通过线性移位方法对信号进行解码的一种技术。基于光脉冲编码的传感技术中，采用由数字"0"和"1"组成的序列对探测光进行调制，容易得到一个满足可逆条件，并且由"0"和"1"组成的矩阵 $\boldsymbol{M}$。根据逆矩阵的定义可知：

$$\boldsymbol{M}\boldsymbol{M}^{-1} = \boldsymbol{I} \tag{5-49}$$

其中，$\boldsymbol{I}$ 为一个与矩阵 $\boldsymbol{M}$ 阶数相同的单位矩阵。

　　以三阶矩阵[101，110，011]为例分析线性组合的光脉冲编码和解码过程。

$$\boldsymbol{M} = \begin{bmatrix} 1 & 0 & 1 \\ 1 & 1 & 0 \\ 0 & 1 & 1 \end{bmatrix} \tag{5-50}$$

首先，将宽度为 τ、时延为 0 的单脉冲光的时域信号用 $P(t)$ 表示。则该矩阵每一行对应的序列脉冲光的时域信号 $P_i(t)$ 与信号 $P(t)$ 有如图 5-24 所示的对应关系（其中 $i=1，2，3$）。

　　假设图 5-24 中 $P(t)$、$P_1(t)$、$P_2(t)$、$P_3(t)$ 在系统中的时域响应分别为 $S(t)$、$S_1(t)$、$S_2(t)$、$S_3(t)$。则有

$$\left. \begin{aligned} S_1(t) &= S(t) + S(t-2\tau) + e_1(t) \\ S_2(t) &= S(t) + S(t-\tau) + e_2(t) \\ S_3(t) &= S(t-\tau) + S(t-2\tau) + e_3(t) \end{aligned} \right\} \tag{5-51}$$

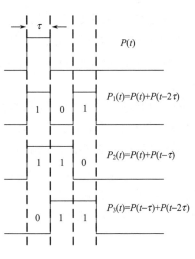

图 5-24　基于三阶矩阵的脉冲光编码原理示意图

其中，$e_i(t)$ 为每次探测时由探测器引入的噪声。将式（5-51）写成矩阵的形式，得到

$$\begin{bmatrix} S_1(t) \\ S_2(t) \\ S_3(t) \end{bmatrix} = \boldsymbol{M} \begin{bmatrix} S(t) \\ S(t-\tau) \\ S(t-2\tau) \end{bmatrix} + \begin{bmatrix} e_1(t) \\ e_2(t) \\ e_3(t) \end{bmatrix} \tag{5-52}$$

为了将信号 $S(t)$ 还原出来，需要对上式进行如下处理：

$$
\begin{bmatrix} \hat{S}(t) \\ \hat{S}(t-\tau) \\ \hat{S}(t-2\tau) \end{bmatrix} = \boldsymbol{M}^{-1} \begin{bmatrix} S_1(t) \\ S_2(t) \\ S_3(t) \end{bmatrix} = \begin{bmatrix} S(t) \\ S(t-\tau) \\ S(t-2\tau) \end{bmatrix} + \begin{bmatrix} \dfrac{1}{2} & -\dfrac{1}{2} & \dfrac{1}{2} \\ -\dfrac{1}{2} & \dfrac{1}{2} & \dfrac{1}{2} \\ \dfrac{1}{2} & \dfrac{1}{2} & -\dfrac{1}{2} \end{bmatrix} \begin{bmatrix} e_1(t) \\ e_2(t) \\ e_3(t) \end{bmatrix}
$$

$$(5\text{-}53)$$

其中, $\hat{S}(t-i\tau)$ 为 $S(t-i\tau)$ 的估计值, $i=0,1,2$。将式(5-53)中左边矩阵各行进行移位并累加平均可得解码结果:

$$
S'(t) = \frac{1}{3} \big[\hat{S}(t) + \hat{S}(t-\tau+\tau) + \hat{S}(t-2\tau+2\tau) \big]
$$

$$
= S(t) + \frac{1}{6} \big[e_1(t) - e_2(t) + e_3(t) - e_1(t+\tau) + e_2(t+\tau)
$$

$$
+ e_3(t+\tau) + e_1(t+2\tau) + e_2(t+2\tau) - e_3(t+2\tau) \big] \qquad (5\text{-}54)
$$

其中, $e_i(t)$ 为不相关零均值随机噪声 $(i=1,2,3)$,其均方差为 σ^2 ,如下所示:

$$
E\{e_i(t)\} = 0, \quad E\{e_i^2(t)\} = \sigma, \quad E\{e_i(t)e_j(t)\} = 0, \quad i \neq j \qquad (5\text{-}55)
$$

则经过上述计算得到的 $S'(t)$ 的均方误差为 $1/4\sigma^2$ 。

直接作三次平均的均方误差为 $1/3\sigma^2$,可求出该值与 $S'(t)$ 的均方误差的比值再开方即为三阶 $\boldsymbol{M}$ 矩阵的编码增益,为 $2/\sqrt{3}$ 。可见,用该编码技术可提高系统的信噪比。

若光纤传感系统的光电探测器引入噪声幅度不变,则输入探测器的光功率越高,系统得到的信噪比也越高。假设系统的时域冲击响应为 $\eta_0(t)$,则脉冲宽度为 τ 的单脉冲光 $P(t)$ 在系统中的响应 $S(t)$ 为

$$
S(t) = \eta_0(t) * P(t) \qquad (5\text{-}56)
$$

若用于对脉冲光编码的矩阵为一个由"0"和"1"组成的 n 阶方阵 $\boldsymbol{M}$,则根据该矩阵的第 i 行向量编码得到的序列脉冲光 $P_i(t)$ 可表示为

$$
P_i(t) = \sum_{j=0}^{n-1} m_{ij} P(t-j\tau) \qquad (5\text{-}57)
$$

其中, m_{ij} 为方阵 $\boldsymbol{M}$ 的第 i 行第 j 列元素。 $P_i(t)$ 在系统中的时域响应为

$$
S_i(t) = \eta_0(t) * P_i(t) = \sum_{j=0}^{N-1} \{\eta_0(t) * [m_{ij} P(t-j\tau)]\} = \sum_{j=0}^{N-1} m_{ij} S(t-j\tau)
$$

$$(5\text{-}58)$$

可见,在任意时刻系统探测到的信号功率与在光纤中传输的单位脉冲个数有关,即与该序列中"1"的个数有关。光纤中脉冲"1"的个数越多,进入探测器的光信

号功率就越大,即单次测量得到的信噪比越高。

　　然而,系统最终的信噪比取决于解码后得到的信号移位平均结果的均方误差。假设每次探测系统噪声满足式(5-55)的随机分布,则解码后系统的均方误差为

$$E\left(\left\{\frac{1}{N}\sum_{i=0}^{N-1}\sum_{j=0}^{N-1}\left[m'_{ij}e_i(t+j\tau)\right]\right\}^2\right)=\frac{\sigma^2}{N^2}\sum_{i=0}^{N-1}\sum_{j=0}^{N-1}(m'_{ij})^2 \tag{5-59}$$

其中,m'_{ij} 为矩阵 $\boldsymbol{M}$ 的逆矩阵 $\boldsymbol{M}^{-1}$ 中第 i 行第 j 列元素。

　　已知对系统采集到的信号作 N 次平均的均方误差为 $\frac{\sigma^2}{N}$,因此与直接 N 次平均方法相比,采用 N 阶矩阵 $\boldsymbol{M}$ 得到的编码增益为

$$G=\sqrt{\frac{N}{\displaystyle\sum_{i=0}^{N-1}\sum_{j=0}^{N-1}(m'_{ij})^2}} \tag{5-60}$$

只有当 $G>1$ 时,系统信噪比才能得到增强,因此为了获得最高的编码增益,矩阵 $\boldsymbol{M}^{-1}$ 中元素的平方和应最小。

　　2008 年,Marcelo A. Soto 等提出了基于 Simplex 序列脉冲的 BOTDR 实验系统[102],其原理如图 5-25 所示。实验采用了基于 LPR 的直接探测方式,探测脉冲的峰值功率为 10mW,光源为外腔式激光器,工作波长为 1550nm,线宽为 200kHz。激光器输出的连续光经 EDFA 放大后通过可调带通滤波器(FWHM 为 0.8nm)以便减小 ASE 噪声,放大后的连续光经过偏振控制器后,由马赫-曾德尔电光调制器通过脉冲信号发生器将其调制成单个脉冲和 127 位 Simplex 码脉冲,脉冲宽度为 400ns,对应 40m 的空间分辨率,传感光纤包括 10.5km、1km 和 18.5km 三段色散位移光纤,其中 1km 的光纤放在温度控制箱中,其余两段保持室温。实验采用带宽为 6GHz 的 FBG 将瑞利散射信号和布里渊散射信号分离后由 APD 光电探测器分别探测,之后通过模数转换进行解码等数据处理。实验结果显示,与脉冲宽度 400ns 的单脉冲相比,序列脉冲方式提升了 7dB 的信噪比,极大地提升了温度测量精度,系统在 30km 传输距离上得到了 5℃ 的温度分辨率和 40m 的空间分辨率。此外,序列脉冲方式可以使系统略去光脉冲放大环节,低功率激光器也可以得到较好应用,与单脉冲方式相比,在相同测量时间内得到更好的测量结果。

　　(2) 基于相关运算的光脉冲编码技术　　与线性组合的 Simplex 序列不同,相关序列是两个或多个由"-1"和"1"组成的序列组,且它们的自相关函数和为 δ 函数(即单位冲击函数)的整数倍,如下所示:

$$\sum_{i=1}^{N}\left[\boldsymbol{P}_i\otimes\boldsymbol{P}_i\right]=C\delta(k) \tag{5-61}$$

其中,$\otimes$ 为相关运算符号;$\boldsymbol{P}_i$ 为相关序列;N 为序列的个数;C 为大于 1、小于 $N\times L$ 的常数;L 为序列长度;δ 函数如下所示:

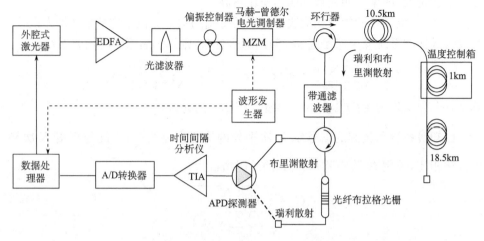

图 5-25　基于序列脉冲的 BOTDR 系统

$$\delta(k) = \begin{cases} 1, & k = 0 \\ 0, & k \neq 0 \end{cases} \tag{5-62}$$

由于光脉冲只能为单极性,因此,当序列 $\boldsymbol{P}_i$ 中含有元素"-1"时,可将该双极性序列用两个单极性序列 $\boldsymbol{P}_{i+}$ 与 $\boldsymbol{P}_{i-}$ 的差表示,即

$$\boldsymbol{P}_i = \boldsymbol{P}_{i+} - \boldsymbol{P}_{i-} \tag{5-63}$$

其中,各序列的元素有如下对应关系:

$$\boldsymbol{P}_{i+} = \begin{cases} 0, & \boldsymbol{P}_i = -1 \\ 1, & \boldsymbol{P}_i = 1 \end{cases}$$

$$\boldsymbol{P}_{i-} = \begin{cases} 0, & \boldsymbol{P}_i = 1 \\ 1, & \boldsymbol{P}_i = -1 \end{cases} \tag{5-64}$$

在线性系统中,假设单脉冲在系统中的响应为 $\eta(t)$,序列 $\boldsymbol{P}_{i+}$ 和 $\boldsymbol{P}_{i-}$ 在系统中的时域响应分别为 $\psi_{i+}(t)$ 和 $\psi_{i-}(t)$,则通过信号相减可以得到 $\boldsymbol{P}_i$ 对应的系统响应的估计值 $\hat{\psi}_i(t)$,表示为

$$\hat{\psi}_i(t) = \psi_{i+}(t) + e_{i+}(t) - A[\psi_{i-}(t) + e_{i-}(t)] = \boldsymbol{P}_i * \eta(t) + e_{i+}(t) - A e_{i-}(t) \tag{5-65}$$

其中,$*$ 为卷积符号;$e_{i+}(t)$ 和 $e_{i-}(t)$ 为每次测量时探测器引入的噪声;A 为 0 或 1 的常数;当 $\boldsymbol{P}_i$ 为全 1 时,系数 $A=0$,否则 $A=1$。解码时将 $\hat{\psi}_i(t)$ 与序列 $\boldsymbol{P}_i$ 作互相关后再累加可以得到系统响应 $\eta(t)$ 的估计值 $\hat{\eta}(t)$:

$$\hat{\eta}(t) = \frac{1}{C} \sum_{i=1}^{N} [\boldsymbol{P}_i \otimes \psi_i(t)] = \sum_{i=1}^{N} \{\boldsymbol{P}_i \otimes [\boldsymbol{P}_i * \eta(t) + e_{i+}(t) - A e_{i-}(t)]\}$$

$$= \frac{1}{C} \left(\sum_{i=1}^{N} \boldsymbol{P}_i \otimes \boldsymbol{P}_i \right) * \eta(t) + \frac{1}{C} \sum_{i=1}^{N} \{ \boldsymbol{P}_i \otimes [e_{i+}(t) - Ae_{i-}(t)] \}$$

$$= \eta(t) + \frac{1}{C} \sum_{i=1}^{N} \{ \boldsymbol{P}_i \otimes [e_{i+}(t) - Ae_{i-}(t)] \}$$

$$= \eta(t) + \frac{1}{C} \sum_{i=1}^{N} \sum_{j=1}^{L} \{ p_{ij} [e_{i+}(t) - Ae_{i-}(t)] \} \tag{5-66}$$

其中，p_{ij} 为序列 $\boldsymbol{P}_i$ 的第 j 个元素。假设探测器噪声为不相关零均值随机噪声，其均方差为 σ^2，则解码后系统的均方误差为

$$E\{ [\hat{\eta}(t) - \eta(t)]^2 \} = \frac{(2N - K)L\sigma^2}{C^2} \tag{5-67}$$

其中，K 为元素全等于"1"的序列的个数。而对系统信号进行 $(2N-K)$ 次直接平均得到的均方误差为 $\sigma^2/(2N-K)$。因此采用相关序列的编码增益为

$$G = \frac{C}{(2N - K)\sqrt{L}} \tag{5-68}$$

Hadamard 序列和 Golay 互补序列是常用的两种相关序列，它们的行向量都具有很好的自相关特性。根据式(5-68)可知，N 阶 Hadamard 序列的编码增益 G_H 为[103]

$$G_H = \frac{N^2}{(2N - 1)\sqrt{N}} \tag{5-69}$$

Golay 互补序列构造方式如下：

$$\left. \begin{aligned} \boldsymbol{A}_0 &= [1] \\ \boldsymbol{B}_0 &= [1] \\ \boldsymbol{A}_{2^k} &= [\boldsymbol{A}_{2^k-1} \mid \boldsymbol{B}_{2^k-1}] \\ \boldsymbol{B}_{2^k} &= [\boldsymbol{A}_{2^k-1} \mid \overline{\boldsymbol{B}}_{2^k-1}] \end{aligned} \right\} \tag{5-70}$$

其中，$\overline{\boldsymbol{B}}$ 为 $\boldsymbol{B}$ 的补码，即 $\overline{\boldsymbol{B}} = -\boldsymbol{B}$。$N$ 位 Golay 互补序列的编码增益 G_G 为

$$G_G = \frac{\sqrt{N}}{2} \tag{5-71}$$

由式(5-69)和(5-71)可知，在相同位数时 Hadamard 序列的编码增益高于 Golay 互补序列。此外，在布里渊传感系统中，探测器所探测到的信号有一部分是探测光直流基底产生的连续信号，脉冲光分量产生的有效信号较弱时，在探测端很难将其从直流基底信号中分离出来，Golay 互补序列在解码过程中容易出现误码。因此，相对于 Golay 互补序列，Hadamard 序列更适合于被测信号弱的 BOTDR 光纤传感系统。需要指出的是，由于互相关解码处理的是由系统采样得到的离散数据，根据香农采样定理可知，信号采样频率必须大于信号最高频率的两倍，才能无失真地恢

复原始连续信号。因此,为了利用采样信号获得无失真的被测布里渊散射信号,采样时间间隔应与脉冲宽度相等。

2011 年,南京大学提出了基于 Hadamard 序列的 BOTDR 实验系统,其原理如图 5-26 所示[103],DFB 激光器输出波长为 1550.13nm,其线宽为 300kHz,输出功率为 10dBm。激光器输出的连续光经 EDFA 放大后被 3dB 耦合器分为两路。其中一路用电光调制器将连续光调制成序列脉冲光并送入被测光纤。另外一路用电光调制器调制移频作为本地参考光,通过一个 3dB 耦合器与自发布里渊散射信号进行相干。相干信号用带宽为 800MHz 的平衡探测器进行探测,其输出的电信号用数据采集子系统进行解包络处理,得到布里渊光功率随时间的变化量。最后经过数据处理获得光纤中布里渊频谱的分布情况。其中,光纤光栅 1 是用来滤除 EDFA 放大后的 ASE 噪声,中心波长为 1550.13nm,3dB 带宽为 0.1nm。探测脉冲信号进入光纤产生的主要散射光包括瑞利散射光、布里渊斯托克斯和反斯托克斯光。光纤光栅 2 的作用是将散射光中的瑞利散射光和布里渊反斯托克斯光滤除,中心波长与光纤光栅 1 相差 0.09nm(对应约 11GHz 的频率间隔),3dB 带宽为 0.1nm,光纤光栅 2 可以有效地将布里渊斯托克斯散射光从信号的散射光中分离出来。为了减小偏振噪声,在本地参考光路加入扰偏器。电光调制器是偏振相关器件,因此入射电光调制器的光需要经过偏振控制器将大部分光耦合到器件上。驱动电光调制器的序列脉冲发生器和微波信号源用 GPIB 卡进行同步控制。序列脉冲发生器为光示波器和信号采集卡提供触发信号。微波信号源输出信号频率可以在 11GHz 附近调整,相干后布里渊谱可频移至几百兆赫兹量级。测试光纤总长

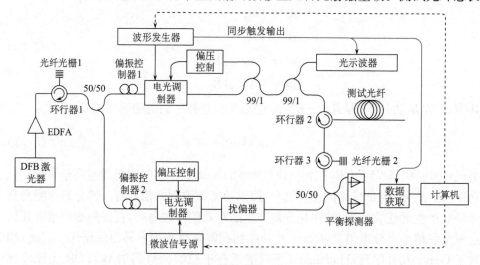

图 5-26　基于 Hadamard 序列脉冲的 BOTDR 实验系统

度约 31km 如图 5-27 所示,分为四段,光纤头尾分别是 7km 和 20km 的 SMF28 单模光纤,中间 4km 为 DSF 色散位移光纤,其中在色散位移光纤末端有大约 120m光纤受应变。其中,SMF28 光纤和 DSF 光纤的布里渊频移有一个频率差,大约为150MHz。探测脉冲光被调制成 64 位,500ns 的 Hadamard 序列脉冲,其峰值功率为 0.4mW,远远小于受激布里渊阈值。

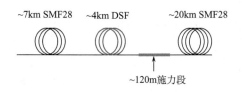

图 5-27　测试光纤

实验获得的布里渊频谱沿光纤沿线的分布图如图 5-28 所示,从图 5-28 上可以清楚地看到,31km 的被测光纤中四段光纤的不同布里渊频移。实验结果显示:Hadamard 序列探测脉冲光在 31km 的光纤上获得了 50m 的空间分辨率,该系统的最大测量距离可达到 53.5km。

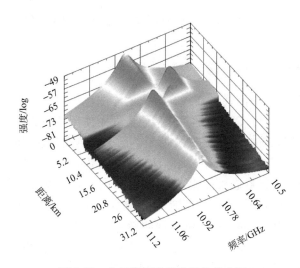

图 5-28　布里渊频谱沿光纤的分布图

图 5-29 给出了相同峰值功率的 500ns 单脉冲和 64 位 Hadamard 序列作为探测脉冲光时,单脉冲 BOTDR 和序列脉冲 BOTDR 在差频等于 10.87GHz 处的时域信号的比较图。从图 5-29 可见,在该实验条件下,由于单脉冲光散射的布里渊

光功率较低,所测得的信号信噪比较低,只能获得光纤前端约 7km 的时域信号,7km 之后散射的布里渊信号均淹没在噪声中,不能准确判断光纤的长度。而 Hadamard 序列探测脉冲光所测得的时域信号信噪比远大于单脉冲光所测得的时域信号,得到较好的测量结果。

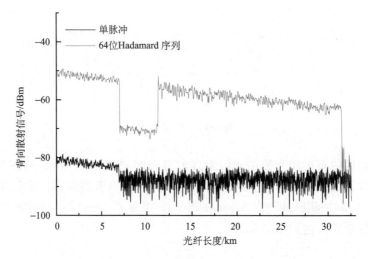

图 5-29　单脉冲与 64 位 Hadamard 序列脉冲 BOTDR 时域信号比较图

2）基于拉曼放大技术的 BOTDR

除了脉冲编码技术外,通过在线光放大的方法也可以提高 BOTDR 系统的传感距离。2003 年,Y. T. Cho 等通过在传感光纤中使用拉曼放大器,实现了 50km 的传感距离[104],其系统结构如图 5-30 所示。由 EDFA 放大的 DFB 激光器发出的 1533nm 入射光经调制器后形成探测脉冲,峰值功率 100mW,脉冲宽度 100ns,探测脉冲通过 3 端口环行器进入被测光纤,产生背向自发布里渊散射信号。工作在 1450nm 的拉曼光纤激光器由声光调制器调制成上升时间为 20ns 的拉曼泵浦脉冲,峰值功率 120mW,脉冲宽度 50ns,探测脉冲与泵浦脉冲的后沿相互重合。通过调节两个带宽均为 0.1nm 的光纤光栅 1 与光纤光栅 3 的温度,使其中心频率处在 1533nm,可将瑞利散射光滤除。光纤光栅 2 中心频率 1533nm,带宽 1nm,用来滤除拉曼泵浦光产生的瑞利散射光和自发拉曼散射光。2005 年,在使用拉曼放大的基础上,他们通过使用相干探测方式将传感距离提高到了 150km[29]。

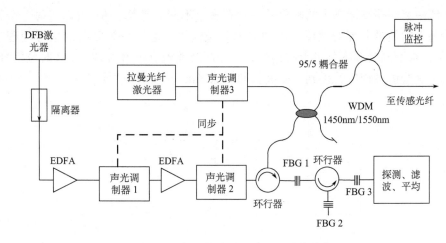

图 5-30　基于拉曼放大的 BOTDR 系统结构图

3）多波长的 BOTDR 传感技术

最近,南京大学提出了两种多波长 BOTDR 传感技术用于增加 BOTDR 系统的传感距离。一种是多个波长分别检测的 BOTDR[105],其结构如图 5-31 所示。在此系统中,多波长光源发出的光被调制为脉冲光,在传感光纤中产生多个互不混叠的自发布里渊散射谱,单波长光源发出的光作为本地参考光,与布里渊散射信号混合后被一个高频探测器接收。它的特点是探测光为多波长,本地参考光为单波长。

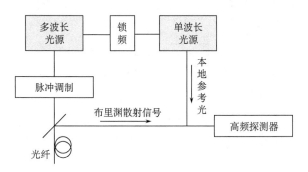

图 5-31　多个波长分别检测的 BOTDR 系统原理图

此系统中的单波长光源发出的光波与多波长光波保持一定的频差,以使布里渊散射信号与本地参考光的差频落在可探测的范围内,改变这个频差即可实现对布里渊频谱的扫频。此系统相干检测的原理如图 5-32 所示,单波长本地参考光与多个布里渊散射信号的频差为 $f,f+\Delta\nu,\cdots,f+\Delta\nu\times(N-1)$,其中 $\Delta\nu$ 为多波长光信号的频率间隔,而 f 可以由多波长光源与单波长光源之间的锁频决定。因此,此系统中宽频探测器输出的电信号中含有多个不同的频率分量,可以将每一个频率分量上的信号上都处理成一个独立的时域信号。通过较为复杂的信号处理过程,可以将不同的频率分量上的信号分开并同时处理成所需的 BOTDR 时域信号,之后将这些信号相加就得到了多波长同时探测的 BOTDR 信号。

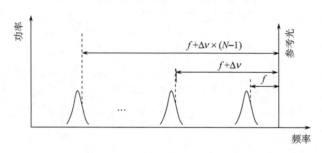

图 5-32　多波长探测、单波长参考的 BOTDR 外差检测原理

由于此系统探测到的光电流频率最高为 $f+\Delta\nu\times(N-1)$,所以对探测器及信号处理的带宽有较高的要求。

另一种为多个波长同时检测的 BOTDR 技术,其结构如图 5-33 所示,该系统中本地参考光和探测光源自同一个多波长光源,本地参考光路的移频使其与布里渊散射信号保持一个合适的频差,改变这个频差以实现对布里渊谱的扫频,此结构容易实现。

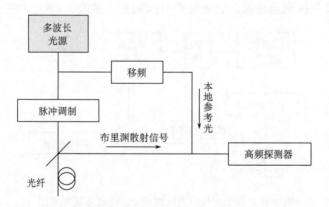

图 5-33　多个波长同时检测的 BOTDR 系统原理图

此结构相干检测的原理如图 5-34 所示,多波长探测光产生的多个布里渊散射信号与同源的本地参考光中的各波长一一对应,所以每个布里渊散射信号与和它所对应的本地参考光的差频都是相同的 f(忽略泵浦波长不同所造成的布里渊频率差异)。通过设置多波长光的频率间隔,调节本地参考光的移频,可以使 f 小于

Δν。挑选合适的探测器带宽,使得布里渊散射与本地参考光的差频处于宽频探测器的带宽内,而使 Δν 大于探测器的带宽,可以排除本地参考光的各个波长之间的差频对探测器光电流的影响。

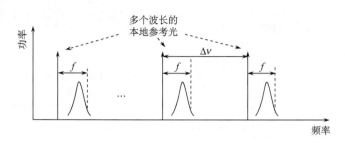

图 5-34　多波长探测、多波长本地参考光的 BOTDR 外差检测原理

理论上这两种方法都能有效提高系统的信噪比。在传统相干探测型 BOTDR 中,单波长 BOTDR 的信噪比 SNR_1 可以写成:

$$SNR_1 = \frac{2P_{LO}P_B}{2q(P_{LO}+P_B)B+4k_BTB/R_L} \tag{5-72}$$

其中,q 为电子电荷;P_{LO} 为本地参考光功率;P_B 为布里渊散射功率;B 为探测器带宽;k_B 为玻尔兹曼常数;T 为热力学温度;R_L 为负载电阻。则 N 波长分别检测的 BOTDR 信噪比与单波长 BOTDR 的信噪比的关系为

$$SNR_N = \sqrt{N} \cdot SNR_1 \tag{5-73}$$

N 个波长同时探测的 BOTDR 信噪比与单波长 BOTDR 的信噪比的比值可以写为

$$SNRI = \frac{SNR_N}{SNR_1} = \frac{N \cdot (2qP_{LO}B+4k_BTB/R_L)}{N \cdot 2qP_{LO}B+4k_BTB/R_L} \tag{5-74}$$

图 5-35 给出了三个波长同时检测的 BOTDR 系统的实验装置。系统光源由单波长激光器、相位调制器和微波源 1 组成。微波源 1 发出 2GHz 的正弦波,通过相位调制器将 1549.886nm 的单波长激光器调制成以原光频对称的三个光频,间隔为 2GHz。经过掺铒光纤放大器放大后被分成两部分,一部分经偏振控制器被电光调制器 1 和脉冲发生器调制成脉冲探测光,探测脉冲光从环行器注入被测光纤,以产生自发布里渊散射信号。

三波长光波的另一部分经过一个偏振控制器,之后被微波源 2 控制的电光调制器 2 调制成本地参考光。微波源 2 输出的微波信号频率为 11GHz,而电光调制器 2 被设置为工作在抑制 0 阶光频、±1 阶光频功率最大的调制深度上。经过电光调制器 2 后,三波长光波分别移频 ±11GHz 的边带共有 6 个光频,分别对应于三个波长探测光布里渊散射的斯托克斯光和反斯托克斯光。探测光、布里渊散射光以及本地参考光之间的频率关系如图 5-36 所示。

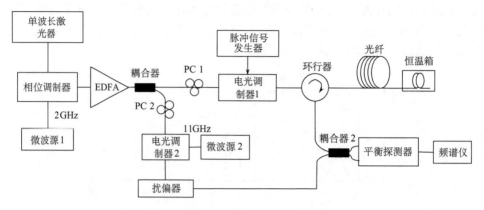

图 5-35　多个波长同时检测的 BOTDR 实验装置图

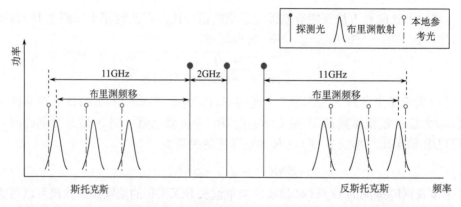

图 5-36　系统中探测光、布里渊散射光以及本地参考光之间的频率关系

　　6 个光频的参考光经过扰偏器之后,与探测脉冲光的布里渊散射信号在一个 2×2 的耦合器中混合,之后用一个交流耦合平衡探测器检测信号,探测器带宽为 800MHz。最后用一个电谱分析仪来显示测得的信号,电谱分析仪可以工作在零跨度(zero span)模式,相当于一个带通滤波器和示波器的组合,且此带通滤波器的中心频率可调,所以可以显示指定频率处的时域信号,扫频也就可以通过调电谱分析仪的带通滤波器来实现。

　　图 5-37 将三波长同时检测的 BOTDR 与单波长 BOTDR 测得的加温段布里渊频移做了对比,可见三波长 BOTDR 系统测量结果的波动较小。

　　由于两个系统测得该光纤的布里渊频移都约为 10 881.4MHz,则通过测量此频率上的布里渊峰值功率来研究两个系统的信噪比。式(5-74)给出了探测器端的信噪比表达式,但是数据是由电谱分析仪采集、平均并显示,则电谱分析仪的仪器噪声不能忽视。在没有信号输入的情况下,电谱分析仪会在测量带宽内产生噪声

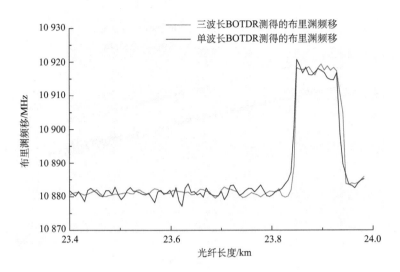

图 5-37　三波长和单波长 BOTDR 加温段布里渊频移对比图

功率,这一噪声偏置相当于叠加了均方值为 $9\times10^{-13}\mathrm{A}^2$ 的光电流。所以信噪比提升要被改写为

$$SNRI = \frac{N\cdot[2qP_{LO}B+4k_\mathrm{B}TB/R_L+(i_{noise}^{ESA})^2]}{N\cdot2qP_{LO}B+4k_\mathrm{B}TB/R_L+(i_{noise}^{ESA})^2} \tag{5-75}$$

其中,$(i_{noise}^{ESA})^2$ 表示电谱分析仪的仪器噪声。根据实验的具体参数可以计算出信噪比提升 $SNRI$ 为 4.5dB。图 5-38 给出了两个系统测量的布里渊峰值功率,可见在相同底噪声的情况下,三波长 BOTDR 测得的布里渊峰值功率比单波长的测量值高 4.2dB。实验中 EDFA 放大多波长光信号时的 ASE 噪声较大,所以外差检测时 ASE 与其他光频差频产生的底噪声比单波长时有所增大,实验得到的信噪比提升略小于理论值。

2. 提高 BOTDR 系统空间分辨率的方法

当传感系统的探测脉冲宽度与声子寿命相当或者小于声子寿命(约 10ns)时,布里渊散射谱会发生严重的展宽,因此探测脉冲宽度应大于 10ns,根据脉冲宽度 t_{pulse} 和系统空间分辨率的关系 $ct_{pulse}/2n$ 可知,BOTDR 系统的空间分辨率极限为 1m。为了突破空间分辨率的限制,使得 BOTDR 能胜任于要求高空间分辨的应用场合,人们提出了双脉冲方法、布里渊谱分析法、等效脉冲方法和布里渊光相干域反射(BOCDR)技术。

1) 双脉冲方法

2007 年,Yahei Koyamada 等提出了一种突破 1m 空间分辨率限制的双脉冲方

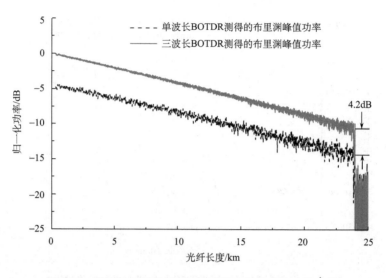

图 5-38　单波长和三波长 BOTDR 的布里渊峰值功率曲线

法,其实验系统如图 5-39 所示,该方法的原理为:当两个脉冲之间的时间间隔小于某一数值(小于声子寿命)时,它们与同一个声波场发生作用,产生相干的自发布里渊散射,两脉冲的自发布里渊散射光产生共振,其布里渊谱峰值更加容易测量,这样可以提高布里渊频移的测量精度。实验发送的双脉冲宽度均为 2ns,间隔 5ns,系统得到了 20cm 的空间分辨率与 3MHz 的频移测量精度[36]。

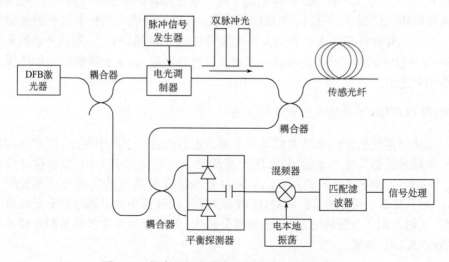

图 5-39　提高空间分辨率的双脉冲 BOTDR 系统

2）布里渊谱分析法和等效脉冲光的拟合法

布里渊谱分析法通过将布里渊谱看做是由若干个从空间分辨率长度上不同位置产生的细分布里渊谱的叠加，对其进行分解来求得单个细分布里渊谱中心频率，进而提高空间分辨率。

假设光纤沿线的布里渊频移一致，则光纤中产生的布里渊谱用如下洛伦兹谱型的方程来描述：

$$g_B(\nu,\nu_B) = g_0 \frac{(\Delta\nu_B/2)^2}{(\nu-\nu_B)^2 + (\Delta\nu_B/2)^2} \tag{5-76}$$

其中，g_0 为布里渊谱的峰值功率；ν_B 为布里渊频移；$\Delta\nu_B$ 为布里渊散射谱的半峰全宽。若光纤沿线的布里渊频移由于应变的关系而发生变化，则此时得到的布里渊谱表示为

$$\bar{g}_B(\nu,z) = \frac{1}{\delta z}\int_{z-\delta z/2}^{z+\delta z/2} g_B(\nu,\nu_B(y))\mathrm{d}y \tag{5-77}$$

其中，δz 为空间分辨率。

若将脉冲光对应的空间分辨率长度细分为 $2m$ 段，则每一段长度为 $\delta z/2m$，则式（5-77）可以变换为

$$\bar{g}_B(\nu,z) = \sum_{k=-m}^{m} a_k g_B(\Delta\nu,\nu_B(z_k)) \tag{5-78}$$

其中，z 表示光纤沿线的位置。最后可以根据式（5-78）及光纤中已知布里渊频移的位置来逐步递推出光纤中 $\delta z/2m$ 长的光纤上的布里渊频移。H. Murayama 等通过该方法，使 BOTDR 的空间分辨率从 2m 提高到了 0.3m[106]。

在上述方法的基础上，针对布里渊光时域反射仪单次采样接收后向布里渊散射信号时需要一定的时间，南京大学王峰等提出了基于等效脉冲光的多洛伦兹拟合法以提高系统的空间分辨率[33]。该方法将探测光脉冲在 BOTDR 完成单次采样所需的时间上进行积分，将积分函数作为等效脉冲光的表达式，根据等效脉冲光的形状将 BOTDR 接收到的背向布里渊散射谱细分，并对它进行多个洛伦兹迭代拟合，准确求得每个细分布里渊散射谱的中心频率，再利用光纤中布里渊频移与应变的对应关系，得到光纤中与细分布里渊散射谱对应的细分光纤单元上的应变情况。采用这种方法，实验获得了 0.05m 的空间分辨率[57]。

3）BOCDR 技术

鉴于声子寿命对 BOTDR 系统空间分辨率的限制，Yosuke Mizuno 提出了一种基于连续光的 BOCDR 技术[107]，如图 5-40 所示，通过调制激光器的输入电流（交流部分），对输出激光直接进行正弦波调制（调制频率为 f_m），经调制的连续光

分成两路光：一路经偏振控制器，经过一段 2km 的延长线和 EDFA3 后作为参考光；另一路经过另一个偏振控制器、EDFA1，再经过一个隔离器和偏振控制器后注入测试光纤，背向散射光经过一个放大器 EDFA2 放大后，通过一个光学滤波器，滤除瑞利散射光和菲涅尔散射光后得到背向自发布里渊散射的斯托克斯光，最后由平衡探测器进行自外差相干探测。控制调制频率为 f_m，让测试光纤中只有一个关联的周期峰（相关峰）。因为只有与参考光相关性最大的位置产生的布里渊散射与参考光相干才能产生强的外差信号，形成相关峰，因此通过检测相关峰的相关度就可以确定光纤上发生布里渊散射的位置。通过电频谱仪观测峰位频率可以给出该位置的布里渊频移，调节 f_m 并对光纤沿线的相关峰进行扫描，可以实现沿传感光纤的布里渊谱或者频移的测量。实验在 100m 的传感光纤上获得了 40cm 的空间分辨率。

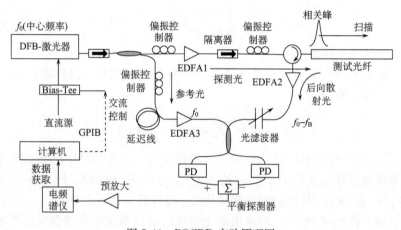

图 5-40　BOCDR 实验原理图

该系统的空间分辨率 Δz 和测量范围 d_m（两相邻相关峰之间的距离）由下两式确定：

$$\Delta z = \frac{\nu_g \Delta \nu_B}{2\pi f_m \Delta f} \tag{5-79}$$

$$d_m = \frac{\nu_g}{2 f_m} \tag{5-80}$$

其中，ν_g 为光纤中光的群速度；$\Delta \nu_B$ 为光纤中布里渊增益带宽；Δf 为已调光源的最大频率（一般要求 $2\Delta < \nu_B$，ν_B 为布里渊频移）；f_m 对应正弦调制频率。

5.4　布里渊光时域分析(BOTDA)技术

5.4.1　BOTDA 原理

基于自发布里渊散射的 BOTDR 技术,拥有单端传感测量的优点,但由于自发布里渊散射光较微弱,检测比较困难,传感器性能受到很大的制约。而基于受激布里渊散射的 BOTDA 技术,检测信号强度较大,因此传感器的测量精度和传感距离可得到有效的改善。

1989 年,T. Horiguchi 等首次提出利用光纤中的受激布里渊散射机制来进行传感的 BOTDA 技术[8]。

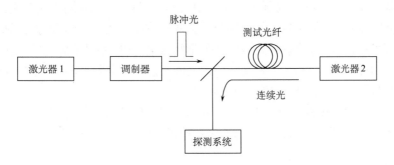

图 5-41　典型 BOTDA 传感器基本结构示意图

BOTDA 传感系统的基本结构如图 5-41 所示。激光器 1 发出的连续光经调制器调制后作为泵浦脉冲光,泵浦脉冲光从光纤的一端进入光纤。激光器 2 发出的连续探测光,连续探测光的频率比泵浦脉冲光频率低约一个布里渊频移,被称为斯托克斯光。当泵浦脉冲光与斯托克斯光在光纤中相遇时,由于受激布里渊放大作用,泵浦脉冲光的一部分能量通过声波场转移给斯托克斯光。通过在信号检测端测量斯托克斯光功率的变化并利用 OTDR 技术便可得到光纤沿线能量转移的大小。由于能量转移的大小与两个光波之间的频率差有关,且当两者的频率差等于光纤的布里渊频移时转移的能量最大,所以通过扫描两个光源之间的频率差并记录下每个频率差下光纤沿线能量转移的大小,便可得到光纤沿线的布里渊增益谱,对布里渊增益谱进行洛伦兹拟合得到光纤沿线的布里渊频移分布,从而实现对光纤应变和温度的全分布式传感,这种传感系统称为增益型 BOTDA 技术[108]。

在增益型 BOTDA 中,由于泵浦脉冲光的能量不断转移给作为斯托克斯光的连续光,从而导致泵浦脉冲光沿光纤前进时的能量不断减小,不利于长距离的传感。鉴于此,鲍晓毅实验组于 1993 年提出了基于布里渊损耗型 BOTDA 技术[9]。

如图 5-41 所示,在这种技术中,激光器 1 出射光的频率低于激光器 2 出射光的频率,即脉冲光为斯托克斯光,连续光为泵浦光,由于脉冲光在光纤中受到泵浦光的作用能量不断增大,因此可以实现更长距离的传感。目前多数 BOTDA 技术为布里渊损耗型。

根据使用的脉冲光的不同特点,BOTDA 可以分为差分脉冲对 BOTDA(dif-ferential pulse-width pairs, DPP-BOTDA)技术、编码脉冲 BOTDA 技术、基于高消光比探测脉冲光 BOTDA 技术、预泵浦 BOTDA 技术和基于暗脉冲光 BOTDA 技术等。

5.4.2　基于差分脉冲对的 BOTDA

在基于布里渊散射的光纤传感技术中,空间分辨率和测量精度相互制约:为获得高的空间分辨率,传感器必须采用窄脉宽的探测脉冲光,窄脉宽的探测脉冲光产生宽的布里渊谱,这将导致布里渊频移测量精度的降低;并且窄脉宽的探测脉冲光意味着泵浦光,探测光和声子相互作用的空间长度变短,因而得到的布里渊信号变弱,探测误差变大,从而降低应变和温度的分辨率。

为了克服以上困难,人们提出了一种基于差分脉冲对的 BOTDA 技术,这种技术在不影响测量精度的情况下实现了厘米量级的空间分辨率[38, 109]。

1. DPP-BOTDA 技术的基本原理

DPP-BOTDA 传感系统采用一对脉宽相差几纳秒的光脉冲作为探测光来获取传感光纤的差分布里渊谱。这对探测脉冲光在传感光纤中分别与泵浦光相互作用,得到两组时域布里渊信号,此两组时域布里渊信号相减,无应变与温度变化区域内的布里渊信号将抵消,发生应变与温度变化处的布里渊信号将保留[38]。实际上,在 DPP-BOTDA 传感系统中,最终得到的是这对探测光脉冲的脉宽差内的差分布里渊信号,而不是由探测脉冲光直接与泵浦光相互作用的原始布里渊信号。这一差分过程如图 5-42 所示,其中 $I(0,t,\tau)$ 和 $I(0,t,\tau+\delta\tau)$ 分别表示在某一频率下,脉冲宽度为 τ 和 $\tau+\delta\tau$ 的探测光脉冲在 $z=0$ 位置获得的时域布里渊信号,$I(0,\delta\tau)$ 代表这两组时域布里渊信号的差值。位于传感光纤 z 位置处的应变,它在探测光脉冲对(τ 和 $\tau+\delta\tau$)内的相对位置和由其所引起的布里渊增益不同,这两组布里渊信号相减,可以在零信号背景下检测到此应变。因此,DPP-BOTDA 传感系统可以检测到长度在 $v\delta\tau/2$ 范围内的微小的应变和温度变化,其中 v 表示光在传感光纤内的传播速度,即此时传感器的空间分辨率为 $v\delta\tau/2$。可见 DPP-BOT-DA 传感系统的空间分辨率与探测脉冲对的宽度差有关。

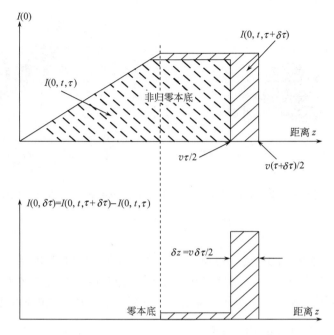

图 5-42　DPP-BOTDA 传感器的工作原理

　　鲍晓毅实验组于 2008 年率先实现了基于 DPP-BOTDA 技术的全分布式布里渊传感器[4]。他们采用两个工作波长为 1320nm 的 Nd：YAG 激光器。这两个激光器的频率差由频率计数器锁定和调节。探测光脉冲的峰值功率约为 12mW，泵浦光的平均功率约为 4mW。实验中传感光纤长度为 1km。在此传感光纤上分布有两个间隔 1m、各自长度为 0.5m 的应力变化区，其应力变化大小分别为 $2000\mu\varepsilon$ 和 $3000\mu\varepsilon$。图 5-43 显示的是实验测得的三维布里渊谱。图 5-43（a）是在传统的 BOTDA 传感器中采用 50ns 探测光脉冲检测到的布里渊谱，从图里可以看出，位于 56m 和 57m 位置处的两个长为 0.5m 的应变互相重叠在一起，且其重叠的长度有 9m。由于传统 BOTDA 传感器采用的是 50ns 的探测脉冲，对应空间分辨率为 5m，故此两处应变无法被精确检测出来。图 5-43（b）是在 DPP-BOTDA 传感器中用脉冲宽度分别为 50ns 和 45ns 的探测光脉冲对检测到的布里渊谱。图中可见，虽然采用的探测光脉冲的宽度仍有几十纳秒，但是这两个长度为 0.5m 的应变可以被准确检测出来。

　　与传统的 BOTDA 传感器相比，DPP-BOTDA 传感器具有如下优点：①由于采用了较宽脉宽的探测光脉冲，并且得到的两组布里渊信号相减，因此可以同时获得窄的布里渊谱和高的空间分辨率，从而提高传感器的应变测量精度和空间测量精度。②可以使用高消光比的光脉冲而无需进行预泵浦，这样即使传感光纤长度

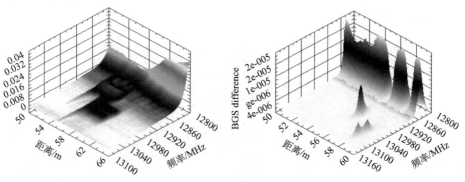

(a) 采用50ns探测光脉冲的传统BOTDA传感器　　　(b) 采用50/45ns探测光脉冲对的DPP-BOTDA传感器

图 5-43　三维布里渊谱

有上千公里,增益饱和的问题也可避免。③当传统的 BOTDA 传感器采用的探测脉冲宽度和DPP-BOTDA 传感器采用的探测脉冲对的脉冲宽度差相等时,DPP-BOTDA 传感器测得的差分布里渊谱能提供更强的信号和更高的信噪比。

2. DPP-BOTDA 传感器的测量精度

采用 DPP-BOTDA 传感器能同时获得高的空间分辨率和测量精度。本节将从实验和理论两个方面讨论决定 DPP-BOTDA 传感器空间分辨率和测量精度的因素并对 DPP-BOTDA 传感器和传统的 BOTDA 传感器的性能进行比较。

实验装置如图 5-44 所示。为了减小由光波偏振态变化所带来的布里渊增益的抖动,实验采用保偏光纤作为传感光纤,并在保偏光纤的两端分别连接上偏振分光计以确保泵浦光和探测光能对在保偏光纤的同一光轴上。在室温且不受应变的条件下,当布里渊传感器的光源的工作波长为 1550nm 时,该保偏光纤的布里渊频移约为 10.59GHz。

为了对 DPP-BOTDA 传感器的工作过程进行数值仿真,采用如下所示的三波耦合方程[64]:

$$\left(\frac{\partial}{\partial z} - \frac{n}{c}\frac{\partial}{\partial t}\right)E_p = \mathrm{i}g_1 Q E_s + \frac{1}{2}\alpha E_p \tag{5-81}$$

$$\left(\frac{\partial}{\partial z} + \frac{n}{c}\frac{\partial}{\partial t}\right)E_s = -\mathrm{i}g_1 Q^* E_p - \frac{1}{2}\alpha E_s \tag{5-82}$$

$$\left(\frac{\partial}{\partial t} + \Gamma\right)Q = -\mathrm{i}g_2 E_p E_s^* \tag{5-83}$$

其中,E_p、E_s 和 Q 分别代表泵浦光、斯托克斯光和声场的场强;g_1 和 g_2 表示光子和声子的耦合系数;α 为光波在光纤内传播的衰减系数;$\Gamma = \Gamma_1 + \mathrm{i}\Gamma_2$。$\Gamma_1 = \frac{1}{2\tau_{ph}}$ 为

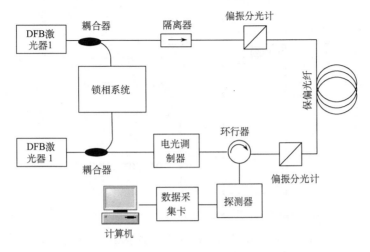

图 5-44　DPP-BOTDA 实验装置图

阻尼频率,声子寿命为 τ_{ph},约等于 10 ns;$\Gamma_2 = 2\pi(\nu_p - \nu_S - \nu_B)$ 代表泵浦光和斯托克斯光的频率差与光纤布里渊频率 ν_B 之差。式 (5-81)~(5-83) 可以通过数值计算方法求解。求解时所需的边界条件如下:泵浦光在光纤 $z = L$ 处的功率为 P,斯托克斯光在光纤 $z = 0$ 处为光脉冲。斯托克斯脉冲可以由 $A(t) = \left(\dfrac{\tanh t_1 - \tanh t_2}{2}\right)^{\frac{1}{2}}$ 描述,其中 $t_{1,2} = \left(t \pm \dfrac{\tau_s}{2}\right)/a$,$\tau_s$ 代表脉冲宽度。脉冲的上升时间定义为脉冲功率从脉冲峰值功率的 10% 上升到脉冲峰值功率的 90% 所需要的时间,它与参数 a 之间的关系为 $t_{rise} = a/0.45$。

1) 应变位置的确定

在 DPP-BOTDA 传感器中,采用两个宽度不同的探测光脉冲可以测得两个布里渊谱,将这两个布里渊谱相减可以得到差分布里渊谱。通过这种方法得到的应变发生的位置比用传统的 BOTDA 传感器测量得到的应变发生的位置偏移了 $\tau_2 + \dfrac{\tau_1 - \tau_2}{2}$,其中 τ_1 为探测光脉冲对中较宽脉冲的脉冲宽度,τ_2 为探测光脉冲对中较窄脉冲的脉冲宽度,如图 5-45 所示。当采用脉冲宽度为 20/19ns,脉冲上升时间为 0.67ns 的探测光脉冲进行测量时,应变发生的位置比实际位置偏移了 1.93m,这个值十分接近 $\tau_2 + \dfrac{\tau_1 - \tau_2}{2}$。在 DPP-BOTDA 传感器中,应变发生位置的偏移量 $\tau_2 + \dfrac{\tau_1 - \tau_2}{2}$ 是一个与使用的光脉冲的宽度以及脉冲上升时间有关的常数。因此在实际测量中,只需将测量得的位置信息减去这个常数就可以得到发生应变的准确位置。

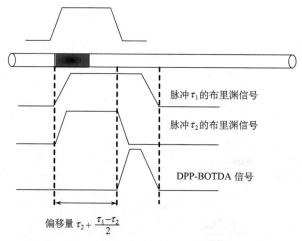

图 5-45　DPP-BOTDA 中应变位置确定的示意图

2) 空间分辨率的确定

在全分布式布里渊传感器中,人们通常采用以下两种方法来定义空间分辨率: ①当探测器带宽比探测脉冲谱宽大时,空间分辨率等于探测光脉冲的宽度。在这种情况下,最高可得到的空间分辨率受声子寿命的限制。②空间分辨率等于时域布里渊信号的上升时间,即时域布里渊信号从其峰值的 10％ 上升到其峰值的 90％ 所需要的时间。因为 DPP-BOTDA 传感器检测的是差分布里渊增益,其空间分辨率远小于探测光的光脉冲,因此在这里采用第二种定义方法来定义空间分辨率。

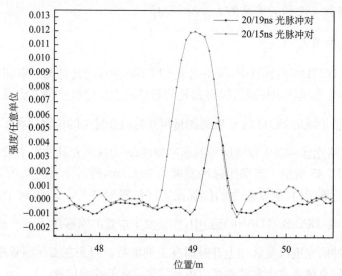

图 5-46　DPP-BOTDA 传感器信号随探测光脉冲对的脉冲宽度差变化

　　DPP-BOTDA 传感器的空间分辨率由探测光脉冲对的脉冲宽度差决定。图 5-46 显示的是分别采用 20/19ns 和 20/15ns 的探测光脉冲对所检测得到的两组时域布里渊信号,其中纵轴为布里渊信号的强度,采用了任意单位,横轴为传感光纤的位置,单位为米。探测光脉冲对的脉冲上升时间都是 0.67ns。从图 5-46 可以看到,采用 20/19ns 的探测光脉冲对所测得的空间分辨率为 0.12m,比采用 20/15ns 的探测光脉冲对所测得的 0.26m 空间分辨率更高。对于这种比较结果,我们并不感到奇怪,因为 DPP-BOTDA 传感器本质上可以看成一个高通滤波器。在 DPP-BOTDA 传感器中,对由探测光脉冲对所得到的两组布里渊信号作减法的过程,可以看成是一个高通滤波的过程,这个高通滤波过程的截止频率与探测光脉冲对的脉冲宽度差成反比,探测光脉冲对的脉冲宽度差越小,信号抖动或者高频分量越容易被检测到。因此,为了能够获得高的空间分辨率,探测光脉冲对的脉冲宽度差应该尽可能小。然而,空间分辨率和与应变分辨率成正比的信噪比之间存在着权衡的关系。实验中,当泵浦光的光功率为 5mW 时,采用 20/19ns 的探测光脉冲所得到的布里渊信号的信噪比为 36.78dB,对应的应变分辨率为 85$\mu\varepsilon$,而采用 20/15ns 的探测光脉冲所得到的布里渊信号的信噪比为 41.70dB,对应的应变分辨率为 64$\mu\varepsilon$。

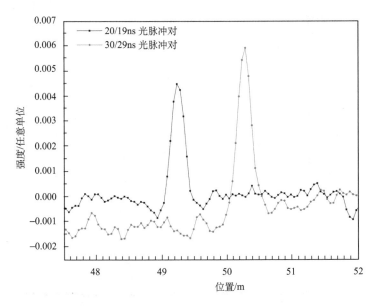

图 5-47　DPP-BOTDA 传感器信号随探测光脉冲的脉冲宽度差变化

　　接下来,我们将对 DPP-BOTDA 传感器分别采用 30/29ns 和 20/19ns 探测光脉冲对所获得的空间分辨率进行比较。图 5-47 显示的是分别采用 30/29ns 和

20/19ns的探测光脉冲对检测得到的两组时域布里渊信号。探测光脉冲对的脉冲上升时间均为 0.67ns。采用 20/19ns 的探测光脉冲对所测得的空间分辨率为 0.12m,而采用 30/29ns 的探测光脉冲对所测得的空间分辨率为 0.18m,两者十分接近。但是,在 DPP-BOTDA 传感器中,采用 30/29ns 的探测光脉冲对所测得的差分布里渊信号的信号强度比采用 20/19ns 的探测光脉冲对所测得的信号强度大,这意味着,当光脉冲对的脉宽差一定时,宽的探测光脉冲对可以得到更高的信噪比,从而带来更高的应变或温度测量精度。

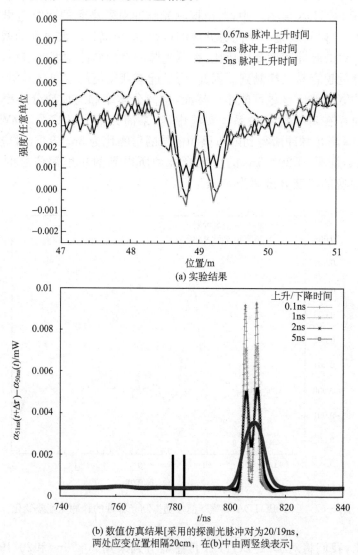

(a) 实验结果

(b) 数值仿真结果[采用的探测光脉冲对为20/19ns,
两处应变位置相隔20cm, 在(b)中由两竖线表示]

图 5-48　DPP-BOTDA 传感器的空间分辨率随探测光脉冲对的脉冲上升时间变化

在 DPP-BOTDA 传感器中,探测光脉冲对的上升时间对空间分辨率也有很大的影响。图 5-48(a)显示了时域布里渊信号如何随着探测光脉冲对的脉冲上升时间的变化而变化。传感光纤上有两段长度约为 20cm 的光纤上存在应变,它们所对应的布里渊频移约为 75MHz。两段应力变化的间隔约为 20cm。当探测光脉冲对的脉冲上升时间为 0.67ns 的时候,两段应变可以很清楚地鉴别出来。当探测光脉冲对的脉冲上升时间为 5ns 的时候,两段应变不可识别。图 5-48(a)的实验结果和图 5-48(b)的数值仿真结果相吻合。在布里渊相互作用中,为了能够检测到较短范围内的应变或者温度变化,应该使用脉冲上升时间较短的探测光脉冲对。

在 DPP-BOTDA 传感器中,当脉冲上升时间比应变长度和脉冲对的宽度差小时,所能测得的空间分辨率由 $\Delta l = v \cdot t_{rise}$ 所决定,其中 t_{rise} 为探测光脉冲对的脉冲上升时间,v 为光在光纤中的传播速度。而在传统的 BOTDA 传感器中,空间分辨率由 $\Delta l = v \cdot \tau/2$ 决定,其中 τ 为探测光脉冲对的脉冲宽度,v 为光在光纤中的传播速度。在光功率相同的情况下,当 DPP-BOTDA 传感器所采用的探测光脉冲对的宽度差和传统 BOTDA 传感器的探测光脉冲宽度相等时,DPP-BOTDA 传感器的空间分辨率比传统的 BOTDA 传感器的空间分辨率更高。

从以上讨论可以看出,DPP-BOTDA 传感器的空间分辨率与所使用的探测光脉冲对的宽度无关,而与脉冲对的宽度差和脉冲上升时间有关。当探测光脉冲对的脉冲上升时间比应变长度和探测光脉冲对的宽度差小时,空间分辨率由探测光脉冲对的宽度差决定。

3）布里渊频移测量精度的确定

在 DPP-BOTDA 传感器中,布里渊频移测量精度由所测得的布里渊谱的信噪比和谱的半高全宽决定[89]:

$$\delta\nu = \frac{\Delta\nu_B}{\sqrt{2}(SNR)^{\frac{1}{4}}} \tag{5-84}$$

其中,$\Delta\nu_B$ 为布里渊谱和光脉冲谱卷积所得谱的谱宽;SNR 为测得的电信号的信噪比。当探测光脉冲对的脉冲宽度较宽时,所测得的布里渊谱较窄,信号信噪比较高,并且探测光脉冲对的脉冲宽度差越大,信号的信噪比越高,布里渊频移测量精度也越高,相应的温度和应变的测量精度也越高。

图 5-49 比较了在相同的光功率情况下,分别采用 20/18ns 探测光脉冲对的 DPP-BOTDA 传感器,和分别采用 2ns 和 20ns 探测光脉冲的 BOTDA 传感器所测得的布里渊谱。DPP-BOTDA 传感器所测得的布里渊谱的谱宽为 50MHz,而采用 2ns 的探测光脉冲所测得的布里渊谱的谱宽为 400MHz。由于两者谱宽的差别,DPP-BOTDA 传感器的测量精度比传统的 BOTDA 传感器的布里渊频移测量精度高 8 倍。实验中,在 DPP-BOTDA 传感器中,当采用 20/18ns 探测光脉冲对的

峰值功率为 10dBm 时,测得的信号的信噪比为 36.78dB;而在传统的 BOTDA 传感器中,当采用相同峰值功率的 2ns 的探测光脉冲时,测得的信号信噪比为 18.72dB。DPP-BOTDA 传感器的应变分辨率为 $85\mu\varepsilon$,而传统 BOTDA 传感器的应变分辨率为 $2000\mu\varepsilon$。

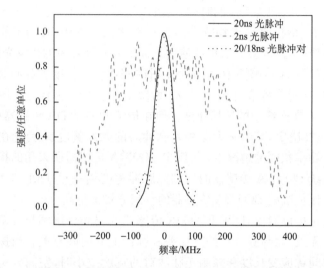

图 5-49　　DPP-BOTDA 传感器与 BOTDA 传感器测得的布里渊谱的比较

DPP-BOTDA 传感器采用的探测光脉冲对为 20/18ns,BOTDA 传感器采用的探测光脉冲为 20ns 和 2ns

通过优化,将该技术与编码技术相结合,DPP-BOTDA 在 60km 长的传感光纤上实现了 25cm 的空间分辨率,温度和应变分辨率分别为 1.2°C 和 $24\mu\varepsilon$[109]。

5.4.3　基于序列脉冲光的 BOTDA

常用的单极性编码方式有两种:非归零(NRZ)码和归零(RZ)码。5.2 节已经讨论了脉冲编码技术可以提高 BOTDR 系统的信噪比和传感距离。对于 BOTDR 系统,自发布里渊散射接近线性过程,因此采用的是 NRZ 码来有效还原单脉冲光在 BOTDR 系统中的布里渊时域信号。而 BOTDA 是基于非线性过程的 SBS,采用 NRZ 码会在信号解码时使系统空间分辨率降低。用 RZ 码替代 NRZ 码,避免 NRZ 码在 BOTDA 中的非线性放大造成的探测误差,并结合差分脉冲技术,可以提高 BOTDA 的空间分辨率和频率测量精度。

1. RZ 脉冲编码

单极性的非归零码用无电压(也就是元电流)表示"0",恒定的正电压用来表示

"1"。单极性 RZ 码的每个码元中间的信号回到"0"电平。RZ 码中"1"电平持续时间与码元总时间之比称为占空比。为了保证相同的空间分辨率,实验系统中,RZ 码和 NRZ 码单个比特"1"电平的持续时间相同,如图 5-50 所示。若 RZ 码的占空比为 50%,则 RZ 码的总长度是 NRZ 码的两倍。

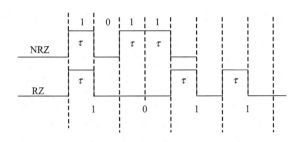

图 5-50 NRZ 码和 RZ 码

2. NRZ 和 RZ 脉冲编码脉冲的布里渊增益

采用 NRZ 脉冲编码方式时,如果码型中出现连续的"1",就会在序列中形成长短不一的探测脉冲光分量。设探测光脉冲的宽度为 τ,在 BOTDA 系统中不同时刻的增益表示为

$$G(t,\tau) = \exp\left[\int_{\frac{v_g t}{2}}^{\frac{v_g(t+\tau)}{2}} g_B(t) I_p(t) \mathrm{d}t\right] \tag{5-85}$$

其中,v_g 为群速率;g_B 为布里渊增益系数;I_p 为泵浦光强度。积分结果显示,BOTDA 系统中,不同宽度的探测光脉冲其增益不是成线性变化,即 $G(t,m\tau) > mG(t,\tau)$,其中 m 为编码中连续"1"的个数。而采用 RZ 编码方式时,由于每个比特都回到"0",没有连续的高电平信号,因此,脉冲序列中每个单位脉冲的宽度相同,信号的布里渊增益也相同。

由于布里渊散射受到声子寿命 10ns 的限制,即使采用 RZ 编码方式,当两个单位脉冲间的时间间隔与 10ns 相当时,其散射的布里渊信号会受到调制,效果相当于在 NRZ 序列脉冲的布里渊散射时域信号上加了一个频率约为 100MHz的调制信号。当 RZ 编码中存在连续的"1"时,若相邻的两个"1"的时间间隔小于或等于 10ns,因信号调制导致不同脉冲的布里渊频谱混叠,后一个"1"的布里渊增益会受到前一个布里渊增益的影响,使得其布里渊增益大于单个相同脉冲宽度探测光的布里渊增益,即存在非线性放大,因此在 RZ 编码中要求单脉冲间隔大于 10ns。

3. 编码方式对还原信号的影响

由于 BOTDA 是基于非线性受激布里渊散射过程的传感系统,当被测信号光存在非线性增益时,若用基于线性系统的相关运算解码方式来获取系统响应,就会在时域和频域上出现误差。

当采用 NRZ 编码方式时,序列脉冲光的布里渊信号等效于单脉冲光的布里渊散射信号与一个编码序列进行卷积,而该序列每个比特的幅度不同,每个比特的幅度由布里渊增益决定。在解码时,该等效编码与原编码进行相关运算并累加,得到的结果会在 $t=0$ 时的 δ 函数左右两边出现非零边带。而采用 RZ 编码的序列脉冲,当单脉冲间隔足够大时,由于每个单脉冲的布里渊增益相同,其相关累加结果为 δ 函数。如图 5-51 所示,由于 NRZ 编码序列脉冲光中连续"1"产生的布里渊非线性放大,因此,解码得到的信号峰值功率要高于 RZ 编码所获得的信号峰值功率。但是由于其相关累加结果产生了边带,因此,其还原的布里渊时域信号空间分辨率会降低,当光纤中存在两处相邻的应变时,采用 NRZ 编码有可能不能将其区分。因此,在 BOTDA 系统中应该采用 RZ 码替代 NRZ 码,避免 NRZ 码在 BOTDA 中的非线性放大造成的探测误差。

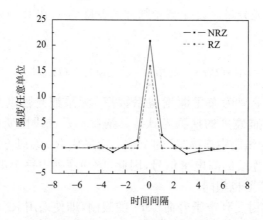

图 5-51　NRZ 和 RZ 编码的 8 位 Golay 互补序列的自相关函数

2010 年,梁浩等将 RZ 码与差分脉冲技术结合用于同时提高 BOTDA 系统的空间分辨率和频率测量精度[109]。他们采用损耗型 BOTDA 系统,实验装置如图 5-52 所示,1550nm 的 DFB 激光器输出 100mW 的连续光,经过 70/30 的耦合器分为两路,其中一路 70%的连续光经过 EDFA 放大后用电光调制器 1 调制成序列脉冲,序列脉冲通过环行器输入被测光纤;与另外一路移频后的连续光通过受激布里渊散射效应相互作用。30%的连续光经过电光调制器 2 移频产生对称的两个边带,光纤光栅作为滤波器滤除高频边带,剩下的低频边带与序列脉冲在光纤中发生受激布里渊散射效应相互作用后从环行器的 3 端口输出,由带宽为 350MHz 的直流探测器,最后经数据采集处理单元进行后续的数据采集和处理。由于电光调制器对光的偏振态敏感,为了降低偏振噪声,在每一个电光调制器前端接入了一个偏振控制器。在序列脉冲的出射端,分别监控脉冲形状,通过脉冲形状的改变可以判断系统中是否有除受激布里渊散射效应以外的其他非线性效应。为了防止透射脉冲光损坏光源,在连续光输入端接入隔离器。用序列脉冲发生器的触发信号触发数据采集处理单元,以保证信号同步,在每次采集后,控制微波信号发生器的输出频率完成 BOTDA 的扫频测量。他们在 50km 大有效面积光纤(LEAF)上获得 0.5m 的空间分辨率和 0.7MHz 的频率测量精度[110]。同一年,Marcelo A. Soto 等采用 Simplex 序列脉冲编码,在 50km 的传感距离上获得了 1m 的空间分辨率[111]。2011 年,他们将预泵浦技术和脉冲编码技术相结合,获得了超长的 120km 传感距离,并得到了 3m 的空间分辨率和 3.1℃、60 $\mu\varepsilon$ 温度-应变测量精度[32]。2012 年,他们优化序列脉冲和预放大 DPP-BOTDA 系统,在 60km 长的传感光纤上获得了 25cm 的空间分辨率[109]。

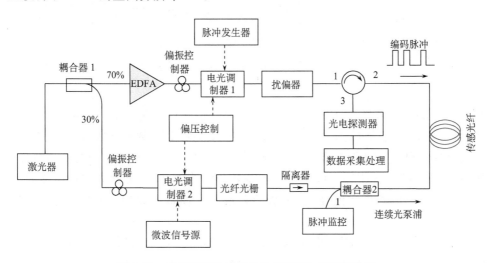

图 5-52　基于编码脉冲技术的 BOTDA 实验装置图

5.4.4　其他一些 BOTDA

除了 DPP-BOTDA 技术和编码脉冲的 BOTDA 技术外,人们还提出其他的技术用于提高 BOTDA 的性能,如高消光比探测脉冲光的 BOTDA 技术、基于布里渊谱分析方法的 BOTDA 技术、预泵浦的 BOTDA 技术和基于暗脉冲光的 BOTDA 技术。基于高消光比探测脉冲光的 BOTDA 技术的特点是脉冲光的基底很小,它在传感中对信号的影响可以忽略。这样探测到的布里渊谱就是脉冲光的频谱与光纤中自然布里渊谱(未发生展宽的布里渊谱)的卷积[112]。在基于脉冲光的光纤传感技术中,空间分辨率 δz 为脉冲光在光纤中长度的一半[113],即

$$\delta z = vW/2 \tag{5-86}$$

其中,v 为光在光纤中的速度;W 为脉冲光的脉宽。为了提高空间分辨率,需要缩短脉冲光的脉宽。当脉宽低于光纤中的声子寿命(~ 10 ns)时,探测到的布里渊谱会急剧展宽。由于展宽了的频谱会降低传感系统的频率分辨率和信噪比[37],因此这种 BOTDA 传感系统中的脉冲光的宽度不能小于 10 ns,对应的空间分辨率不能优于 1 m。

1999 年,A. W. Brown 等利用布里渊谱分析的方法来提高 BOTDA 的空间分辨率,将空间分辨率提高到了 0.25 m [37]。在该方法中,他们将布里渊谱分成了两个细分谱,它们分别由光纤中连续的两个位置所产生,并且每个细分谱均为洛伦兹型和高斯型的组合,其表达式为

$$
\begin{aligned}
f(\nu) = a_1 &\left\{ c_1 \frac{1}{1 + \dfrac{4(\nu - \nu_{B1})^2}{\Delta \nu_{B1}^2}} + (1 - c_1) e^{-2\left[(\nu - \nu_{B1})^2 / \Delta_1^2\right]} \right\} \\
+ a_2 &\left\{ c_2 \frac{1}{1 + \dfrac{4(\nu - \nu_{B2})^2}{\Delta \nu_{B2}^2}} + (1 - c_2) e^{-2\left[(\nu - \nu_{B2})^2 / \Delta_2^2\right]} \right\}
\end{aligned}
\tag{5-87}
$$

其中,a_1 和 a_2 为两个细分谱的功率参数;c_1 和 c_2 分别为两个细分谱中洛伦兹谱型所占的比例;$\Delta \nu_{B1}$ 和 $\Delta \nu_{B2}$ 为半峰全宽;ν_{B1} 和 ν_{B2} 为布里渊频移。通过用式(5-87)对得到的布里渊谱进行拟合,便可得到每一个细分谱对应长度上的布里渊频移。然而,由于 BOTDA 中布里渊信号的增益是非线性的,因此很难将布里渊谱分为多个细分布里渊谱再作拟合,这限制了该方法对 BOTDA 空间分辨率的进一步提高。

鲍晓毅等发现当脉冲光脉宽减小到 10 ns 以下时,其在光纤中产生的布里渊谱并没有随脉冲光脉宽不断地减小产生持续的展宽,而是呈现出先展宽后变窄的趋势[33,34]。此后 V. Lecoeuche 等证实了布里渊谱宽随脉冲光脉宽的减小而窄化,是由于脉冲光的消光比不高所造成的[114]。这说明脉冲光的基底在布里渊谱的形成中起了很大的作用。现在,这个现象被公认为是因为脉冲光的基底与斯托克斯光的作用在光纤中预先建立起了一个较强的声波场[97],这个预先建立起的声波场在脉冲光与斯托克斯光相互作用时起到了增强布里渊放大效应的作用。基于这样的原理,人们提出了预泵浦的 BOTDA 技术。

在预泵浦的 BOTDA 技术中,带有一定基底的具有有限消光比的脉冲光取代了高消光比的脉冲光[115]。由于预泵浦声场的作用,这种传感技术即使在脉冲光

脉宽很窄时仍然能够得到很高的增益和较窄的布里渊谱,因此能有效地提高 BOTDA 的空间分辨率。随后,鉴于使用有限消光比的脉冲光进行传感会导致最大传感距离减小,K. Kishida 等提出了脉冲预泵浦的 BOTDA 技术[116]。该技术使用的仍是高消光比的脉冲光,但与普通 BOTDA 技术不同,它在极短的探测脉冲光前添加了一段脉宽为几十纳秒的小功率的脉冲光,以实现预泵浦的效果。由此,他们实现了 10 cm 的空间分辨率。

2005 年,A. W. Brown 等提出了基于暗脉冲光的 BOTDA 技术[117]。如图 5-53 所示。在该技术中,代替普通脉冲光的是一个暗脉冲,即在没有脉冲光时,光纤中的光功率为最大,当需要暗脉冲时,突然关断光开关,形成一个没有光的脉冲。利用这样的脉冲进行传感时,即使脉冲光的脉宽很窄,但由于所探测到的布里渊散射谱主要是由居于主导地位的基底光与斯托克斯

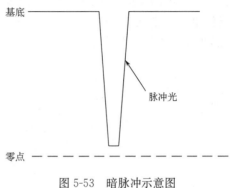

图 5-53　暗脉冲示意图

光相互作用形成的,所以得到的布里渊散射谱宽仍接近于连续光的布里渊谱宽,从而实现很高的频率分辨率。2007 年,A. W. Brown 等利用基于暗脉冲光的 BOTDA 技术实现了 2 cm 的空间分辨率[35]。

5.5　布里渊光频域分析(BOFDA)技术

空间分辨率是全分布式光纤传感系统的一个重要指标,受声子寿命 10ns 的限制,基于布里渊散射的全分布式光时域传感系统的空间分辨率被限制在 1m 量级,为了进一步提高其空间分辨率,研究人员对可免受声子寿命限制的全分布式传感技术进行了深入研究,上一节已经对差分脉冲技术和暗脉冲技术做了描述。本节将结合频域反射技术的优点,对布里渊光频域分析传感技术作一些介绍。

1996 年,德国科学家 D. Garus 等提出一种基于频域分析的光纤传感技术[12],称之为 BOFDA 技术。相对于时域分析技术,光频域分析技术具有高空间分辨率、低探测光功率等优点。BOFDA 的实质是基于测量光纤的传输函数实现对测量点定位的一种传感方法。这个传输函数把探测光和经过光纤传输的泵浦光的复振幅与光纤的几何长度相互关联起来,通过计算光纤的冲击响应函数确定光纤沿线的温度和应变信息。

BOFDA 传感系统的基本结构如图 5-54 所示。窄线宽泵浦激光器产生的连续(CW)泵浦光被耦合到单模光纤的一端,窄线宽探测激光器产生连续探测光被耦

合到单模光纤的另一端,电光调制器将探测光的频率相对于泵浦光的频率下移了约光纤的布里渊频移,对于 $1.3\mu m$ 波段,单模光纤的布里渊频移约为 13GHz,对于 $1.55\mu m$ 波段,单模光纤的布里渊频移约为 11GHz。探测光被电光调制器进行振幅调制,调制角频率为 ω_m。BOFDA 测量原理为:对于每一个调制频率值 ω_m,光电探测器探测光纤末端($z=L$)被调制的探测光和被调制的泵浦光强度的交流部分,从光电探测器输出的电信号由网格分析仪测量,得到传感光纤的基带传输函数,网格分析仪输出的模拟信号经模数转换器转换成数字信号,然后对数字信号进行快速反傅里叶变换(IFFT),对于线性系统,这一傅里叶反变换结果可近似为传感光纤脉冲响应 $h(t)$,它包含了沿光纤分布的温度和应变信息。

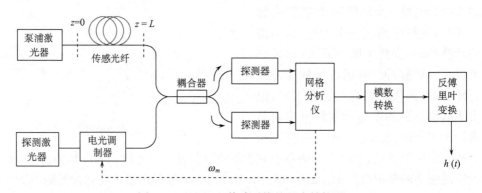

图 5-54　BOFDA 传感系统的基本结构图

设调制频率为 ω_m 时,探测光和泵浦光在 $z=L$(见图 5-54)的强度分别为 $I_s(L,t)|_{\omega_m}$ 和 $I_p(L,t)|_{\omega_m}$,则它们的傅里叶变换分别为

$$\left.\begin{array}{l} X_s(i\omega)\,|_{\omega_m} = FFT[I_s(L,t)\,|_{\omega_m}] \\ X_p(i\omega)\,|_{\omega_m} = FFT[I_p(L,t)\,|_{\omega_m}] \end{array}\right\} \tag{5-88}$$

基带传输函数为

$$H(i\omega) = \frac{X_p(i\omega)\,|_{\omega_m}}{X_s(i\omega)\,|_{\omega_m}} = A(\omega)\exp[i\Phi(\omega)] \tag{5-89}$$

$A(\omega)$ 和 $\Phi(\omega)$ 分别代表振幅和相位,由此可以得到光纤的时域脉冲响应函数 $h(t)$

$$h(t) = \frac{1}{2\pi}\int_{-\infty}^{\infty} H(i\omega)\exp(i\omega)d\omega \tag{5-90}$$

如果需要求解空间上光纤沿线的光纤脉冲响应函数 $g(z)$,则只需要用 $t=2nz/c$ 代入 $h(t)$ 即可,n 为光纤的折射率,c 为真空中的光速。

由于传输函数由调制频率的频率步长 Δf_m 决定,因此基于频域方法的 BOFDA 的最大传感长度受调制频率的频率步长 Δf_m 限制,最大传感长度为

$$L_{\max} = \frac{c}{2n} \frac{1}{\Delta f_m} \tag{5-91}$$

若频率步长为 1kHz，光纤折射率 $n=1.46$，则最大传感长度约为 102.7km。

两点分辨率是全分布式光纤传感器的一个重要指标，它决定着最小可分辨的光纤上两个事件点的距离，在 BOFDA 系统中，两点分辨率为

$$\Delta z = \frac{c}{2n} \frac{1}{f_{m,\max} - f_{m,\min}} \tag{5-92}$$

其中，$f_{m,\max}$ 和 $f_{m,\min}$ 分别表示最大和最小调制频率。

基带变换函数的空间滤波可以采用矩形函数的傅里叶变换实现，假设矩形函数为

$$f(z) = \mathrm{rect}\Big(\frac{z - z_{spot}}{l_{spot}}\Big) \tag{5-93}$$

其相应的傅里叶变换为

$$F(\mathrm{i}\omega) = \frac{2}{\omega}\sin\Big(\omega 2 l_{spot}\frac{n}{c}\Big)\exp\Big(-\mathrm{i}\omega 2 z_{spot}\frac{n}{c}\Big) \tag{5-94}$$

其中，z_{spot} 表示所选光纤区域的中心位置；$2l_{spot}$ 表示所选光纤的长度。此即为滤波函数，则基带变换函数与滤波函数的卷积为

$$H(\mathrm{i}\omega) * F(\mathrm{i}\omega) = \int_{-\infty}^{\infty} H(\mathrm{i}\widetilde{\omega})F(\mathrm{i}\omega - \mathrm{i}\widetilde{\omega})\mathrm{d}\widetilde{\omega} \tag{5-95}$$

由此进行反傅里叶变换后可以得到经过滤波的空间脉冲响应函数 $g_{fil}(z)$ 为

$$g_{fil}(z) = 2\pi g(z)\mathrm{rect}\Big(\frac{z - z_{spot}}{l_{spot}}\Big) \tag{5-96}$$

据此可以见，在频域测量中可以通过数学操作来选择感兴趣的光纤段（称为热区）作为研究对象，通过计算卷积处理过的基带变换函数的相移，对所选择的热区进行精确定位。如果热区的距离相隔较大（例如几百米），则可以减小调制频率差 $f_{m,\max}-f_{m,\min}$ 以减小测量时间。根据式（5-96）和调制频率差可以得到热区位置和长度。

对 BOFDA 完整的理论分析，需要数值求三波耦合偏微分方程。当调制频率不超过布里渊增益带宽（典型为 30～60MHz）时，声波场的阻尼时间可以忽略，三波耦合方程可近似为泵浦波和斯托克斯波作用的两个偏微分方程[118]：

$$\Big[\frac{n}{c}\Big(\frac{\partial}{\partial t}\Big) + \frac{\partial}{\partial z}\Big]I_p = (-\alpha - g_{\mathrm{B}}I_{\mathrm{S}})I_p \tag{5-97}$$

$$\Big[\frac{n}{c}\Big(\frac{\partial}{\partial t}\Big) - \frac{\partial}{\partial z}\Big]I_{\mathrm{S}} = (-\alpha + g_{\mathrm{B}}I_p)I_{\mathrm{S}} \tag{5-98}$$

其中，I_p 和 I_{B} 分别表示泵浦波和斯托克斯波的强度；g_{B} 是布里渊增益系数。边界

条件为

$$I_p(0,t) = I_{p0} \tag{5-99}$$

$$I_S(L,t) = I_{S0}[1 + \cos(\omega_m t)] \tag{5-100}$$

这表示,泵浦光强度沿光纤的调制很小,近似为常数,而斯托克斯光强经过了调制,调制深度为100%,泵浦光的交流部分对斯托克斯光的影响可以忽略,假设沿着光纤的布里渊增益为常数,则斯托克斯强度可以表示为

$$I_S(z,t) = I_{S0}\exp[-\delta(z-L)]\{1 + \cos[\omega_m t + K(z-L)]\} \tag{5-101}$$

其中,$\delta = g_B I_{P0} - \alpha$ 和 $K = \omega_m n/c$ 是调制的波数;L 是光纤长度。相应的泵浦波的强度为

$$I_p(z,t) = I_{p0}\Theta(z)\exp\{\Psi(z,K)\cos[\omega_m t + \Phi(z,K)]\} \tag{5-102}$$

其中

$$\Theta(z) = \exp\left[-\frac{2g_B I_{S0}\exp(\delta L)}{\delta} \cdot \exp\left(-\frac{z\delta}{2}\right)\sinh\left(\frac{z\delta}{2}\right) - 2\alpha z\right] \tag{5-103}$$

$$\Psi(z,K) = -\frac{2g_B I_{S0}\exp(\delta L)}{\sqrt{\delta^2 + 4K^2}}\exp\left(-\frac{z\delta}{2}\right) \cdot \sqrt{\sinh^2\left(\frac{z\delta}{2}\right) + \sin^2(Kz)} \tag{5-104}$$

$$\Phi(z,K) = -KL + \arctan\left(\frac{2K}{\delta}\right) + \arctan\left[\tanh\left(\frac{z\delta}{2}\right)\cot(Kz)\right] \tag{5-105}$$

由此可以得到基带传输函数式(5-90)的相位和振幅:

$$\Phi_H(\omega) = \pi - \frac{Ln\omega}{c} + \arctan\left(\frac{2n\omega}{\delta c}\right) + \arctan\left[\tanh\left(\frac{L\delta}{2}\right)\cot\left(\frac{Ln\omega}{c}\right)\right] \tag{5-106}$$

$$A(\omega) = \exp\left[-\frac{2g_B I_{S0}\exp\left(\frac{\delta L}{2}\right)}{\delta}\sinh\left(\frac{\delta L}{2}\right) - 2\alpha L\right]$$

$$\times \frac{2g_B I_{P0}\exp\left(\frac{\delta L}{2}\right)}{\sqrt{\delta^2 + \left(\frac{2n}{c}\right)^2\omega^2}}\sqrt{\sinh^2\left(\frac{\delta L}{2}\right) + \sin^2\left(\frac{\omega nL}{c}\right)} \tag{5-107}$$

为了避免泵浦衰竭,BOFDA的测量往往要求泵浦功率很小,这样,基带传输函数的反傅里叶变换可以近似作为恒定布里渊增益系数的光纤脉冲响应函数。将式(5-106)和(5-107)代入式(5-89)可以确定光纤的冲击响应函数,由此可以得到光纤的应变和温度信息。以上的理论分析在实际测量中很容易实现,即对探测光的每一个确定的调制频率 ω_m,由光电检测器分别检测探测光和泵浦光的光强,光电检测器的输出信号输入到网络分析仪,由网络分析仪计算出光纤的基带传输函数,从而确定沿光纤的应变和温度信息。

在第 3 章中,我们已经将 OTDR 技术和 OFDR 技术做了对比,本节不再详述,需要指出的是,相对 BOTDA 技术而言,BOFDA 有较高的测量精度和空间分辨率,可并行测量,不需要高速采样和数据获取,因此对硬件要求较低,成本低;其不足之处是测量时间较长。

5.6　布里渊光栅的产生及传感应用

光纤布里渊光栅因其在光存储[119~121]、全分布式光纤传感[122~129]、光学延迟线[130]和保偏光纤双折射测量[131,132]等方面的应用引起了广泛的研究兴趣。与传统的光纤布拉格光栅相比,布里渊光栅具有两个特征:第一,布里渊光栅是运动的动态光栅,与入射光相比其反射光会附加一个布里渊频移;第二,泵浦光源停止后,布里渊光栅就会弛豫衰减至消失(对于二氧化硅光纤其寿命大约为 10ns)。本节讨论布里渊光栅的特性、产生和读取,以及在保偏光纤中基于布里渊光栅的温度和应变传感器。

5.6.1　布里渊光栅的特性

本质上,布里渊光栅是具有频差为布里渊频移的两束光在光纤中反向传输通过电致伸缩效应产生的超声波(在二氧化硅光纤中频率约为 11GHz)。由声波诱导产生的光纤折射率变化可以表示为

$$\delta n = \overline{\delta n}\left[1 + v\cos\left(\Omega_{\mathrm{B}}t \pm \frac{2\pi z}{\Lambda}\right)\right] \tag{5-108}$$

其中,δn 是平均折射率变化;v 是折射率变化条纹的可见度;Ω_{B} 是布里渊频移;$\Lambda = \frac{\lambda}{2n}$ 是光栅周期;λ 是泵浦光在真空中的波长;n 是光纤折射率。式中 $\Omega_{\mathrm{B}}t \pm \frac{2\pi z}{\Lambda}$ 表示布里渊光栅为运动的动态光栅,其中的 ± 符号表示不同的运动方向。

对于稳态的受激布里渊散射过程,即泵浦光和斯托克斯光的脉宽均大于声子寿命,由电致伸缩效应导致的介质折射率变化可以表示为

$$v\overline{\delta n} = \frac{\varepsilon_0 C_T \gamma_e^2 E_p E_{\mathrm{S}}}{2n} \tag{5-109}$$

其中,$\varepsilon_0 = 8.85 \times 10^{-12}\mathrm{F/m}$ 是真空介电常数;C_T 为压缩系数;γ_e 是电致伸缩常数;E_p 和 E_{S} 分别是泵浦光和斯托克斯光的电场强度。

研究表明稳态的布里渊光栅反射谱与光纤布拉格光栅遵循相同的理论,但是由于多普勒效应布里渊光栅反射光相对于入射光有一个布里渊频移。布里渊光栅多为弱光栅,即 $v\overline{\delta n}$ 较小,其反射谱宽仅决定于光栅长度,可以简单地表示为

$$\Delta\nu = \frac{c}{2nL}\left(\nu\overline{\delta n}\,\frac{\lambda}{L}\right) \tag{5-110}$$

其中,$\Delta\nu$ 为布里渊光栅反射谱的半高全宽(FWHM);L 为光栅长度。式中 $\nu\overline{\delta n}\dfrac{\lambda}{L}$ 为弱光栅的条件。

然而声波的弛豫衰减使由短脉冲产生的瞬态布里渊光栅强度发生衰减,其中越早产生的部分衰减得越多,因此光栅的强度在空间上被调制形成了一个斜坡,同时也会改变反射谱的形状。图 5-55 给出了典型的布里渊光栅的反射谱。对于图5-55(a),产生布里渊光栅的两个泵浦脉冲的脉宽均为 2ns,其布里渊光栅反射谱呈高斯型分布;对于图 5-55(b),两个泵浦脉冲的脉宽分别为 2ns 和 6ns,由于声波的衰减导致的光栅空间调制,使布里渊光栅反射谱的高频一侧偏离高斯分布而趋近洛伦兹分布[131]。

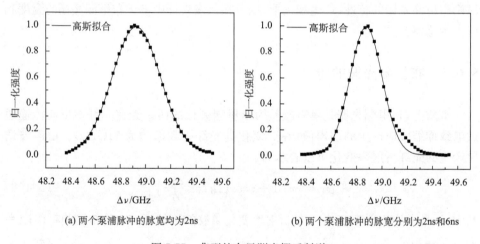

(a) 两个泵浦脉冲的脉宽均为2ns   (b) 两个泵浦脉冲的脉宽分别为2ns和6ns

图 5-55　典型的布里渊光栅反射谱

5.6.2　布里渊光栅的产生和读取

一般来说,布里渊光栅是由于具有频差为布里渊频移的两束泵浦光在光纤中相向传输时通过电致伸缩效应产生的。根据泵浦光的模式可以分为三类(产生布里渊光栅三种方式如图 5-56 所示):第一类使用两个连续泵浦光来激发布里渊光栅,在这种情况下布里渊光栅可以存在于整个光纤,其条件是光纤长度小于泵浦光的相干长度以及光纤具有均匀的布里渊频移;第二类使用一个连续泵浦光和一个脉冲泵浦光,这时布里渊光栅会跟随脉冲泵浦光从光纤的一端到另一端连续产生,但是由于声波的衰减使布里渊光栅的长度被限制到 $L_{\mathrm{B}}=\dfrac{(t_p+\tau_{\mathrm{B}})c}{n}$，其中 t_p 和 τ_{B}
分别是脉冲泵浦光的脉宽和光纤中的声子寿命；第三类使用两个短脉冲泵浦光
（<10ns），通过控制两个脉冲泵浦光的延时可以在光纤中的任何一个位置激发布
里渊光栅，而且可以通过泵浦光的脉宽来控制产生的布里渊光栅的长度。两个脉
冲泵浦光在光纤中的相互作用长度为 $L=\dfrac{(t_{p1}+t_{p2})c}{2n}$，其中 t_{p1} 和 t_{p2} 分别为泵浦脉
冲的脉宽。由于泵浦光脉宽小于声子寿命，声波不能在相互作用长度上完全有效
地激发出均匀的布里渊光栅，因此布里渊光栅的有效长度只有相互作用长度的一
半，即 $L_{\mathrm{B}}=\dfrac{(t_{p1}+t_{p2})c}{4n}$，比如对于两个 2ns 的泵浦光，相互作用长度为 40cm，而有
效布里渊光栅长度为 20cm。

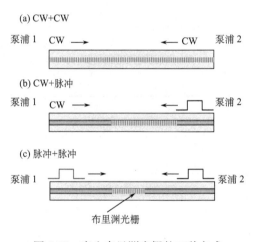

图 5-56　产生布里渊光栅的三种方式

　　对于大多数应用，一般都是采用高双折射的保偏光纤进行布里渊光栅的产生
和读取。首先，把两束泵浦光注入到保偏光纤的一个主轴里激发出布里渊光栅。
然后，探测光被注入到另一个主轴里读取产生的布里渊光栅。其中，当探测光与布
里渊光栅的传播方向相同时，探测光就会在布里渊光栅上发生相干斯托克斯散射，
反射光的频率比探测光低一个布里渊频移；相反，当探测光与布里渊光栅相向传播
时，探测光就会在布里渊光栅上发生相干反斯托克斯散射，反射光的频率比探测光
高一个布里渊频移。相干斯托克斯过程会加强已经产生的布里渊光栅，而相干反
斯托克斯过程会消耗已经产生的布里渊光栅。
　　当探测光和泵浦光 2（这里假设泵浦光 2 与探测光的传播方向一样）满足相位
匹配条件的时候，探测光就会在布里渊光栅上得到最大的反射，其中相位匹配条

件为

$$\Delta \nu_{Bire} = \frac{\Delta n \nu}{n_g} \tag{5-111}$$

其中,$\Delta\nu_{Bire}$是双折射频移,即获得最大反射率时探测光与泵浦光2之间的频差;Δn是保偏光纤的双折射,其数值等于快慢轴折射率之差;n_g是光纤的群折射率;ν是探测光的频率。图 5-57 给出了两种情况下泵浦光 1、泵浦光 2、探测光和反射光的频率关系。图 5-57(a)为在快轴中产生布里渊光栅,在慢轴中读取;图 5-57(b)为在慢轴中产生布里渊光栅,在快轴中读取,这里假设探测光在布里渊光栅上发生相干反斯托克斯散射。对于这两种情况,它们都具有相同的双折射频移。一般保偏光纤中,利用布里渊光栅所测到的双折射频移在 40~60GHz,这个值会随着光纤的种类不同而有所变化。

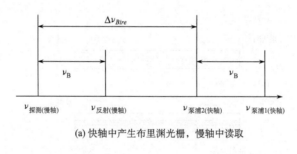

(a) 快轴中产生布里渊光栅,慢轴中读取

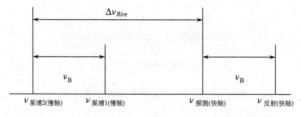

(b) 慢轴中产生布里渊光栅,快轴中读取

图 5-57　泵浦光 1、泵浦光 2、探测光和反射光的频率关系

5.6.3　基于布里渊光栅的温度和应变传感器

1. 双折射频移的温度系数和应变系数

　　式(5-111)表明了布里渊光栅的双折射频移与保偏光纤的双折射具有线性关系。在保偏光纤中,与纤芯平行的应力棒导致的残余应力使保偏光纤的两个主轴之间产生较大的双折射,因而避免了在两个主轴之间传播的偏振态垂直的两束光

之间的耦合。研究表明,外界的温度变化以及光纤轴向的应变都会引起残余应力的变化,因而引起双折射的变化。通过对保偏光纤中布里渊光栅双折射频移的测量可以进行温度和应变的监测。

图 5-58 给出了 Panda 保偏光纤中不同温度下布里渊光栅反射谱,以及双折射频移随温度的变化关系。图 5-58 (a)中的布里渊反射谱是利用 2ns 泵浦光 1、2ns 泵浦光 2 和 6ns 探测光获得的,所测到的谱呈高斯型分布,FWHM 谱宽约为 640 MHz。图 5-58 (b)中的双折射频移与温度的变化关系给出了温度系数为 $C_{Bire}^T = -54.38\text{MHz}/℃$。由于温度的升高会使残余的应力得到释放,减小了光纤的双折射,从而得到一个负温度系数。

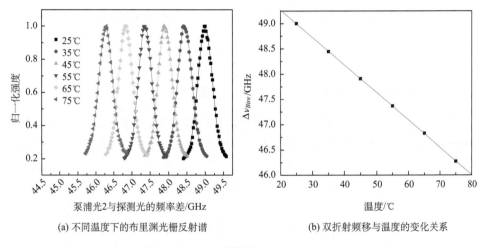

(a) 不同温度下的布里渊光栅反射谱　　　　　　(b) 双折射频移与温度的变化关系

图 5-58

图 5-59 给出了 Panda 保偏光纤中不同应变下布里渊光栅反射谱,以及双折射频移随应变的变化关系。布里渊反射谱的测量条件与图 5-58 相同。图 5-59 (b) 中的双折射频移与应变的变化关系表明双折射频移与应变也有很好的线性关系,其应变系数为 $C_{Bire}^\varepsilon = 1.13\text{MHz}/\mu\varepsilon$。对光纤施加纵向的应力加强了应力棒导致的残余应力,增加了光纤的双折射,因而得到一个正应变系数。

一般单模光纤中的布里渊频移的温度系数和应变系数分别为 $C_B^T = 1.12\text{MHz}/℃$ 和 $C_B^\varepsilon = 0.0482\text{MHz}/\mu\varepsilon$。由此可以看出保偏光纤中的双折射频移的温度系数和应变系数分别是布里渊频移的 50 倍和 20 倍。因此,基于布里渊光栅测量双折射频移的温度和应变传感器具有比传统布里渊散射传感器更高的精度。

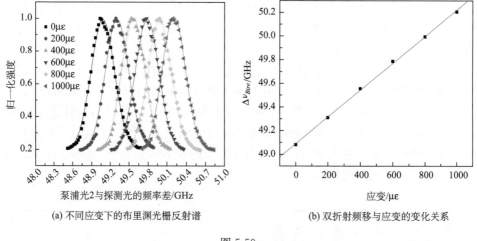

(a) 不同应变下的布里渊光栅反射谱　　　　　　(b) 双折射频移与应变的变化关系

图 5-59

2. 基于布里渊散射和双折射的同时温度和应变测量

我们知道对于传统的基于布里渊散射的传感器而言,温度和应变的测量存在串扰的问题(交叉敏感问题),即温度和应变都会导致布里渊频移的变化,因此无法准确知道待测的温度或应变。一般情况下,需要再引入一个独立的可测参量进行温度和应变的解调从而实现温度和应变的同时测量。以前文献曾报道用布里渊散射功率作为第二个测量量进行温度和应变的解调,但是测量精度被大大降低[69]。这里我们看到,在保偏光纤中利用双折射频移作为第二个测量量可以实现温度和应变的解调。同时,由于双折射频移具有负温度系数,因而可以实现高精度的温度和应变解调[122~124]。

在受外界的温度和应变变化条件下,布里渊频移和双折射频移,$\Delta \nu_B$ 和 $\Delta \nu_{Bire}$,可以表示为

$$\left.\begin{array}{l} \Delta \nu_B = C_B^\varepsilon \Delta \varepsilon + C_B^T \Delta T \\ \Delta \nu_{Bire} = C_{Bire}^\varepsilon \Delta \varepsilon + C_{Bire}^T \Delta T \end{array}\right\} \tag{5-112}$$

其中,$\Delta \varepsilon$ 和 ΔT 是施加的应变和温度改变量;C_B^ε 和 C_B^T 分别是布里渊频移的应变系数和温度系数;C_{Bire}^ε 和 C_{Bire}^T 分别是双折射频移的应变系数和温度系数。对式(5-112)进行求解可以唯一地得到温度和应变,即

$$\begin{bmatrix} \Delta \varepsilon \\ \Delta T \end{bmatrix} = \frac{1}{C_B^\varepsilon C_{Bire}^T - C_B^T C_{Bire}^\varepsilon} \begin{bmatrix} C_{Bire}^T & -C_B^T \\ -C_{Bire}^\varepsilon & C_B^\varepsilon \end{bmatrix} \begin{bmatrix} \Delta \nu_B \\ \Delta \nu_{Bire} \end{bmatrix} \tag{5-113}$$

其中,C_B^ε、C_B^T 和 C_{Bire}^ε 均为正值;而 C_{Bire}^T 为负值。因此 $C_B^\varepsilon C_{Bire}^T - C_B^T C_{Bire}^\varepsilon$ 具有较大的值,从而保证了较高的温度和应变的解调精度。

实验装置如图 5-60（a）所示。对于布里渊频移的测量,两个工作在 1550nm 的窄线宽光纤激光器用以提供泵浦光和探测光,其频差通过一个微波计数器锁定。实验上使用布里渊损耗谱进行测量,激光器 1 提供连续的泵浦光,激光器 2 提供探测光。经过相互作用后,连续的泵浦光透过 FBG 进入到布里渊频移测量系统。实验上使用 30/28ns 脉冲对进行差分测量可以获得 20cm 的空间分辨率。

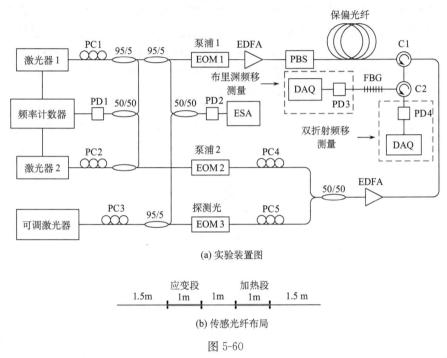

(a) 实验装置图

应变段　　加热段
1.5m　1m　1m　1m　1.5 m

(b) 传感光纤布局

图 5-60

EOM. 电光调制器；PC. 偏振控制器；C. 光纤环行器；PBS. 偏振分光器；EDFA. 掺铒光纤放大器；
ESA. 电谱仪；PD. 光电探测器；FBG. 光纤光栅；DAQ. 数据采集卡

对于双折射频移的测量,激光器 1 和激光器 2 提供泵浦光 1 和泵浦光 2,另一台可调激光器用以提供探测光。泵浦光 1 和探测光之间的频差通过一个 45 GHz 的高速探测器和一台带宽为 44 GHz 的电谱仪监测并记录。三个高消光比电光调制器用以获得消光比大于 45 dB 的泵浦脉冲 1、泵浦脉冲 2 和探测脉冲。进入到保偏光纤的泵浦脉冲 1、泵浦脉冲 2 和探测脉冲的功率分别为 200 mW、30 W 和 30 W。一根 6 m 的 Panda 保偏光纤作为传感光纤,在室温下其布里渊频移为 10.871 GHz。实验中,首先 2 ns 泵浦脉冲 1 和 2 ns 泵浦脉冲 2 被注入到慢轴中,控制两个泵浦脉冲之间的延时可以在光纤中的特定位置激发出布里渊光栅。紧随泵浦脉冲 2,6 ns 的探测脉冲被注入到快轴中以读取产生的布里渊光栅。2 ns 的两个泵浦光产生了有效长度为 20 cm 的布里渊光栅,从而也可以获得 20 cm 的空

间分辨率。被布里渊光栅反射回来的光通过环行器 2 后被带宽为 0.2 nm 的 FBG
反射进入双折射频移探测系统。6 m 长的 Panda 保偏光纤的布局如图 5-60（b）所
示,其中有 1 m 的应变段、1 m 的加热段以及在它们中间的在室温及松弛状态下的
1 m 光纤。应变段中施加的应变为 670 $\mu\varepsilon$,加热段的温度比室温高 30℃。

实验上测到的布里渊频移和双折射频移如图 5-61(a)所示,我们可以看到基于
布里渊频移和双折射频移方法均具有 20 cm 的空间分辨率。利用所测的布里渊频
移,双折射频移以及它们的温度和应变系数,我们可以同时得到光纤上的温度和应
变分布,其结果如图 5-61(b)所示。可以很清楚地看出传感光纤上的温度和应变
分布被互相解调出来,其中只有在有应变和无应变、加热和室温的交界处存在一些
误差,这些误差是由于系统的空间分辨率限制产生的。

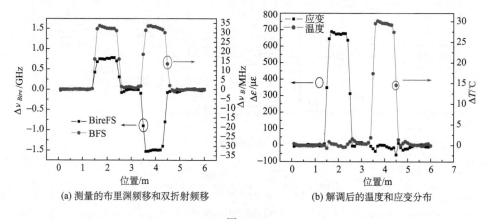

(a) 测量的布里渊频移和双折射频移　　　　　　(b) 解调后的温度和应变分布

图 5-61

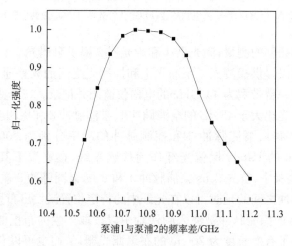

图 5-62　归一化的布里渊光栅的反射强度随两束泵浦光频差的变化关系

　　整个系统的温度和应变测量范围会受限于布里渊光栅的产生效率。当局部温度或应变较大时,会产生较大的布里渊频移变化,因而会导致布里渊光栅产生效率的降低,甚至无法产生。通过调节两束泵浦光之间的频差(10.5~11.2 GHz)可以研究布里渊光栅的产生效率,结果如图 5-62 所示。由于 2 ns 的泵浦光具有较宽的频谱,使得在 700 MHz 的调节范围内布里渊光栅的反射强度均大于峰值的 60%。这说明当固定两个泵浦光的频率时,该系统最大应变测量值为 $1400\mu\varepsilon$,最高温度值为 700℃。

5.7　布里渊光纤传感技术的应用

　　近年来,出现了一系列基于布里渊散射的全分布式光纤传感技术商业化产品,如日本 YOKOGAWA 公司的 860x 系列光纤应变分析仪[133]、日本 NEUBREX 公司的 NEUBRESCOPE NBX-6000 全分布式应变传感器[134]、瑞士 OMnisens 公司的 DiTeSt®STA100/200 系列全分布式温度/应变监测仪表[135]、英国 SENSOR-NET 公司的 DTSS 全分布式应变温度测试仪[136] 和加拿大 OZ Optics 公司 Foresight™ 系列全分布式温度/应变监测仪[137] 等,这大大推动了其实用化应用的研究,表 5-1 列出了这些商业化产品的主要性能指标。图 5-63 为日本 ANDO 公司基于 BOTDR 技术的 AQ8603 光纤应变分析仪,图 5-64 为加拿大 OZ Optics 公司基于 BOTDA 技术的 Foresight™ 系列全分布式温度/应变传感器。

表 5-1　商业化布里渊全分布式光纤传感系统的主要性能指标

产品型号	传感距离/km	应变精度/$\mu\varepsilon$	温度精度/℃	空间分辨率/m
AQ8603	80	30	—	1~22
NEUBRESCOPE NBX-6000	20	15	0.75	0.2~5
DiTeSt®STA100/200	30	2~6	1	0.5~20
SENSORNET-DTSS	24	20	1	1
Foresight™系列	100	2	0.1	0.1~50

图 5-63　日本 ANDO 公司的 AQ8603 光纤应变分析仪

图 5-64　OZ Optics 公司的 Foresight™系列全分布式光纤应变和温度传感器

　　一些发达国家如瑞士、日本、加拿大、美国等在基于布里渊光纤传感技术的应用方面做了很多探索，并且取得了一系列的重大成果。从 1996 年开始，瑞士 Smartech 公司在瑞士 Geneva 湖床、Luzzone 大坝、Pizzante 污水站、德国柏林盐水管道等实现了系列应变或温度监测[138~140]。日本学者 Shimada 等利用 BOTDR 技术为参加 2000 年美洲杯的 Nippon Challenge 帆船构建了一套健康监测系统[141]。Shunji Kato 等研究了 BOTDR 全分布式传感探头的布设技术，并成功对山体滑坡进行了监测[142]。韩国学者 I. B. Kwon 等设计了长为 1400m 的 BOTDA 光纤探头对某建筑物进行温度监测[143]，对 Ulsan 隧道垂直方向的应变进行了监测。

　　虽然国内对基于布里渊全分布式光纤传感技术的研究起步较晚，但是在重大工程背景的推动下，实际应用研究取得了可喜成绩，南京大学自 2001 年开始成功将 BOTDR 技术应用到南京市鼓楼隧道、玄武湖隧道、云南嵩待公路白泥井 3 号隧道等实际工程，取得了较好的效果[58~60]。国土资源部利用 BOTDR 技术建立了重庆巫山地质灾害预防示范站[144]。2005 年，北京路源公司利用 BOTDR 技术协助业主在贵阳大型水电站大坝混凝土浇筑过程温度变化监测等进行了有益的尝试。2005 年开始，哈尔滨工业大学采用纤维增强复合塑料（FRP）作为封装材料，研制开发出系列 BOTDA/R-FRP-OF 探头，并在大庆公路、广州体育西路人防工程和抽油井套损监测等项目中进行了有益的尝试[145,146]。2006 年，中国地质大学采用 BOTDR 传感系统对于岩溶区高速公路的地基塌陷进行了监测试验并取得了较好的结果[147]。2009 年，上海光子光电传感设备有限公司将 BOTDR 传感系统用于海堤沉降的安全检测[148]。

应变和温度变化是物体特性发生改变的最主要和直接的表现,因此,应变和温度的监测成为结构故障诊断和事故预警最主要和最重要的手段。应变与温度的全分布式监测需求十分广泛,能源、电力、航空航天、建筑、通信、交通、安防等诸多领域都把其作为一种必需的故障诊断及事故预警手段,而基于布里渊散射的光纤传感技术集信号传输和传感信息于一根连续的光纤上,可同时获得被测物随时间和空间变化的分布信息,具有全分布式、长距离、高测量精度应变和温度同时测量等优点,可以为这些领域的故障诊断及事故预警提供理想的技术支持。

5.7.1　在结构健康监测中的应用

1. 结构健康监测

Bisby 将结构健康监测(structural health monitoring, SHM)定义为:一种使用多个粘贴或嵌入结构中的传感器对原结构进行无损伤检测的方法[149]。这些传感器获取的各种连续或周期性数据,经过采集、分析和存储为预测提供参考依据。传感数据可以用于评估结构的安全性、完善性、强度等性能,并对损坏进行预警。

大型基础设施耗资巨大,承载着人民生活、社会发展和经济建设的重大任务,它们的使用期都长达几十年,甚至上百年。在其服役过程中,由于环境荷载作用、疲劳效应、腐蚀效应和材料老化等灾变因素的综合作用,结构不可避免地产生损伤累积和抗力衰减,从而导致抵抗自然灾害能力的下降,其一旦失效,经济损失巨大。近十年我国平均每年灾害损失 2000 亿~3000 亿元。有些结构在灾害发生前出现了损伤,如开裂、老化等症状,但是缺乏有效预警和减灾措施,无法避免灾损的发生,不能把损失降低到最低限度,由此可见对大型土木工程结构健康监测的必要性[150]。

大型土木工程结构具有体积大、覆盖面广、造价高、服役环境恶劣、设计寿命长等特点,其结构损伤往往表现为机制复杂、耦合影响因素多、时变演化效应显著、损伤位置隐蔽等特性。高性能全尺度监测手段一直是结构健康监测的客观需求。鉴于重大工程事故带来的经济损失与社会影响,自 20 世纪末以来,越来越多的重大工程结构安装了结构健康监测系统,并取得了很多重要的研究和应用成果。

传统电学量局部测试传感器如电阻应变片、钢弦计等,虽然在大型工程结构的施工质量控制和竣工验收中得到了广泛应用,但是其耐久性和稳定性不能满足长期结构健康监测的需要。20 世纪末,光纤传感器开始出现,尤其是布拉格光纤光栅(FBG),以其小尺寸、高耐久、准分布式以及绝对测量等优异特性,已被长期结构健康监测作为局部监测的首选敏感元件,广泛应用于重大工程的结构健康监测中,并且有取代部分传统电学量传感器的趋势。然而重大工程结构具有体积大、覆盖面广、监测部位隐蔽等特点。点式或准分布式监测手段存在布线困难、漏检、成本高、系统不稳定等问题。全分布式光纤传感技术,尤其是基于布里渊全散射的全分布式光纤传感技术的出现与发展为解决这一难题带来了希望。全分布式光纤传感技术除具有普通光纤传感的优点外,还具有成本低、全分布式测量等突出优点,可以方便地对大型结构进行大规模全分布式的应变、温度监测。基于布里渊散射的全分布式光纤传感技术可以实现结构全分布式应变/温度监测,避免漏检,达到结构损伤全面定位和较高精度的定量分析,为大跨度、长距离的重大工程结构提供一种方便、可靠、低成本的监测手段,意义重大。

2. 在桥梁结构健康监测中的应用

大型土木工程结构的损伤常表现为其所受应变、应力或者温度等物理量的改变,基于布里渊全分布式光纤传感器具有温度和应变同时监测的能力,因此,在大型土木工程如桥梁、交通隧道、大坝、河堤等的结构健康以及周界安防的监测领域有着广泛的应用前景。我们以桥梁结构健康监测为例,简单介绍基于布里渊散射的全分布式光纤传感技术在大型土木工程结构健康监测中的应用。

结构健康监测可以用于探测潜在的问题,使其得到及时修复从而避免出现灾难性的后果。其次,结构健康监测是新建筑材料和结构构建流程中的一个环节。这些新型结构的负载能力可以通过内置传感器的输出来进行监控。加拿大的Confederation 大桥是近代采用结构健康监测最典型的代表,如图 5-65 所示。

图 5-65　采用 SHM 技术的 Confederation 大桥

1）桥梁结构健康监测系统的必要性

　　造价高昂、结构庞大的工程，如大跨桥，一旦倒塌，将长期影响大范围地区（半个省甚至几个省）的交通、经济和社会生活，因此必须不惜一切代价来保证其安全。桥梁经受日晒雨淋，承受疲劳荷载，必然会有缓慢发展的累积损伤，累积损伤发展到一定程度，就会引发安全事故。对大桥，一次全桥的详细人工检查周期太长，难以跟上损伤发生、发展的速度，也就难以及时发现严重的累积损伤。在计算机技术高度发展的今天，桥梁工程领域开始考虑利用一些能够在不封桥的情况下使用的技术来观察累积损伤。因此，在大桥上安装结构健康监测系统是有必要的。

2）桥梁结构健康监测系统的监测要求

　　大型桥梁与地下隧道、河堤防和水利枢纽等构筑一样，在各种荷载和外部环境作用下会发生不同程度的变形，其表现形式有以下两种：一种是大范围或整体的均匀和不均匀变形，如一些构筑物的沉降变形，这种变形在开始阶段一般用肉眼不易观察到；二是以各种裂隙为主的局部变形，裂隙的宽度从小于几微米到数厘米不等且分布不均匀，应变量常常只有 $10^{-7} \sim 10^{-5}$ 数量级，主要集中在结构体的应力集中区。这就要求监测的传感系统具有对大型结构进行大规模全分布式的应变高精度监测的能力。大桥上特大风荷载、超重车等可能造成结构的异常荷载和损伤，长期使用会造成累积损伤，因此要求传感系统具有实时和长期的监测能力，即对结构的过大反应（过大的位移、应变等）和桥梁结构的损伤能长期实时监测，更快地发现桥梁结构的异常情况，以便向桥梁管理部门及时报警。

3）应用案例

　　发达国家从 20 世纪 80 年代后期开始在多座桥梁上布设监测传感器，用以监视施工质量、验证设计假定和评定服役安全状态。1987 年，英国在 Foyle 桥上布设传感器，监测大桥运营阶段主梁的振动、挠度和应变等响应以及环境、风和结构温度场。此后，建立结构健康监测系统的典型桥梁有加拿大的 Confederation 大桥、日本的明石海峡大桥、韩国的 Seo-Hae 斜拉桥、加拿大的 Toylor 桥等。随着智能传感元件的研究开发和产业化，我国重大工程结构健康监测系统的研究与应用取得了长足的发展，如香港青马大桥、汀九大桥、汲水门大桥、锡新兴塘运河大桥、安徽芜湖大桥、四川大佛寺大桥、苏通大桥、杭州湾大桥、南京三桥等重大工程已经或正在实施结构健康监测系统[151]。

5.7.2　在通信领域中的应用

近几年,随着高速信息通信需求的快速增长,光网络得到了迅速的发展。光网络一般指使用光纤作为主要传输介质的广域网、城域网或者新建的大范围的局域网。目前解决光网络可靠性的主要思路集中在对已建成网络设备的可靠性和多重路由保护等技术性问题上,而对前期光缆建设过程中的工程质量评估和出现故障后如何尽快恢复等问题缺少足够的重视。在对光缆线路的施工评估、运行系统的性能监测和故障维修等方面,目前主要方式仍是分析 OTDR 获得的光缆线路损耗情况评估其施工质量、运行状况以及故障点定位[152,153]。这种常规的依靠光纤线路损耗这个单一参数性能的变化情况来评估网络运行状况的维护方式,会忽略很多重要的有关线路可靠性的信息。如何寻求更有效的检测手段,对在建光缆线路的工程质量进行评估和已建光缆线路的运行状况进行实时监测,提高光缆线路的可靠性变得尤为重要。

基于自发布里渊散射的全分布式光纤传感技术能够测量光纤沿线的应变、温度和线路损耗等相关信息,为光缆线路的监测和评估提供一种新的分析手段。在光纤通信线路损耗增大或发生断裂等"显性故障"前,光纤线路的损耗分布并没有发生变化,采用 OTDR 的常规检测方式难以对其进行有效的评估。而在"显性故障"发生前的应变状态等"隐性损伤"的变化,可利用布里渊散射全分布式光纤传感技术进行有效的分析。因此,利用自发布里渊散射全分布式光纤传感技术可以在光缆线路建设期间,跟踪施工质量,分析各施工环节对光缆应变状态的影响,依据应变的变化趋势评估和控制施工过程,将可能造成光缆线路出现问题的隐患因素降到最低;对在线运行光缆的应变、温度和损耗分布信息进行监测,分析光纤应变的劣化趋势,提前预测光缆的健康状况,在光缆发生故障前进行及时的处理或更换。对已出现故障的光缆进行故障点的精确定位,可以缩短故障修复施工时间,最大限度地减小通信失败所造成的经济损失。据报道称,2001 年仅上海海底光缆维修费用高达 1 亿美元[154]。同一年,由于台湾地震而导致的中美海底光缆中断带来的经济损失更是无法估计。可见利用布里渊散射全分布式光纤传感技术对海底光缆的在线健康监测是非常必要的。此外,利用布里渊散射全分布式光纤传感技术还可以指导光缆的生产和研发,界定不同工作环境对光缆性能的影响,改进光缆的制造工艺等。本节主要探讨基于自发布里渊散射的全分布式光纤传感技术在海底光缆故障点精确定位、光缆高低温实验和海底光缆铺设监测中的应用。

1. 海底光缆故障点定位中的应用

海底光缆被铺设在环境极其恶劣的海底,系统传输距离又长,在运行中除了会受到海水压力、水流冲刷、礁石磨损、海生物侵蚀及地震等自然条件的作用外,还受捕鱼和工程施工等人类活动的影响。据统计,95％的海底光缆损坏是由渔业、航运等人类活动造成[155,156]。海底光缆通信线路出现障碍后其维修作业程序为:故障点遥测,确定故障范围;依据故障范围到故障现场探测故障点精确位置、根据故障点精确位置打捞故障点;海底光缆的接续,期间实时监测接续质量;检测合格后,恢复海底光缆铺设状态。

海底光缆发生故障时,探测故障点精确位置、打捞故障点是整个维修作业过程情况最复杂、难度最大的环节,尤其在深海大长度的海底光缆和浅海深埋设的海底光缆修复工程中,实施难度和要求更高。并且由于埋设的海底光缆故障率低,实践机会少,积累经验少,容易造成因找不到故障点无法进行维修作业或找不准故障点造成浪费的情况。

目前,海底光缆定位技术相对滞后,用于定位的设备、仪器和工艺也比较单一,很难在短时间内精确定位故障点的位置,致使无效施工多,修理周期长。因此,寻找一种快速准确判定海底光缆故障点的新方法、及时完成修复、最大限度地减小通信中断带来的损失,成为海底光缆的维修中迫切需要解决的问题。

1) 常规海底光缆故障点定位方法

海底光缆故障点水域位置的确认是整个修复工作的关键工序,目前海底光缆故障点定位分为两个步骤。

首先,采用 OTDR 确认海底光缆中光纤故障点到测试点的距离。由于在绝大多数光缆中,为了保护光纤,光纤以一定的余长放置在套管中,光纤长度并不等于光缆长度,因此,利用 OTDR 设备不能直接获得光缆故障的空间位置。参照具体光缆的光纤余长,可计算获得光缆故障点到海底光缆端点的距离,同时可辅以兆欧表测量海底光缆的绝缘值,以判断光缆受损的大致情况和光缆故障点的大致位置。有条件时,可分别在海底光缆两端进行检测。

然后,根据所测光缆故障点的距离,在该海底光缆施工原始记录表上,即"敷缆报表"上的海底光缆铺设长度一栏,得到该故障点在海域中的大概地理位置,也就是需打捞海底光缆的大概位置。同时,依据敷缆报表和海底光缆竣工资料,查阅该段海底光缆的敷缆时间、水深、埋设深度等施工参数,初步了解该海域的自然条件及铺设施工期间所发生的情况,进一步推断故障点的位置[157~159]。

由于在海上对故障点地理位置精确定位的过程中,施工难度大、外界影响因素多等原因,通常依据 OTDR 测量的光纤故障点距离,工程竣工资料和以往的施工经验,选定一段可以确保包含故障点在内的海底光缆,进行整段海底光缆的替换。受故障点到测试端的距离、资料的准确性和测量精度等因素的影响,对浅海区深埋设的隐蔽性海底光缆,其空间定位精确度一般为百米量级,而且随故障点距离测试端长度的增加,定位精度会更低[160,161]。

2) 基于 BOTDR 技术的故障点定位方法

　　基于 BOTDR 技术故障点定位法的主要思想是利用自发布里渊散射分布式光纤传感技术可探测光纤沿线任意位置处的应变和温度变化,采取对海底光缆的某已知位置人为引入外部"微扰",分析光纤线路的损耗曲线和布里渊频移分布曲线,主动确定基准点,通过相对定位的方式,进行逐次逼近,实现故障点的精确定位[56]。在外部"微扰"的选择上,可以通过在海底光缆局部施加外力,改变光缆内光纤的应变状态,也可以通过改变局部海底光缆的温度状态,进而改变光缆内光纤的温度状态。由于采用施加外力的方式改变具有铠装的海底光缆内的光纤应变比较困难,通常选择加热或降温的方式改变光纤的温度状态建立"微扰"。考虑海底光缆能承受的温度有一定限制,将局部温度控制在 50℃ 以下是一种安全、简便的外部微扰引入方法。具体实施方法如下[162]。

　　第一步:记录待测线路所处的原始状态信息作为参考状态。利用光纤线路的损耗分布曲线,确定光纤故障点距离测试端的距离,做出故障点标记,如图 5-66 所示。同时记录光纤线路的布里渊频移分布曲线(如图 5-67)。

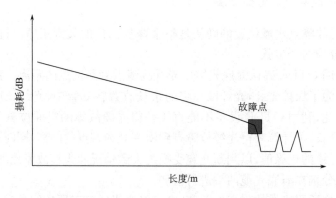

图 5-66　原始状态下光纤线路的损耗分布曲线示意图

　　第二步:依据光纤故障点到测试端的距离,估计海底光缆故障点到测试端的大概位置,然后在预计的海底光缆故障位置处引入自动温度控制加热装置。设 η 为海底光缆光纤余长比,在估计海底光缆故障点到测试端的大概位置时,选取光纤故障点到测试端距离的 $1-K\eta$ 倍作为预计的"海底光缆故障点",其中 $K>1$。如图 5-68 中所示,L 为光纤故障点到测试端的距离,则估计的海底光缆故障点到测试端的大概距离为 $L_K=L(1-K\eta)$。

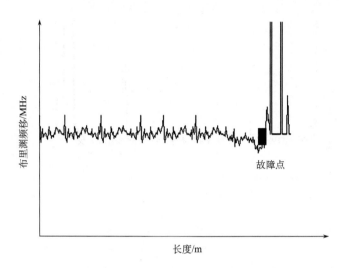

图 5-67　原始状态下光纤线路的布里渊频移分布曲线示意图

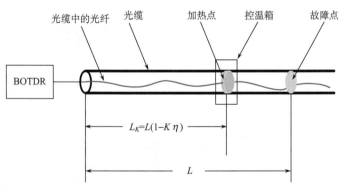

图 5-68　基于 BOTDR 的光缆故障点定位方法示意图

第三步:利用自动温度控制加热装置在预计的"海底光缆故障点"处进行加热。记录再次测量获得的光纤线路的损耗曲线和布里渊频移分布曲线作为二次测量值。

第四步:比较二次测量值和参考状态的差异,找到加热点在光纤上的位置,确定沿光纤从加热点到故障点之间的距离,如图 5-69 所示。沿海底光缆路由前进上述确定的距离,并在新位置处观察海底光缆,如果该位置的海底光缆有明显损伤,那么这一位置就是海底光缆的故障位置;如果该位置处无明显故障,则将其作为再次加热点。重复步骤三和四,如图 5-70 所示,直到发现海底光缆上有明显损伤或在应变曲线图上加热点与光纤上的故障点重合为止。通常一或两个重复步骤就足以确定海底光缆故障点的位置。

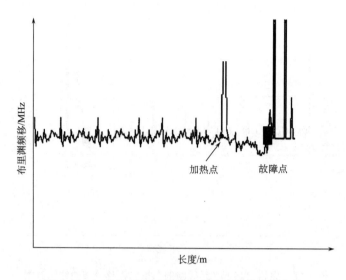

图 5-69　加热前后光纤线路的布里渊频移分布曲线

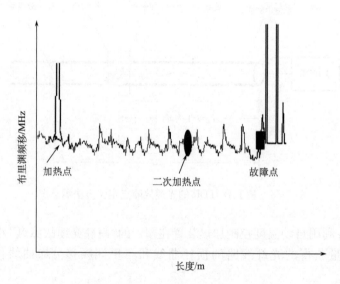

图 5-70　第二次加热点位置选择示意图

　　该定位方法不需要烦琐的公式计算,也不需要已有的大量工程资料作为背景,有利于现场的实时操作,而且由于其在定位上采取相对定位的方式,使故障点的定位具有确定性,尤其对需要深埋的浅海区海底光缆而言,可省去众多的施工步骤。此外,由于常规采用OTDR方法测得的测试端到故障点的距离在不同线路、不同光缆和不同路由等情况下,会对应于不同的空间位置,利用烦琐的公式计算会产生较大的定位误差。而基于自发布里渊散射全分布式光纤传感技术的故障点定位法避开了测试端到故障点的距离与具体空间地理位置间对应关系的烦琐换算,只对其关系作大概估计,通过逐次逼近的方式进行精确定位。尤其对由于特殊原因而缺乏足够竣工资料的线路和时间紧迫并需要及时抢修的线路有其独特优势。

2006 年,南京大学张旭苹课题组采用上述的方法对全长约 59km 的宝山钢铁公司嵊泗-芦潮港直流高压输电海底光缆故障点实现了快速、准确的定位[163]。

2. 海底光缆铺设监测中的应用

由于海底光缆的特殊性,其施工过程中的不确定性因素较多,如何保证施工过程中海底光缆的安全,是影响工程进度、质量以及海底光缆寿命的一项重要技术。为了确保施工过程不会对海底光缆质量造成损伤,必须对海底光缆施工过程进行全程监测。目前施工过程中利用 OTDR 周期性测量线路损耗信息,用以监测施工过程对海底光缆内光纤性能的影响,测试结果一般只用于判断接头盒的性能、已铺设海底光缆是否断缆等明显受损事件,对海底光缆的一些"隐性损伤"行为不够敏感。

在铺设过程中,尽管要求海底光缆内光纤处于不受力状态,但实际施工中对海底光缆的拉扯、弯曲和扭转等行为会导致光纤受拉,尤其是铺设时牵引力的影响比较大。由于自发布里渊散射全分布式光纤传感技术可以实现光纤应变的全分布式测量,通过测试海底光缆铺设前后光纤的应变变化,可评估海底光缆施工质量的好坏;实时监测铺设过程中光纤的应变状态,明确海底光缆受力状况,可及时处理存在的"隐性损伤"问题,消除隐患[62]。

1) 海底光缆铺设质量的评估

在某海底光缆铺设工程中,施工水域存在复杂的水动力和活跃的泥沙运动场,水深约 10m。海底光缆埋深为 2.5m 左右,铺设船只采用中英海底光缆系统公司的福星号电缆驳船,海底光缆铺设设备采用滑橇牵引型水喷式埋设机,海底光缆为阿尔卡特中心束管式 18 芯双铠装海底光缆,如图 5-71 所示。

登陆点 A、B 间相距约 60km,铺设方向为由 A 至 B。铺设前,测量驳船缆仓内海底光缆中所有光纤的应变分布作为光纤应变的参考态。铺设后,在登陆点入水处,测量海底光缆中所有光纤的应变分布,比较海底光缆铺设前后光纤应变的变化,评估海底光缆施工质量的好坏。我们选择 1 号、5 号和 17 号纤作为监测光纤,图 5-72、图 5-73、图 5-74 分别给出了 1 号、5 号和 17 号纤在海底光缆铺设前、后布里渊频移的分布和布里渊频移的变化量。

图 5-71　阿尔卡特中心束管式 18 芯双铠装海底光缆

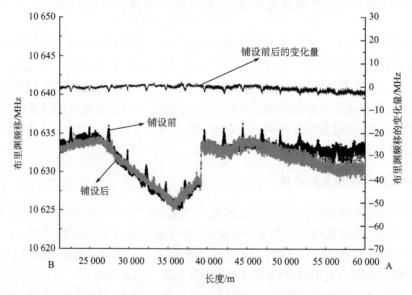

图 5-72　1 号纤在海底光缆铺设前、后布里渊频移的分布和布里渊频移的变化量

根据图 5-72、图 5-73 和图 5-74 可以发现：

（1）铺设前，各光纤上每间隔一定距离存在一个较大的布里渊频移点，且相邻点间距基本相同。铺设后，这些大的布里渊频移点消失。其原因是，缆线铺设前存储在驳船的缆仓内，缆仓内光缆是一层层铺设的，各缆层光缆长度几乎相同，层与层间换向的位置会存在缆交叠的状态；缆线铺设后，换向点消失。计算发现相邻的

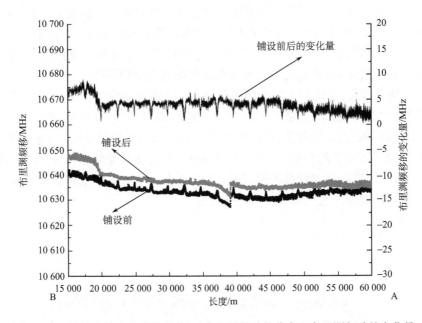

图 5-73　5 号纤在海底光缆铺设前、后布里渊频移的分布和布里渊频移的变化量

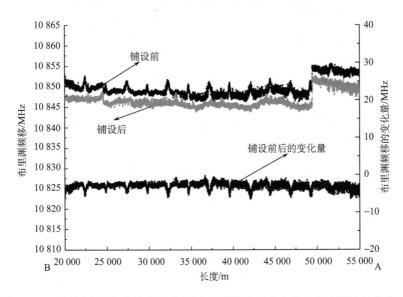

图 5-74　17 号纤在海底光缆铺设前、后布里渊频移的分布和布里渊频移的变化量

较大布里渊频移点间距大约为 2.42km 左右，这与采用缆仓半径计算得到的一个光缆层的光缆长度相近。

　　(2) 铺设前,同一光纤上布里渊频移也会存在较大差异。铺设后,这些较大的差异不会消失。例如 17 号纤,布里渊频移分布被明显分成两段,且差值较大,铺设前后这种差异依然存在。可以肯定这种差异的存在不是外界因素产生,而是光纤本身的特性所决定,也就是说该光纤可能是两根光纤熔接而成。

　　(3) 铺设前后,各光纤上布里渊频移分布总体情况变化不大,即布里渊频移变化量较小。图 5-75 给出 1 号、5 号、17 号纤布里渊频移变化量分布,不计换向点处布里渊频移的变化,各纤布里渊频移变化量的绝对值小于 5MHz。由于布里渊频移同时受温度和应变的影响,考虑到不同测试时刻环境温度的差异、缆仓与海底温度的差异,5℃(取布里渊频移的温度系数为 1MHz/℃)的温度差异是可以接受的,这足以说明此次海底光缆铺设工程质量良好。

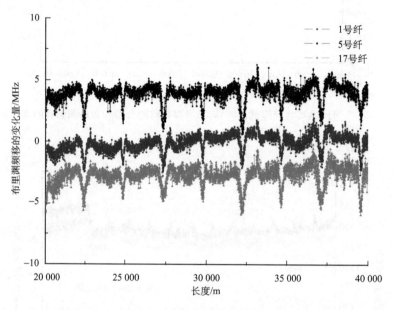

图 5-75　1 号、5 号、17 号纤布里渊频移变化量分布

2) 海底光缆铺设过程的监测

　　海底光缆铺设过程中,铺设速度和牵引力需要依据不同环境做实时调整。动态监测海底光缆铺设过程中光纤应变状态的变化,定义相应的阈值,确保在出现可能对缆线构成损伤的意外因素时(如突然增大的铺设牵引力)及时告警,避免缆线受损或断缆事件发生。施工过程中,铺设方向由 A 至 B。我们选择 1 号纤作为监测光纤,图 5-76 给出不同时刻的光纤布里渊频移分布。

表 5-2　海上施工隐蔽工程随工记录表

测量时段	埋深/m	牵引力/kN	铺设速度/(km/h)
06:02~10:12	3.02	2.4	1.5
10:12~10:55	3.02	2.4	1.5
10:55~12:15	3.02	2.1	1.9
12:15~13:20	3.02	2.9	1.3

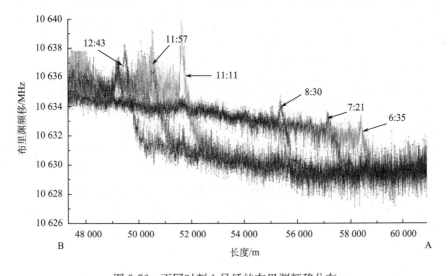

图 5-76　不同时刻 1 号纤的布里渊频移分布

（1）从图 5-76 可以看出，铺设后光纤的布里渊频移比铺设前减小。这表明海底光缆从缆仓到铺设于海底的过程中，光缆在缆仓中储存时的应变得到释放。其中每条曲线的"折点"处，对应于测试时刻埋设机位置。

（2）参照随工记录表 5-2 可知，在测试时间段内，铺设速度存在慢—快—慢的方式，利用各测试时刻的曲线"折点"间距离，可算得相应时间段内的铺设速度，计算结果同随工记录表的铺设速度存在相同的变化趋势。

（3）随工记录表 5-2 表示，在后段时间的铺设过程中，由于地质条件的影响，铺设牵引力较大。与该段时间相对应的光纤布里渊频移分布在"折点"处出现较大的尖峰，表明该埋设机位置的海底光缆存在一定的应变，海底光缆遭受拉伸。尖峰与常规位置的最大频差小于 10MHz，相应于 0.02% 的应变量（取应变-频移系数的典型值 500MHz/%），这小于海底光缆在短期拉伸力作用下承受的应变，在施工过程中属正常状况。这也表明该次海底光缆铺设过程完好。在另一个海底光缆铺设工程中，由于海底杂物混入铺设区内，海底光缆铺设过程中受拉过大，造成损坏。

5.7.3　在智能电网中的应用

为了缓解能源危机和全球气候变化,许多国家开始倡导发展和利用清洁能源和可再生能源。电力工业是能源战略布局的重要内容,是能源产业链的重要环节。电力行业作为社会基础产业,是国家发展的命脉产业之一。但是目前电力资源仍然以煤电为主,常常需要长距离输电,电力利用的效率较低,加上输电线路的逐年老化,给电力发展带来了很大的挑战。在环保、能源、安全和经济等多重压力下美国和欧洲先后提出"智能电网"(smart grid)概念。2006 年美国 IBM 公司提出了基于安全可靠的智能电网的解决方案。奥巴马提出了关于发展全分布式发电和能源管理技术、提高能源使用效率的能源计划,2009 年我国专家武建东提出了"互动电网"概念。依靠现代信息、通信和控制技术,建设智能电网、坚强电网,适应未来可持续发展的要求,已成为国际电力发展的必然趋势。

目前中国政府正在研究中国智能电网的发展战略和投资规划,国家电网也在积极准备建设智能电网。智能电网既是下一代全球电网的基本模式,也是中国电网现代化的核心。中国将分三个阶段推进坚强智能电网的建设,在三个阶段里总投资预计将超过 4 万亿。2009～2010 年为规划试点阶段,重点开展"坚强智能电网"发展规划工作,制定技术和管理标准,开展关键技术研发和设备研制及各环节试点工作。2011～2015 年为全面建设阶段,加快特高压电网和城乡配电网建设,初步形成智能电网运行控制和互动服务体系,关键技术和装备实现重大突破和广泛应用。2016～2020 年为引领提升阶段,全面建成统一的"坚强智能电网",技术和装备全面达到国际先进水平。中国电力企业联合会发布的《电力工业"十二五"规划滚动研究综述报告》数据显示,预计到 2015 年底全国 110kV 及以上输电线路将达到 113 万千米;到 2020 年底,全国 110kV 及以上输电线路将达到 176 万千米。"十二五"期间,全国电网建设投资 2.9 万亿元,同比增长 85.09%;"十三五"期间,全国电网建设投资 3.5 万亿元,同比增长 20.69%。

智能电网建设包括六个技术环节,即发电、输电、变电、配电、用电和调度。光纤传感器网络在智能电网中的使用主要分两类:一类是用于沿线的监测,多采用全分布式光纤传感器网络;另一类是用于电网设备的监测,小型电气设备多采用单点传感器,大型电气设备则同样采用全分布式光纤传感器网络[162]。其中输电环节是至关重要的一个环节,输电环节要求依据线路监测标准体系,实现输电线路的外力破坏、杆塔倾斜、导线温度、污秽、覆冰、风雨、风偏、舞动、通道状况的全天候在线监测,输电线路实现智能化巡检,应用灵活输电技术、耐热导线、复合绝缘杆塔、节能器具等大大提高线路输送能力。我国幅员辽阔,地形复杂多样,山地、高原、丘陵占三分之二以上,高压输电线路通常会穿越大面积的水库、湖泊和崇山峻岭、原始森林等复杂地理环境,给线路维护造成诸多困难。解决如此恶劣的自然环境条件下输电线路运行维护工作是当务之急。

目前影响输电线路运行安全的因素主要有以下几个方面:①人为外力破坏塔基严重影响输电线路安全。②恶劣的冰灾天气严重影响输电安全。例如 2008 年南方冰冻灾害让人们重新认识了覆冰的危害,大量的覆冰导致导线压断、塔基倒塌,严重影响了输电线路的安全。③施工现场塔吊、车辆等设备穿越城区架空线路严重影响城区架空线路的危害。④林区高树成长压线严重影响输电线路安全。林区树木随着成长会越来越高,经常会压到穿越林区的导线,导致导线压断或短路,严重影响了输电线路的安全。⑤偏远山区、林区人工巡线困难也是影响输变电线路安全的一个因素。定期的巡线是保证输电线路安全的一个重要手段,然而穿越偏远山区、林区的线路人工巡线非常困难,无法确定输电线路是否存在安全隐患,也将严重影响输电线路的安全。⑥塔基周围挖沙石、挖土方破坏塔基的地基也是影响输电线路安全的一个因素。常规的方法,如人工巡检、直升机巡检、固定位置安装的全工况可视监测系统等,均不能解决对全线路连续检测的问题。全分布式光纤传感技术凭借其全分布式、长距离高精度的优点可以很好解决输电线线路以上的监测问题[165]。

目前有报道的应用有基于磁光效应的光纤电流传感器、基于泡克耳斯效应的光纤电压传感器,这两类光纤传感器用于小型电气设备的监测[166]。输电线路主要采用人工方式利用 OTDR 进行光纤的检测。OTDR 通过测量背向瑞利散射光得到沿光纤的衰减分布,对光缆衰减特性和断点的测量性能良好,但是由于瑞利散射光基本不受温度和应力等外界条件的影响,所以这种测量方式不能用于检测环境温度和应力对光纤性能的影响,其应用受到了一定的限制。早在 20 世纪 80 年代电信部门就开始广泛采用光纤网作为主干传输网。电力系统从 90 年代以来才开始大规模建设光纤通信网或把旧网改造成光纤网,但其发展速度相当快,现在已经有很多城市的电力光缆长度超过 1000 km,而多参量、有效的光缆在线监测系统尤为迫切。由于电力通信网以光纤复合地线(OPGW)光缆和全介质自承光缆(ADSS)为主,环境复杂,光缆所受的应力和温度发生较大变化,这些变化会造成光缆衰减增大甚至断缆。因此在检测光纤断点的同时也能检测光纤所处的温度及应力等环境对于故障预警等显得更为重要。

实际应用中已经出现基于 FBG 准分布式的电力传输线的荷载传感系统,目的在于对输电导线覆冰在线监测,以防止类似 2008 年我国南方特大冰冻灾害的发生[167]。2010 年,还有报道波分复用 FBG 传感网用于架空输电线路的应变监控[168],其实施方案如图 5-77 所示。

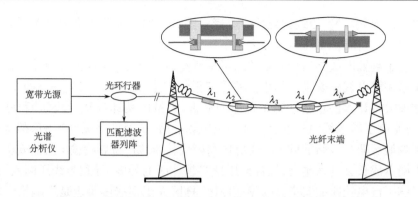

图 5-77　波分复用 FBG 传感网用于架空输电线路的应变监控

实际上,输电线路跨度大、线路长,采用点式或准分布式的光纤传感作为监控技术不太适合,成本比较高,应采用全分布式的光纤传感。2005 年,G. Yilmaz 等报道了一个全分布式 ROTDR 光纤传感器对电缆进行温度监测的实例[169]。该系统通过模拟和在 154 kV 输电线路上的实用,表明该系统具有小于 1℃的温度分辨率和 1.22 m 的空间分辨率。但是 ROTDR 光纤传感器只能对线路的温度进行监控,无法对线路应变或者应力信息进行测量,而基于布里渊光纤传感器具有温度和应变同时测量的优点,因此将光纤布里渊传感器应用于智能电网的输电线路监测,将大大提高光缆监测系统的监测功能和可靠性。

2006 年,针对电力系统光通信网络的特点及电力系统现有的光缆检测手段,人们提出了布里渊光纤传感器在测量断点的同时也测量温度和应力的方案,探讨了其在电力系统通信网中的应用方法及应用前景[170]。2009 年,李成宾等通过研究指出 BOTDR 技术在输电线路覆冰监测或电力系统其他方面有着广阔的应用前景[171]。2010 年,毕卫红等分析了基于瑞利散射、拉曼散射和布里渊效应的全分布式光纤传感器在高压电缆、电力线沿线温度测量中的应用情况,指出新一代光纤智能传感器网与关键器件的总体发展趋势:探索基于新机制、新结构的新型光纤传感器;研究长距离、连续分布、多参数、高空间分辨率、高精度光纤传感系统及系统集成技术;实现快速、实时、可靠、智能的工程实用化光纤传感网络系统[164]。

虽然基于布里渊全分布式光纤传感技术已经在大型土木工程的结构健康监测、油气管道、地质灾害等领域得到了较广泛的应用,但是其在智能电网中的应用研究才刚刚起步,如何充分发挥其全分布式、多参数同时测量的优势,如何将其对温度和应力进行测量与电缆故障诊断技术相结合,构成基于光纤传感器的电缆在线故障诊断系统,实现电缆温度、应变的实时监测和动态载流量分析,并对故障分析、识别和定位,保障智能电网的安全可靠运行,将是基于布里渊全分布式光纤传感技术在输电环节应用的重点发展方向。

参 考 文 献

[1] Ippen E P, Stolen R H. Stimulated Brillouin scattering in optical fibers. Appl. Phys. Lett. ,1972, 21: 539-541

[2] Rich T C, Pinnow D A. Evaluation of fiber optical waveguides using Brillouin spectroscopy. Applied Optics, 1974, 13(6): 1376-1378

[3] Tkach R W, Chraplyvy A R, Derosier R M. Spontaneous Brillouin scattering for single-mode optical-fiber characterization. Electronics Letters, 1986, 22(19): 1011-1013

[4] Kurashima T, Horiguchi T, Tateda M. Thermal effects on the Brillouin frequency shift in jacketed optical silica fibers. Applied Optics, 1990, 29(15): 2219-2222

[5] Horiguchi T, Kurashima T, Tateda M. Tensile strain dependence of Brillouin frequency shift in silica optical fibers. IEEE Photonics Technology Letters,1989, 1(5): 107-108

[6] Kurashima T, Horiguchi T, Tateda M. Thermal effects of Brillouin gain spectra in single mode fiber. Photonics Technology Letters, 1990, 2(10): 718-720

[7] Parker T R, Farhadiroushan M, Feced R, et al. Simultaneous distributed measurement of strain and temperature from noise-initiated Brillouin scattering in optical fibers. IEEE Journal of Quantum Electronics, 1998, 34(4): 645-659

[8] Horiguchi T, Tateda M. BOTDA-nondestructive measurement of single-mode optical fiber attenuation characteristics using Brillouin interaction. Journal of Lightwave Technology, 1989, 7(8): 1170-1176

[9] Bao X, Webb D J, Jackson D. 32km distributed temperature sensor based on Brillouin loss in an optical fiber. Optics Letters, 1993, 18(18): 1561-1563

[10] Kurashima T, Horiguchi T, Izumita H, et al. Brillouin optical-fiber time domain reflectometry. IEICE Transaction on Communications, 1993, E76-B(4): 382-390

[11] Parker T R, Farhadiroushan M, Handerek V A, et al. A fully distributed simultaneous strain and temperature sensor using spontaneous Brillouin backscatter. IEEE Photonics Technology Letters, 1997,9(7): 979-981

[12] Garus D, Krebber K, Schliep F, et al. Distributed sensing technique based on Brillouin optical-fiber frequency-domain analysis. Optics Letters, 1996, 21(17): 1402-1404

[13] Garus D, Gogolla T, Krebber K, et al. DBrillouin optical-fiber frequency-domain analysis for distributed temperature and strain measurements. Journal of Lightwave Technology, 1997, 15(4): 654-662

[14] Saechnikov V A, Chernyavskaya A, Yanukovich T P. Numerical simulation of the response function in measurements by the frequency-domain method in optic-fiber sensors. Journal of Applied Spectroscopy Journal of Lightwave Technology, 1999, 66(5): 830-834

[15] Gogolla T, Krebbe K. Distributed beat length measurement in single-mode optical fibers using stimulated Brillouin-scattering and frequency-domain analysis. Journal of Lightwave Technology, 1997, 13(3): 320-328

[16] Bernini R, Crocco L, Minardo A, et al. Frequency-domain approach to distributed fiber-optic Brillouin sensing. Optics Letters, 2002, 27(5): 288-290

[17] Bernini R, Crocco L, Minardo A, et al. All frequency domain distributed fiber-optic Brillouin sensing. IEEE Sensors Journal, 2003, 3(1): 36-43

[18] Bernini R, Minardo A, Zeni L. Stimulated Brillouin scattering frequency-domain analysis in a single-mode optical fiber for distributed sensing. Optics Letters, 2004, 29(17): 1977-1979

[19] Bernini R, Minardo A, Zeni L. An accurate high-resolution technique for distributed sensing based on frequency-domain Brillouin scattering. IEEE Photonics Technology Letters, 2006, 18(1): 280-282

[20] Bernini R, Minardo A, Zeni L. Accurate high-resolution fiber-optic distributed strain measurements for structural health monitoring. Sensors and Actuators A, 2007, 134: 389-395

[21] Minardo A, Bernini R, Zeni L. Brillouin optical frequency-domain single-ended distributed fiber sensor. IEEE Sensors Journal, 2009, 9(3): 221-222

[22] Hotate K, Ong S S. Distributed fiber Brillouin strain sensing by correlation-based continuous-wave technique: cm-order spatial resolution and dynamic strain measurement. Advanced Sensor Systems and Applications, Shanghai, China, SPIE, 2002: 299-310

[23] Glisic B, Posenato D, Inaudi D. Integrity monitoring of old steel bridge using fiber optic distributed sensors based on Brillouin scattering. Nondestructive Characterization for Composite Materials, Aerospace Engineering, Civil Infrastructure, and Homeland Security 2007, San Diego, California, USA, SPIE, 2007: 65310P-8

[24] Hotate K, Ong S S L. Distributed dynamic strain measurement using a correlation－based Brillouin sensing system. IEEE Photonics Technology Letters, 2003, 15(2): 272-274

[25] Hotate K, Tanaka M. Distributed fiber Brillouin strain sensing with 1cm spatial resolution by correlation-based continuous-wave technique. IEEE Photonics Technology Letters, 2002, 14(2): 179-181

[26] Song K Y, Hotate K. Distributed fiber strain sensor with 1kHz sampling rate based on Brillouin optical correlation domain analysis. Fiber Optic Sensors and Applications V, Boston, MA, USA, SPIE, 2007: 67700J-8

[27] Song K Y, Hotate K. Distributed fiber strain sensor with 1kHz sampling rate based on Brillouin optical correlation domain analysis. IEEE Photonics Technology Letters, 2007, 19(23): 1928-1930

[28] Maughan S M, Kee H H, Newson T P. 57km single-ended spontaneous Brillouin-based distributed fiber temperature sensor using microwave coherent detection. Optics Letters, 2001, 26(6): 331-333

[29] Alahbabi M N, Cho Y T, Newson T P. 150km-range distributed temperature sensor based on coherent detection of spontaneous Brillouin backscatter and in-line Raman amplification. Journal of the Optical Society of America B-Optical Physics, 2005, 22(6): 1321-1324

[30] Dong Y, Chen L, Bao X. Time-division multiplexing-based BOTDA over 100km sensing length. Optics Letters, 2010, 36(2): 277-279

[31] Soto M A, Bolognini G, Pasquale F D. Optimization of long-range BOTDA sensors with high resolution using first-order bi-directional Raman amplification. Optics Express, 2011, 19: 4444-4457

[32] Soto M A, Bolognini G, Pasquale F D. Long-range simplex-coded BOTDA sensor over 120km distance employing optical preamplification. Optics Letter, 2011, 36: 232-234

[33] Ravet F, Bao X, Yu Q, et al. Signal processing technique for distributed Brillouin sensing at centimeter spatial resolution. Journal of Lightwave Technology, 2007, 25(11): 3610-3618

[34] Li Y, Bao X, Dong Y, et al. A novel distributed Brillouin sensor based on optical differential parametric amplification. Journal of Lightwave Technology, 2010, 28(18): 2621-2626

[35] Brown A W, Colpitts B, Brown K. Dark-pulse Brillouin optical time-domain sensor with 20mm spatial resolution. Journal of Lightwave Technology, 2007, 25(1): 381-386

[36] Koyamada Y, Sakairi Y, Takeuchi N, et al. Novel technique to improve spatial resolution in Brillouin optical time-domain reflectometry. Photonics Technology Letters, 2007, 23(19): 1910-1912

[37] Brown A W, Demerchant M D, Bao X, et al. Spatial resolution enhancement of a Brillouin-distributed sensor using a novel signal processing method. Journal of Lightwave Technology, 1999, 17(7): 1179-1199

[38] Li W, Bao X, Li Y, et al. Differential pulse-width pair BOTDA for high spatial resolution sensing. Optics Express, 2008, 16(26): 21616-21625

[39] Sakairi Y, Matsuura S, Adachi S, et al. Prototype double-pulse BOTDR for measuring distributed strain with 20cm spatial resolution. SICE Annual Conference, Japan, 2008: 1106-1109

[40] Dong Y, Bao X, Li W. Differential Brillouin gain for improving the temperature accuracy and spatial resolution in a long distance distributed fiber sensor. Applied Optics, 2009, 48(22): 4297-4301

[41] Bao X, Dhliwayo J, Heron N, et al. Experimental and theoretical studies on a distributed temperature sensor based on Brillouin scattering. Journal of Lightwave Technology, 1995, 13(7): 1340-1348

[42] Zhang H, Wu Z. Performance evaluation of BOTDR-based distributed fiber opticsensors for crack monitoring. Structural Health Monitoring, 2008: 1475921708089745

[43] Zhang C, Bao X, Ozkan I F, et al. Prediction of the pipe buckling by using broadening factor with distributed Brillouin fiber sensors. Optical Fiber Technology, 2008, 14(2): 109-113

[44] Zhang C, Bao X, Li W, et al. Crack detection in reinforced concrete beam by use of distributed Brillouin fiber sensor. The 19th International Conference on Optical Fiber Sensors, Perth, WA, Australia, SPIE, 2008: 70041T-4

[45] Wan K T, Leung C K Y. Applications of a distributed fiber optic crack sensor for concrete structures. Sensors and Actuators A: Physical, 2007, 135(2): 458-464

[46] Hiroshi N, Hideki U, Taishi D, et al. Application of a distributed fiber optic strain sensing system to monitoring changes in the state of an underground mine. Measurement Science and Technology, 2007, (10): 3202

[47] Bernini R, Minardo A, Zeni L. Vectorial dislocation monitoring of pipelines by use of Brillouin-based fiber-optics sensors. Smart Materials and Structures, 2008, 17(1): 015006

[48] 陈伟民, 黄民双, 邹建, 等. 一种利用布里渊散射的光纤应变传感新方法. 光学学报, 1999, 19(6): 728-732

[49] 黄民双, 曾励, 陶宝棋, 等. 分布式光纤布里渊应变传感器参数计算. 航空学报, 1999, 20(2): 137-140

[50] 尹成群, 曹冬, 何玉钧. 分布式光纤布里渊温度传感系统的试验研究. 传感器与微系统, 2006, 25(8): 15-17

[51] 何玉钧, 李永倩. 全光纤 Mach-Zehnder 干涉仪及其在光纤自发布里渊散射测量中的应用. 光子学报, 2002, 31(7): 865-869

[52] 宋牟平. 微波电光调制的布里渊散射分布式光纤传感技术. 光学学报, 2004, 24(08): 1111-1114

[53] 宋牟平, 范胜利, 陈好, 等. 基于光相干外差检测的布里渊散射 DOFS 的研究. 光子学报, 2005, 34(02): 233-236

[54] 宋牟平, 章献民. 34km 传感长度的布里渊光时域反射计的设计与实现. 仪器仪表学报, 2005, 26(11): 1155-1158

[55] 董玉明, 张旭苹, 路元刚, 等. 布里渊散射光纤传感器的交叉敏感问题. 光学学报, 2007, 27(2): 197-

201

[56] Dou R, Lu Y, Zhang X, et al. Analysis on the signal processing of Brillouin backscattered signals in DFT-based Brillouin optical time-domain reflectometer. The 2nd International Workshop on Optoelectronic Sensor-based Monitoring in Geo-engineering, Nanjing, China, 2007: 110-114

[57] 王峰, 张旭苹, 路元刚, 等. 提高布里渊光时域反射应变仪测量空间分辨力的等效脉冲光拟合法. 光学学报, 2008, 28(1): 43-49

[58] 丁勇, 施斌, 孙宇, 等. 基于 BOTDR 的白泥井 3 号隧道拱圈变形监测. 工程地质学报, 2006, 14(5): 649-653

[59] 施斌, 徐学军, 王镝, 等. 隧道健康诊断 BOTDR 分布式光纤应变监测技术研究. 岩石力学与工程学报, 2005, 24(15): 2622-2628

[60] 张丹, 施斌, 吴智深, 等. BOTDR 分布式光纤传感器及其在结构健康监测中的应用. 土木工程学报, 2003, 36(11): 83-87

[61] Lu Y, Li C, Wang L, et al, The use of BOTDR to evaluate the thermal effects on fiber residual strain of optical fiber cables. Advanced Sensor Systems and Applications III, Beijing, China, SPIE, 2007: 68300I-6

[62] Zhang X, Dong Y, Lu Y. Brillouin-scattering based fully distributed optical fiber sensing technology and its application in optical cable monitoring. Proceedings of the 5th International Conference on Optical Communications and Networks & the 2nd International Symposium on Advances and Trends in Fiber Optics and Applications, Jiuzhaigou, Chengdu, China, 2006: 408-411

[63] Dong Y, Zhang X, Lu Y, et al. Real-time strain monitoring using BOTDR. Proceedings of the 5th International Conference on Optical Communications and Networks & the 2nd International Symposium on Advances and Trends in Fiber Optics and Applications, Jiuzhaigou, Chengdu, China, 2006: 429-433

[64] Agrawal G P. Nonlinear Fiber Optics. 4th ed. New York: Academic Press, 2007

[65] 张明生. 激光光散射谱学. 北京: 科学出版社, 2008

[66] Boyd R W. Nonlinear Optics. New York: Academic Press, 2003

[67] Smith R G. Optical power handling capacity of low loss optical fibers as determined by stimulated Raman and Brillouin scattering. Applied Optics, 1972, 11(11): 2489-2494

[68] 王如刚. 光纤中布里渊散射效应及其应用研究. 南京: 南京大学博士学位论文, 2012.

[69] Kung A. Laser emission in stimulated Brillouin scattering in optical fibers. Ecole Polytechnique Federale de Lausanne, Lausanne, Switzerland, Ph D Dissertation, 1997

[70] Floch S L, Cambon P. Theoretical evaluation of the Brillouin threshold and the steady-state Brillouin equations in standard single-mode optical fibers. J. Opt. Soc. Am. A, 2003, 20(6): 1132-1137

[71] Parker T R, Farhadiroushan M, Handerek V A, et al. Temperature and strain dependence of the power level and frequency of spontaneous Brillouin scattering in optical fibers. Optics Letters, 1997, 22(11): 787-789

[72] Kobayashi T, Enami Y, Iwashima H. Highly accurate fiber strain sensor based on low reflective fiber Bragg gratings and fiber Fabry-Perot cavities. The 18th International Conference on Optical Fiber Sensors, Cancún, Mexico, 2006

[73] Li H, Li D, Song G. Recent applications of fiber optic sensor to health monitoring in civil engineering. Engineering Structures, 2004, 26(11): 1647-1657

[74] 陈福深. 集成电光调制理论与技术. 北京: 国防工业出版社, 1995

［75］Li H，Li D，Song G. Recent applications of fiber optic sensor to health monitoring in civil engineering. Engineering Structures，2004，26(11)：1647-1657

［76］Wait P C，Newson T P. Landau Placzek ratio applied to distributed fiber sensing. Optics Communications，1996，122(4-6)：141-146

［77］Kurashima T，Horiguchi T，Izumita H，et al. Distributed strain measurement using BOTDR improved by taking account of temperature dependence of Brillouin scattering power. The 23rd European Conference on Optical Communications，1997：119-122

［78］Wait P C，Newson T P. Reduction of coherent noise in the Landau Placzek ratio method for distributed fiber optic temperature sensing. Optics Communications，1996，131(4-6)：285-289

［79］de Souza K，Lees G P，Wait P C，et al. Diode-pumped Landau-Placzek based distributed temperature sensor utilizing an all-fiber Mach-Zehnder interferometer. Electronics Letters，1996，32（23）：2174-2175

［80］Lees G P，Wait P C，Cole M J，et al. Advances in optical fiber distributed temperature sensing using the Landau-Placzek ratio. IEEE Photonics Technology Letters，1998，10(1)：126-128

［81］Lees G，Wait P，Newson T. Distributed temperature sensing using the Landau-Placzek Ratio. Proceedings of ICAPT98，ICAPT98T234，Ottawa，Ontario，Canada，1998

［82］Wait P C，Hartog A H. Spontaneous Brillouin-based distributed temperature sensor utilizing a fiber Bragg grating notch filter for the separation of the Brillouin signal. IEEE Photonics Technology Letters，2001，13(5)：508-510

［83］Hartog A H，Leach A P，Gold M P. Distributed temperature sensing in solid-core fibers. Electronics Letters，1985，21(23)：1061-1062

［84］Shimizu K，Horiguchi T，Koyamada Y，et al. Coherent self-heterodyne Brillouin OTDR for measurement of Brillouin frequency shift distribution in optical fibers. J. Lightwave Technology，1994，12：730-736

［85］Izumita H，Sato T，Tated M. Brillouin OTDR employing optical frequency shift using side-band generation technique with high-speed LN phase-modulator. IEEE Photon. Technol. Lett.，1996，8（12）：1674-1676

［86］Horiguchi T，Shimizu K，Kurashima T，et al. Advances in distributed sensing techniques using Brillouin scattering. Distributed and Multiplexed Fiber Optic Sensors V，Munich，Germany，SPIE，1995：126-135

［87］Geng J，Staines S，Blake M，et al. Distributed fiber temperature and strain sensor using coherent radio-frequency detection of spontaneous Brillouin scattering. Applied Optics，2007，46(23)：5928-5932

［88］Maughan S M，Kee H H，Newson T P. A calibrated 27km distributed fiber temperature sensor based on microwave heterodyne detection of spontaneous Brillouin scattered power. IEEE Photonics Technology Letters，2001，13(5)：511-513

［89］Horiguchi T，Shimizu K，Kurashima T，et al. Development of a distributed sensing technique using Brillouin scattering. Journal of Lightwave Technology，1995，13(7)：1296-1302

［90］Cho S B，Lee J J. Strain event detection using a double-pulse technique of a Brillouin scattering-based distributed optical fiber sensor. Optics Express，2004，12(18)：4339-4346

［91］Lecoeuche V，Hathaway M W，Webb D J，et al. 20km distributed temperature sensor based on spontaneous Brillouin scattering. IEEE Photonics Technology Letters，2000，12(10)：1367-1369

[92] Kee H H, Lees G P, Newson T P. All-fiber system for simultaneous interrogation of distributed strain and temperature sensing by spontaneous Brillouin scattering. Optics Letters, 2000, 25(10): 695-697

[93] Bao X Y, Smith J, Brown A. Temperature and strain measurements using the power, line-width, shape and frequency shift of the Brillouin loss spectrum. Proceedings of SPIE, 2002, 4920: 311-322

[94] Yu Q R, Bao X Y, Chen L. Simultaneous strain and temperature measurement in PM fibers using Brillouin frequency, power and bandwidth. Proceedings of SPIE, 2004, 5391: 301-307

[95] Zou L F, Bao X Y, Chen L. Simultaneous distributed Brillouin strain and temperature sensor with photonic crystal fiber. Proceedings of SPIE, 2004, 5384: 13-17

[96] Alahbabi M, Cho Y T, Newson T P. Comparison of the methods for discriminating temperature and strain in spontaneous Brillouin-based distributed sensors. Opt. Lett. , 2004, 29(1): 26-28

[97] Sakairi Y, Uchiyama H, Li Z X, et al. A system for measuring temperature and strain separately by BOTDR and OTDR. Proceedings of SPIE, 2002, 4920: 274-284

[98] Alahbabi M N, Cho Y T, Newson T P. Simultaneous distributed measurements of temperature and strain using spontaneous Raman and Brillouin scattering. Proceedings of SPIE, 2004, 5502: 488-491

[99] Jones M D. Using simplex codes to improve OTDR sensitivity. Photonics Technology, 1993, 5(7): 822-824

[100] Lee D, Yoon H, Kim N Y, et al. Analysis and experimental demonstration of simplex coding technique for SNR enhancement of OTDR. IEEE LTIMC 2004-Lightwave Technologies in Instrumentation & Measurement Conference Palisades, New York, USA, 2004: 118-122

[101] Soto M A, Bolognini G, Pasquale F D. Analysis of optical pulse coding in spontaneous Brillouin-based distributed temperature sensors. Optics Express, 2008, 16(23): 19097-19111

[102] Soto M A, Sahu P K, Bolognini G, et al. Brillouin-based distributed temperature sensor employing Pulse coding. IEEE Sensors Journal, 2008, 8(3): 225-226

[103] 梁浩. 基于序列编码探测脉冲的布里渊光纤传感器的研究. 南京:南京大学博士学位论文, 2011

[104] Cho Y T, Alahbabi M, Gunning M J, et al. 50km single-ended spontaneous Brillouin-based distributed-temperature sensor exploiting pulsed Raman amplification. Optics Letters, 2003, 28 (18): 1651-1653

[105] 李存磊. 基于多波长光源的布里渊光纤传感系统研究. 南京:南京大学博士学位论文, 2012

[106] Murayama H, Kageyama K, Shimada A, et al. Improvement of spatial resolution for strain measurements by analyzing Brillouin gain spectrum. The 17th International Conference on Optical Fiber Sensors,Proceedings of SPIE, Bellingham, WA,2005: 551-554

[107] Mizuno Y, Zou W W, He Z Y, et al. Proposal of Brillouin optical correlation-domain reflectometry (BOCDR). Optics Express, 2008, 16(16): 12148-12153

[108] Bao X, Webb D J, Jackson D. 22km distributed temperature sensor using Brillouin gain in an optical fiber. Optics Letters, 1993, 18(7): 552-554

[109] Soto M A, Taki M, Bolognini G, et al. Optimization of a DPP-BOTDA sensor with 25cm spatial resolution over 60km standard single-mode fiber using simplex codes and optical pre-amplification. Optics Express, 2012, 20(7): 6860-6869

[110] Liang H, Li W H, Linze N, et al. High-resolution DPP-BOTDA over 50km LEAF using return-to-zero coded pulses. Optics Letters, 2010, 35(10): 1503-1505

[111] Soto M A, Bolognini G, Pasquale F D, et al. Simplex-coded BOTDA fiber sensor with 1m spatial reso-

lution over a 50km range. Optics Letters, 2010, 35(2): 259-261

[112] Fellay A, Thevenaz L, Facchini M, et al. Distributed sensing using stimulated Brillouin scattering: towards ultimate resolution. Proceeding OSA Technical Digest, 1997, 16: 324-327

[113] Naruse H, Tateda M, Ohno H, et al. Dependence of the Brillouin gain spectrum on linear strain distribution for optical time-domain reflectometer-type strain sensors. Applied Optics, 2002, 41(34): 7212-7217

[114] Lecoeuche V, Webb D J, Pannell C N, et al. Transient response in high-resolution Brillouin-based distributed sensing using probe pulses shorter than the acoustic relaxation time. Optics Letters, 2000, 25(3): 156-158

[115] Zou L F, Bao X, Wan Y D, et al. Coherent probe-pump-based Brillouin sensor for centimeter-crack detection. Optics Letters, 2005, 30(4): 370-372

[116] Kishida K, Li C H, Nishiguchi K I. Pulse pre-pump method for cm-order spatial resolution of BOTDA. The 17th International Conference on Optical Fiber Sensors, Bruges, Belgium, SPIE, 2005: 559-562

[117] Brown A W, Colpitts B G, Brown K. Distributed sensor based on dark-pulse Brillouin scattering. IEEE Photonics Technology Letters, 2005, 17(7): 1501-1503

[118] Bar-Joseph I, Friesem A A, Lichtman E, et al. Steady and relaxation oscillations of stimulated Brillouin scattering in single mode optical fibers. J. Opt. Soc. Amer. B, 1985, 2(10): 1606-1611

[119] Zhu Z, Gauthier D J, Boyd R W. Stored light in an optical fiber via stimulated Brillouin scattering. Science, 2007, 318: 1748-1750

[120] Cao Y, Lu P, Yang Z, et al. An efficient method of all-optical buffering with ultra-small core photonics crystal fibers. Optics Express, 2008, 16: 14142-14150

[121] Kalosha V P, Li W, Wang F, et al. Frequency-shifted light storage via stimulated Brillouin scattering in optical fibers. Optics Letters, 2008, 33: 2848-2850

[122] Zou W, He Z, Hotate K. Complete discrimination of strain and temperature using Brillouin frequency shift and birefringence in a polarization-maintaining fiber. Optics Express, 2009, 17:1248-1255

[123] Zou W, He Z, Hotate K. Demonstration of Brillouin distributed discrimination of strain and temperature using polarization-maintaining optical fiber. IEEE Photonic Technology Letter, 2010, 22: 526-528

[124] Dong Y, Chen L, Bao X. High-spatial-resolution time domain simultaneous strain and temperature sensor using Brillouin scattering and birefringence in a polarization-maintaining fiber. IEEE Photonic Technology Letter (in press)

[125] Zou W, He Z, Song K W, et al. Correlation-based distributed measurement of a dynamic grating spectrum generated in stimulated Brillouin scattering in a polarization-maintaining optical fiber. Optics Letter, 2009, 34: 1126-1128

[126] Dong Y, Bao X, Chen L. Distributed temperature sensing based on birefringence effect on transient Brillouin grating in a polarization-maintaining photonics crystal fiber. Optics Letter, 2009, 34: 2590-2592

[127] Song K Y, Yoon H J. High-resolution Brillouin optical time domain analysis based on Brillouin dynamic grating. Optics Letter, 2010, 35: 52-54

[128] Song K Y, Zou W, He Z, et al. Optical time-domain measurement of Brillouin dynamic grating spec-

trum in a polarization-maintaining fiber. Optics Letter, 2009, 34: 1381-1383

[129] Bao X, Chen L. Recent progress in distributed fiber optic sensors. Sensors, 2012, 12: 8601-8639

[130] Song K Y, Lee K, Lee S B. Tunable optical delays based on Brillouin dynamic grating in optical fibers. Optics Express, 2009, 17: 10344-10349

[131] Dong Y, Chen L, Bao X. Truly distributed birefringence measurement of polarization-maintaining fibers based on transient Brillouin grating. Optics Letter, 2010, 35: 193-195

[132] Dong Y, Chen L, Bao X. Characterization of the Brillouin grating spectra in a polarization-maintaining fiber. Optics Express, 2010, 18: 18960-18967

[133] Optical fiber strain analyzer (Ando8603). http://www. yokogawa. com/ [2010]

[134] Neubrex technologies. http://www. neubrex. com/htm/products/pro-nbx6000. htm[2010]

[135] DiTeSt®fibre optic strain sensors. http://www. omnisens. com/ditest/31-home. php[2010]

[136] Measuring with light, distributed temperature and strain sensing. http://www. sensornet. co. uk [2010]

[137] Fiber optic distributed strain and temperature sensors. http://www. ozoptics. com[2010]

[138] Naruse H, Komatsu K, Fujihashi K, et al. Telecommunications tunnel monitoring system based on distributed optical fiber strain measurement. Proceedings of SPIE, 2005, 5855: 168-171

[139] Yari T, Nagai K, Shimizu T, et al. Overview of damage detection and damage suppression demonstrator and strain distribution measurement using distributed BOTDR sensors. Proceedings of SPIE, 2003, 5054: 175-183

[140] Thevenaz L, Niklcs M, Fellay A, et al. Applications of distributed Brillouin fiber sensing. Proceedings of SPIE, 1998, 3407: 374-381

[141] Akiyoshi S, Naruse H, Uzawa K, et al. Development of integrated damage detection system for international America's Cup Class Yacht structures using a fiber optic distributed sensor. Proceedings of SPIE, 2000, 3986: 324-334

[142] Kato S, Kohashi H. Study on the monitoring system of slope failure using optical fiber sensors. ASCE, 2006: 1-6

[143] Kwon I B, Kim C Y, Choi M Y. Continuous measurement of temperature distributed on a Building construction. Proceedings of SPIE, 2002, 4696: 273-283

[144] 张俊义, 晏鄂川, 薛星桥. BOTDR 技术在三峡库区崩滑灾害监测的应用分析. 地球与环境, 2005, 33: 355-358

[145] Zhou Z, He J P, Ou J P. Long-term monitoring of a civil defensive structure based on distributed Brillouin optical fiber sensor. Pacific Science Review, 2008, 8: 1-6

[146] Zhou Z, He J P, Ou J P. Casing pipe damage detection with optical fiber sensors: a case study in oil well constructions. Advances in Civil Engineering, 2010: 1-9

[147] 蒋小珍, 雷明堂, 陈渊, 等. 岩溶塌陷的光纤传感监测试验研究. 水文地质工程地质, 2006, 33(6): 75-79

[148] 葛捷. 分布式布里渊光纤传感技术在海堤沉降监测中的应用. 岩土力学, 2009, 30(6): 1856-1860

[149] Bisby L A. ISIS educational module 5: an introduction to structural health monitoring. ISIS, Canada, 2004

[150] Kersey A D. A review of recent developments in fiber optic sensor technology. Optical Fiber Technology, 1996, 2: 291-317

[151] 何建平. 全尺度光纤布里渊分布式监测技术. 南京:南京大学博士学位论文，2010

[152] 刘春阳. 光缆自动化监测系统. 光通信研究，2001，2：51-55

[153] 卢麟，韦毅梅，王荣. 基于嵌入式 OTDR 的光缆网自动监测系统. 光通信研究，2005，4：50-54

[154] 上海海底光缆维修费用高达 1 亿美元. http://www. waterinfo. net. cn

[155] 王玲. 海底光缆的开发与建设. 高新技术，2000，12：19-21

[156] 曹火江. 海底电(光)缆的保护和管理. 电线电缆，2006，3：34-38

[157] 陈洪明. 海底通信光缆维修方法初探. 首届全国海底光缆通信技术研讨会，2006：168-173

[158] 王红霞，周学军，王平. 海底通信光缆故障的定位与维修. 电线电缆，2006，1：29-34

[159] 李旭. 海缆光缆系统中断故障维修过程剖析. 广东通信技术(增刊)，2004，1：15-119

[160] 段景汉，刘强. 光缆线路故障定位新方法. 光纤与电缆及其应用技术，2002，5：41-44

[161] 周学军，李晓强，王红霞. OTDR 在海底光缆测量中的应用. 首届全国海底光缆通信技术研讨会，2006：139-143

[162] 张旭苹，董玉明，刘跃辉，等. 光缆线路故障点精确定位方法：中国，200410013858. 8. 2004

[163] Lu Y G, Zhang X P, Dong Y M. Optical cable fault location method based on BOTDR and cable localized heating. Proceedings of the 4th International Symposium on Instrumentation Science and Technology, Harbin, China, 2006：1010-1014

[164] 毕卫红，张燕君，苑宝义. 基于光散射的分布式光纤温度传感器网络及其在智能电网中的应用. 燕山大学学报，2010，34(5)：377-382

[165] 高压输电线路在线监测系统. http://blog. e-works. net. cn/585012/[2011]

[166] 成冠峰. 光纤传感器在坚强智能电网中的应用前景. 光纤与电缆及其应用技术，2011，3：22-26

[167] Ning Y, Huang Q, Zhang C H, et al. The feasibility study of monitoring system of icing on transmission line based on fiber optic sensor. International Conference on Electrical and Control Engineering, 2010：1072

[168] Huang Q, Zhang C H, Liu Q Y, et al. New type of fiber optic sensor network for smart grid interface of transmission system. IEEE International Conference on Power and Energy Society General Meeting, 2010：5589596

[169] Yilmaz G, Karlik S E. A distributed optical fiber sensor for temperature detection in power cables. Sensors and Actuators A, 2006, 125(2)：148-155

[170] 李卓明，李永倩，赵丽娟，等. 光纤布里渊传感器在电力系统光缆监测中的应用探讨. 电力系统通信，2006，27(161)：37-41

[171] 李成宾，杨志，黄春林. 光纤布里渊传感在输电线路覆冰监测中的应用. 电力系统通信，2009，30(200)：37-41